物联网概论

冯 云　汪贻生 ◎ 编著

首都经济贸易大学出版社

Capital University of Economics and Business Press

·北京·

图书在版编目(CIP)数据

物联网概论/冯云,汪贻生编著. —北京:首都经济贸易大学
出版社,2013.1

ISBN 978 - 7 - 5638 - 2065 - 8

Ⅰ.①物… Ⅱ.①冯… ②汪… Ⅲ.①互联网络—应用
②智能技术—应用 Ⅳ.①TP393.4 ②TP18

中国版本图书馆 CIP 数据核字(2012)第 305781 号

物联网概论

冯 云 汪贻生 编著

出版发行	首都经济贸易大学出版社	
地　　址	北京市朝阳区红庙(邮编 100026)	
电　　话	(010)65976483　65065761　65071505(传真)	
网　　址	http://www.sjmcb.com	
E - mail	publish@cueb.edu.cn	
经　　销	全国新华书店	
照　　排	首都经济贸易大学出版社激光照排服务部	
印　　刷	北京泰锐印刷有限责任公司	
开　　本	710 毫米 × 1000 毫米　1/16	
字　　数	299 千字	
印　　张	17	
版　　次	2013 年 1 月第 1 版第 1 次印刷	
书　　号	ISBN 978 - 7 - 5638 - 2065 - 8/TP·37	
定　　价	28.00 元	

前　言

物联网的概念最早是由 MIT Auto-ID 中心的阿什顿(Ashton)教授于 1999 年在研究 RFID 时提出的。2005 年国际电信联盟(ITU)发布了《ITU 互联网报告 2005：物联网》，将其从传感器网扩展为物物相连的网，并迅速引起世界各主要国家的重视。在全球经济危机时期，美国把"新能源"和"物联网"作为振兴经济的两大武器，投入巨资深入研究物联网的相关技术。继美国之后，欧盟也将物联网列为主要发展战略之一。我国政府也高度重视这一领域的发展，2009 年 9 月，温家宝总理在中科院无锡高新微纳传感网工程技术研发中心进行考察，提出"感知中国"的概念。至此，我国将其列入国家重点支持的新兴产业之一，无锡也成为中国物联网发展的中心。现在，物联网已经开始在军事、工业、农业、环境监测、建筑、医疗、空间和海洋探索等领域得到应用。

物联网涉及的技术众多，包括传感器技术、计算机技术、通信技术、信息编码技术、物流与供应链技术等。本书立足于理论与实际，既全面介绍了物联网领域的基础知识，又广泛吸收了各国最新的发展成果。内容具体包括：第一章绪论，介绍物联网的概念及关键技术，物联网的主要应用领域及物联网产业的发展趋势；第二章产品电子编码(EPC)基础，介绍为物联网提供基础性商品标识规范体系与代码空间的产品电子编码(EPC)体系结构及 EPC 系统工作流程；第三章无线通信技术，介绍建立无线网络通信的相关标准体系、技术类型及相关应用；第四章条形码与 RFID 自动识别技术，介绍条形码与 RFID 自动识别技术的原理、编码及应用情况；第五章无线传感器网络，介绍无线网络的类型、接入方法、常用设备及应用；第六章物联网的中间件技术，介绍物联网中间件的体系、构成及各种类型；第七章物联网对象名解析服务(ONS)，介绍对象名解析服务(ONS)的工作流程及应用方法；第八章物联网中的信息安全，介绍物联网中相关的信息安全问题及防范措施；第九章物联网技术对行业发展的影响，介绍物联网技术在物流业、零售业、服务业、电子商务、军事等方面的应用及发展。

全书由重庆后勤工程学院冯云、汪贻生主编，参加本书编写的人员还有：姜玉宏、李国栋、陈海艳、田哩（重庆城市管理职业学院）、甘明等。

由于物联网涉及的技术、方法发展较快，本书还有待不断充实和发展，加之作者经验、时间有限，书中难免存在不当之处，恳请读者给予批评、指正。

目 录

01 / CONTENTS

目 录

CONTENTS / 02

目 录

03 / CONTENTS

1

绪 论

学习目标

- 了解物联网的发展历程
- 理解物联网的定义和内涵
- 了解物联网的总体架构、特点和关键技术
- 了解物联网的主要应用领域和物联网技术发展趋势

1.1 物联网的发展历程

物联网是一个近年来形成并迅速发展的概念,其萌芽可追溯到已故的施乐公司首席科学家韦泽(Mark Weiser),这位全球知名的计算机学者于1991年在权威杂志《科学美国》上发表了《21世纪的计算机》(The Computer of the 21st Century)一文,对计算机未来的发展进行了大胆的预测。他认为计算机将最终"消失",演变为人们逐渐意识不到它的存在,计算机已经融入人们的生活中——"这些最具深奥含义的技术将隐形消失,变成'宁静技术'(Calm Technology),潜移默化地无缝融合到人们的生活中,直到无法分辨为止。"他认为,计算机只有发展到这一阶段时才能成为功能至善的工具,即人们不再要为使用计算机而去学习软件、硬件、网络等专业知识,而只要想用时就能直接使用。如同钢笔一样,人们只需拔开笔套就能书写,无须为了书写而去了解笔的具体结构与原理等。

韦泽的观点极具革命性,它昭示了人类对信息技术发展的总体需求:一是计算

机将发展到与普通事物无法分辨为止,具体说,从形态上计算机将向"普物化"发展,从功能上计算机将发展到"泛在计算"的境地。二是计算机将全面联网,网络将无所不在地融入人们生活中,无论身处何时何地,无论在动态还是静止中,人们已不再意识到网络的存在,却能随时随地通过任何智能设备上网,享受各项服务,即网络将变为"泛在网"。

20 世纪 90 年代以来,计算机与网络飞速发展,不断地印证着韦译的预言。图 1-1 所示是国际电信联盟(ITU)在 2005 年对 60 多年来每年所销售的联网之物绘制的曲线图。图中表明:早期联网的主机(Mainframe,即一台计算机、许多人使用)在 20 世纪 70 年代经历了发展高峰后已趋消失;个人电脑(PC,一人一机)从 60 年代中期起经历了 30 余年的指数型增长后开始回落;而泛在计算(Ubiquitous Computing,一人多机)则从 80 年代末起到现在仍呈指数型高速发展。

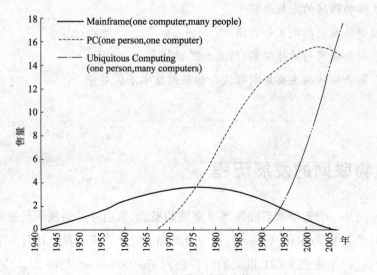

图 1-1 物联网发展趋势

从微观上看,物联网可按联网设备的主导形态分为 4 个阶段:第一阶段是主机、大型机的联网,其体积庞大,运行条件相对苛刻,由专业人员操作且人机界面友好性差。第二阶段是体积大为减小的台式机、笔记本电脑联网,普通人经一定的培训即可操作。第三阶段是以手机为代表的各类移动设备的互联,绝大多数人无须培训就可操作使用,界面简单友好。第四阶段是各类嵌入式智能物件蓬勃发展的阶段,更多与人类衣、食、住、行、育(教育)、乐(娱乐)、安(安全)等日常生活紧密相关的设备,包括汽车、住房、家用电器、安全与保健用品等都将可以相互感知,呈互联互通状态,人们无须关心其内部结构,界面十分简单,可通过遥控器、远程短信或语音指令等就能操作。

韦泽预言的计算机"普物化"已毫无悬念地成为一种共识。正如 2010 年初《福布斯》杂志邀请知名设计师、未来学家等共同预测人类 10 年后的生活状态时,他们普遍认为科技、计算机仍将是日常生活的主要部分,但它将"消失在人类的集体意识中",人们将忘记计算机的存在,而将注意力转移到科技的人性面,科技本身在虚拟及真实世界中取得完美平衡。这正是物联网概念的核心内容。

1.2　物联网的概念

1.2.1　物联网概念的提出

物联网的概念最早出现于比尔·盖茨 1995 年出版的《未来之路》一书。该书提出了"物物"相联的物联网雏形,只是当时受限于无线网络、硬件及传感器设备的发展,并未引起世人的重视。

1998 年,美国麻省理工学院(MIT)创造性地提出了当时被称为 EPC(Electronic Product Code)系统的"物联网"构想。1999 年,美国 Auto – ID 首先提出"物联网"的概念,主要是建立在物品编码、射频识别(Radio Frequency Identification,RFID)技术和互联网的基础上。这时对物联网的定义很简单,主要是指把所有物品通过射频识别等信息传感设备与互联网连接起来,实现智能化识别和管理。也就是说,物联网是指各类传感器和现有的互联网相互衔接的一种新技术。

2005 年,国际电信联盟(ITU)在《ITU 互联网报告 2005:物联网》中,正式提出了"物联网"的概念。该报告指出,无所不在的"物联网"通信时代即将来临,世界上所有的物体,从轮胎到牙刷、从房屋到纸巾都可以通过互联网主动进行交换。射频识别技术、传感器技术、纳米技术、智能嵌入技术将得到更加广泛的应用。

2008 年 3 月,在苏黎世举行了全球首个国际物联网会议"物联网 2008",探讨了"物联网"的新理念和新技术,以及如何推进"物联网"发展。奥巴马就任美国总统后,与美国工商业领袖举行了一次"圆桌会议",会上,IBM 首席执行官彭明盛首次提出"智慧地球"的概念,建议新政府投资新一代的智慧型基础设施,并阐明了其短期和长期效益。奥巴马对此给予积极回应:"经济刺激资金将会投入到宽带网络等新兴技术中去,毫无疑问,这就是美国在 21 世纪保持和夺回竞争优势的方式。""智慧地球"的概念一经提出,就得到了美国各界的高度关注,甚至有分析认为,IBM 公司的这一构想将有可能上升至美国的国家战略,并在世界范围内引起轰动。

2009 年 8 月 7 日,温家宝总理在无锡微纳传感网工程技术研发中心视察并发表讲话:"在传感网发展中,要早一点谋划未来,早一点攻破核心技术",提出了"感知中国"的理念,这标志着政府对物联网产业的关注和支持力度已提升到国家战略层面。之后,"传感网"、"物联网"成为热门名词术语。2009 年 9 月 11 日,"传感器网络标准工作组成立大会暨感知中国高峰论坛"在北京举行,会议提出了传感网发展的一些相关政策。2009 年 11 月 12 日,中国移动与无锡市人民政府签署"共同推进 TD – SCDMA 与物联网融合"战略合作协议,中国移动将在无锡成立中国移动物联网研究院,重点开展 TD – SCDMA 与物联网融合的技术研究与应用开发。

2010 年初,我国正式成立了传感(物联)网技术产业联盟。同时,工信部宣布牵头成立一个全国推进物联网的部际领导协调小组,以加快物联网产业化进程。2010 年 3 月 2 日,上海物联网中心正式揭牌。更为重要的是,2010 年温家宝总理在《政府工作报告》中明确提出:"今年要大力培育战略性新兴产业:要大力发展新能源、新材料、节能环保、生物医药、信息网络和高端制造产业;积极推进新能源汽车、电信网、广播电视网和互联网的三网融合取得实质性进展,加快物联网的研发应用;加大对战略性新兴产业的投入和政策支持。"

1.2.2　物联网的主流定义

由于物联网概念出现时间不长,其内涵还在不断发展、完善。目前,对于"物联网"这一概念的准确定义尚未形成比较权威的表述。

1.2.2.1　物联网的主流定义

目前,物联网的精确定义并未统一。关于物联网(IOT)比较准确的定义是:物联网是通过各种信息传感设备及系统(传感网、射频识别系统、红外感应器、激光扫描器等)、条码与二维码、全球定位系统,按约定的通信协议,将物与物、人与物、人与人连接起来,通过各种接入网、互联网进行信息交换,以实现智能化识别、定位、跟踪、监控和管理的一种信息网络。这个定义的核心是,物联网的主要特征是每一个物件都可以寻址、每一个物件都可以控制、每一个物件都可以通信。

物联网的上述定义包含了以下 3 个主要含义:

(1)物联网是指对具有全面感知能力的物体及人的互联集合。两个或两个以上物体如果能交换信息即可称为物联。使物体具有感知能力需要在物品上安装不同类型的识别装置,如电子标签、条码与二维码等,或通过传感器、红外感应器等感知其存在。同时,这一概念也排除了网络系统中的主从关系,物物之间能够自组织。

(2)物联网必须遵循约定的通信协议,并通过相应的软、硬件实现。互联的物品要互相交换信息,就需要实现不同系统中的实体的通信。为了成功地通信,它们必须遵守相关的通信协议,同时需要相应的软件、硬件来实现这些规则,并可以通过现有的各种接入网与互联网进行信息交换。

(3)物联网可以实现对各种物品(包括人)进行智能化识别、定位、跟踪、监控和管理等功能,这也是组建物联网的目的。

也就是说,物联网是指通过接口与各种无线接入网相连,进而联入互联网,从而给物体赋予智能,可以实现人与物体的沟通和对话,也可以实现物体与物体相互间的沟通和对话,即对物体具有全面感知能力,对数据具有可靠传送和智能处理能力的连接物的信息网络。

1.2.2.2 有关物联网的其他定义

目前,存在着物联网、传感网以及泛在网络等相关概念统一的问题,而且对于支持人与人、人与物、物与物广泛互联,实现人与客观世界的全面信息交互的全新网络如何命名,也存在着物联网、传感网、泛在网三个概念之争问题。有关物联网概念的比较有代表性的表述有如下几种:

(1)麻省理工学院(MIT)最早提出的物联网概念。早在 1999 年,MIT 的 Auto - ID研究中心首先提出:把所有物品通过射频识别(RFID)和条码等信息传感设备与互联网连接起来,实现智能化识别和管理。这种表述的核心是 RFID 技术和互联网的综合应用。RFID 标签可谓是早期物联网最为关键的技术与产品,当时认为物联网最大规模、最有前景的应用就是在零售和物流领域,利用 RFID 技术,通过计算机互联网实现物品(商品)的自动识别、互联与信息资源共享。

(2)国际电信联盟(ITU)对物联网的定义。2005 年,国际电信联盟(ITU)在《物联网》(The Internet of Things)报告中对物联网概念进行了扩展,提出了任何时刻、任何地点、任意物体之间的互联,无所不在的网络和无所不在的计算的发展愿景,如图 1 - 2所示:物联网是在任何时间、环境,任何物品、人、企业、商业,采用任何通信方式(包括汇聚、连接、收集、计算等),以满足所提供的任何服务的要求。按照 ITU 给出的这个定义,物联网主要解决物品到物品(Thing to Thing, T2T)、人到物品(Human to Thing, H2T)、人到人(Human to Human, H2H)之间的互联。这里与传统互联网最大的区别是, H2T 是指人利用通用装置与物品之间的连接, H2H 是指人与人之间不依赖于个人计算机而进行的互联。需要利用物联网才能解决的是传统意义上的互联网没有考虑的对于任何物品连接的问题。

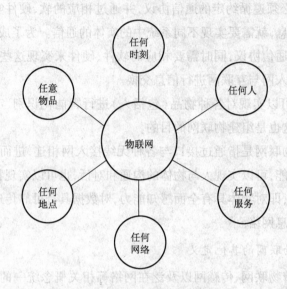

图 1 - 2   ITU 物联网示意图

物联网是连接物品的网络,有些学者在讨论物联网时,常常提到 M2M 的概念。可以将 M2M 解释成为人到人(Man to Man)、人到机器(Man to Machine)、机器到机器(Machine to Machine)。实际上,M2M 所有的解释在现有的互联网都可以实现,人到人之间可以通过互联网也可以通过其他装置(如第三代移动电话)实现十分完美的交互;人到机器的交互一直是人体工程学和人机界面领域研究的主要课题;而机器与机器之间的交互已经由互联网提供了最为成功的案例。

本质上,人与机器、机器与机器的交互,大部分是为了实现人与人之间的信息交互,万维网(world wide web)技术成功的原因在于通过搜索和链接,提供了人与人之间异步进行信息交互的快捷方式。通常认为,在物联网研究中不应该采用 M2M 概念,因为这是一个容易造成思路混乱的概念,采用 ITU 定义的 T2T,H2T 和 H2H 的概念则比较清楚。

(3)欧洲智能系统集成技术平台(EPoSS)报告对物联网的阐释。2008 年 5 月 27 日,欧洲智能系统集成技术平台(EPoSS)在其发布的报告《2020 年的物联网》(Internet of Things in 2020)中,分析预测了物联网的发展趋势。该报告认为:由具有标识、虚拟个性的物体、对象所组成的网络,这些标识和个性等信息在智能空间使用智慧的接口与用户、社会和环境进行通信。显然,对物联网的这个阐释说明

RFID 和相关的识别技术是未来物联网的基石,并侧重于 RFID 的应用及物体的智能化。

(4)欧盟第 7 框架下 RFID 和物联网研究项目组对物联网给出的解释。欧盟第 7 框架下 RFID 和物联网研究项目组对 RFID 和物联网进行了比较系统的研究,在其 2009 年 9 月 15 日发布的研究报告中指出:物联网是未来互联网的一个组成部分,可以定义为基于标准的和交互通信协议的且具有自配置能力的动态全球网络基础设施,在物联网内物理和虚拟的"物件"具有身份、物理属性、拟人化等特征,它们能够被一个综合的信息网络所连接。

欧盟第 7 框架下 RFID 和物联网研究项目组的主要任务是:①实现欧洲内部不同 RFID 和物联网项目之间的组网;②协调包括 RFID 在内的物联网的研究活动;③对专业技术进行平衡,以使得研究效果最大化;④在项目之间建立协同机制。

总而言之,通过以上对物联网的几种表述可知,"物联网"的内涵起源于由 RFID 对客观物体进行标识并利用网络进行数据交换这一概念,不断扩充、延展、完善而逐步形成,并且还在丰富、发展、完善之中。

1.2.2.3 无线传感网的概念

无线传感网(Wireless Sensor Network,WSN)简称为传感网。传感网是由若干具有无线通信与计算能力的感知节点,以网络为信息传递载体,实现对物理世界的全面感知而构成的自组织分布式网络。传感网的突出特征是采用智能计算技术对信息进行分析处理,从而提升对物质世界的感知能力,实现智能化的决策和控制。

传感网作为传感器、通信和计算机三项技术密切结合的产物,是一种全新的数据获取和处理技术。传感网的定义包含了以下 3 个主要含义:

● 传感网的感知节点包含有传感器节点(Sensor Node)、汇聚节点(Sink Node)和管理节点,且必须具备无线通信与计算能力。

● 大量传感器节点随机部署在感知区域(Sensor Field)内部或附近,这些节点能通过自组织方式构成分布式网络。

● 传感器节点感知的数据沿其他传感器节点逐跳进行传输,在经过多跳路由后到达汇聚节点,最后可通过互联网或其他通信网络传输到管理节点。传感网拥有者通过管理节点对传感网进行配置和管理,收集监测数据及发布监测控制任务,实现智能化的决策和控制。协作地感知、采集、处理、发布感知信息是传感网的基本功能。

对于传感网的定义也有多种表述,不同的历史时期其含义有所差异,比较有代表性的表述如下：

（1）美国军方对传感网的表述。传感网是由若干具有无线通信能力的传感器节点自组织构成的网络。这一概念起源于 1978 年美国国防部高级研究计划局资助卡耐基·梅隆大学进行分布式传感器网络的研究项目。当时在缺乏互联网技术、多种接入网络以及智能计算技术的条件下，此概念局限于由节点组成的自组织网络。这也是"传感网"这一简称的来源。因此，在大多数场合，都将传感网描述为一种由大量微型化、低成本、低功耗的传感节点组成的分布式自组织网络。

（2）ITU－T 对传感网的定义。泛在传感器网络（Ubiquitous Sensor Network，USN）是由智能传感器节点组成的网络，以"任何地点、任何时间、任何人、任何物"的形式被部署。该技术具有巨大的潜力，因为它可以在广泛的领域中推动新的应用和服务，从安全保卫、环境监控到推动个人生产力和增强国家竞争力。这一概念来自于 2008 年 2 月 ITU－T 的研究报告"泛在的传感器网络"（Ubiquitous Sensor Networks）。该报告中提出了泛在传感器网络体系架构。ITU－T 将泛在传感器网络自下而上分为底层传感器网络、泛在传感器网络接入网络、泛在传感器网络基础骨干网络、泛在传感器网络中间件、泛在传感器网络应用平台 5 个层次。底层传感器网络由传感器、执行器、RFID 等设备组成，负责对物理世界的感知和反馈。泛在传感器网络接入网络实现底层传感器网络与上层基础骨干网络的连接，由网关、汇聚节点等组成。泛在传感器网络基础骨干网络基于互联网、下一代网络（NGN）而构建。泛在传感器网络中间件负责处理、存储传感数据，并以服务的形式对各类传感数据提供访问。泛在传感器网络应用平台是实现各类传感器网络应用的技术支撑平台。

（3）国家信息技术标准化技术委员会对传感网的定义。传感器网络是以对物理世界的数据采集、信息处理为主要任务，以网络为信息传递载体，实现物与物、物与人之间的信息交互，提供信息服务的智能网络信息系统。该定义来自于我国信息技术标准化技术委员会所属传感器网络标准工作组 2009 年 9 月的工作文件。该文件认为，传感器网络具体表现为：综合了微型传感器、分布式信号处理、无线通信网络和嵌入式计算等多种先进的信息技术，能对物理世界进行信息采集、传输和处理，并将处理结果以服务的形式提供给用户。

比较以上对于传感网的 3 种不同描述可以发现，传感网的内涵起源于传感器组成通信网络，对采集到的客观物品信息进行交换这一概念。ITU－T 的报告对传感网给出了相对完整的体系架构，并且描述了各个层次在体系架构中的位置及功能。我国对传感网的两种表述尽管与 ITU－T 的定义在文字描述上有所不同，但其内涵基本一致,并未对 ITU – T 的定义进行实质性的改进。对传感网的这几种表述都把美国军方定义的"网络"作为底层的、对于客观物质世界信息获取交互的技术手段之一,只是对其进行了更为精确的文字描述而已。

1.2.2.4 泛在网络

泛在网络(Ubiquitous Network)的概念来自于日韩提出的 U 战略,所给出的定义是:无所不在的网络社会将是由智能网络、最先进的计算技术以及其他领先的数字技术基础设施武装而成的技术社会形态。根据这样的构想,泛在网络将以"无所不在"、"无所不包"、"无所不能"为基本特征,帮助人类在任何时间、任何地点,实现任何人、任何物品之间的顺畅通信。泛在网也被称为"网络的网络",是面向泛在应用的各种异构网络的集合。

1.2.3 物联网与其他网络之间的关系

通过以上对现有各种网络概念的讨论可知,物联网是一种关于人与物、物与物广泛互联,实现人与客观世界进行信息交互的信息网络;传感网是利用传感器作为节点,以专门的无线通信协议实现物品之间连接的自组织网络;泛在网是面向泛在应用的各种异构网络的集合,强调跨网之间的互联互通和数据融合/聚类与应用;互联网是指通过 TCP/IP 协议将异种计算机网络连接起来实现资源共享的网络技术,实现的是人与人之间的通信。物联网与现有的其他网络(如传感网、互联网、泛在网络以及其他网络通信技术)之间的关系如图 1 – 3 所示。

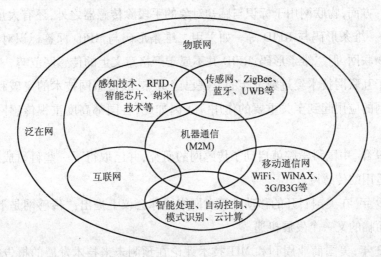

图 1-3 物联网与其他网络之间的关系

由图1-3可以看到,物联网与其他网络及通信技术之间的包容、交互作用关系。物联网隶属于泛在网,但不等同于泛在网,它只是泛在网的一部分;物联网涵盖了物品之间通过感知设施连接起来的传感网,不论它是否接入互联网,都属于物联网的范畴;传感网可以不接入互联网,但当需要时,随时可利用各种接入网接入互联网;互联网(包括下一代互联网)、移动通信网等可作为物联网的核心承载网。

1.2.3.1 物联网与传感网

"物联网"的概念是划时代的,它指出:物质世界自身正朝着信息系统方向发展,最终结果是信息世界与物质世界的统一。但要实现这一目标,必须有传感网的支持。传感网又称传感器网络,在物联网领域中,传感网中很大一部分是指无线传感器网络(Wireless Sensor Networks, WSN)。

进入21世纪以来,微电子、计算机和无线通信等技术的进步,推进了低功耗、多功能传感器的快速发展,使其能在微小体积内集成信息采集、数据处理和无线通信等多种功能。传感网就是由部署在一定范围内的大量的廉价微型传感器节点组成,通过无线与有线通信方式形成的一个自组织的网络系统,彼此协同地进行感知、数据采集和处理网络覆盖区域中感知对象的信息,并将结果发给观察者(或控制器)。传感器、感知对象和观察者(或控制器)构成了传感网的三要素。

如果说互联网构成了逻辑上的信息世界,改变了人与人之间的沟通方式,那么,传感网就将逻辑上的信息世界与客观上的物质世界融合在一起,改变人类与自然界的交互方式,而物联网的一部分就是互联网与传感网集成的产物。

另一方面,物联网用于标识与感知对象的手段除传感器之外,还有大量的二维条形码、一维条形码与RFID等。如采用二维条形码与RFID标签标识对象,就可以形成物联网,但二维条形码、RFID并不属于严格意义上的传感网范畴。

由于互联网技术经过数十年的发展已经成熟,故传感网技术的突破和普及就对物联网的应用起到至关重要的作用。正因如此,各国都高度重视传感网的研发与应用。

1999年,中国科学院就启动了传感网的研究,并已取得了一些科研成果,建立了一些适用的传感网。

1999年,在美国召开的移动计算和网络国际会议上提出:"传感网是下一个世纪人类面临的又一个发展机遇。"

2003年,美国商业周刊和MIT技术评论在预测未来技术发展的报告中,将无线传感网络列为21世纪改变世界的十大技术之首。

2005 年,国际电信联盟发布了《ITU 互联网报告 2005:物联网》,正式提出了"物联网"的概念。

1.2.3.2 物联网与泛在网

(1)泛在网的概念。韦泽在预测未来计算机发展时,强调了"无所不在的计算"(Ubiquitous Computing)的概念,指出计算机或终端设备最终将在任何地点均能联网计算,从而实现任何地方都可联结的信息社会。Ubiquitous 一词源于拉丁文,意指"无所不在",即"泛在"之意,故 Ubiquitous Computing,Ubiquitous Network 就可称为"泛在计算"、"泛在网",相关的技术即 Ubiquitous Technology 也因此称为"泛在科技"或"U 化科技"。

随着传感网的提出,泛在计算的技术内涵也逐渐清晰起来,图 1-4 从联网对象的多样性与协作性角度,描述了泛在网发展的三个历程。图中左下角为传统的计算机网络,联网对象仅为服务器、台式机和笔记本电脑。第二阶段仍以 PSP 即"计算机—服务器—计算机"为架构,但主网上的联结终端设备朝小型化发展,并扩展到上网本(Netbook)、移动电话、个人数字助理(PDA)等。同时,大量传感器、无线电子标签和其他智能设备也联结上网,使入网物体呈现高度的多样化。第三阶段代表所有物品均可入网互联,协同运行,实现泛在计算。

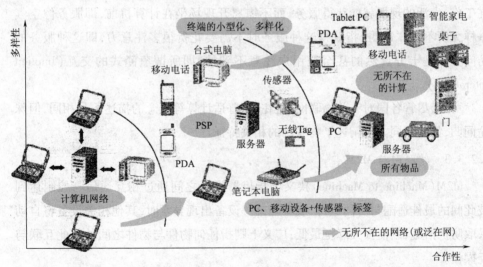

图 1-4 泛在计算示意图

可见,泛在网是从网络范围与计算角度对物联网的另一种描述;物联网则从联网对象角度进行描述,两者实为一体两面。"泛在"强调的是物联网存在的普遍性、功能的广泛性和计算的深入性。因此,许多国家的"泛在化"战略、U 化战略等,很大一部分内容就是其物联网的国家发展战略。

(2)泛在网的全球发展。世界各国对信息化的发展战略均有不同的背景与侧重点。故对泛在网、泛在计算等的称呼与表述各有不同,主要分为欧洲、亚洲与美洲三大类。

泛在网在欧洲被称为环境感知智能(Ambient Intelligence),由于欧洲国家众多,信息化水平不一,故发展重点在强调联网对象的整合与资源网的汇聚上。技术重点包括微计算、联网物体的用户界面及泛在通信三个主导领域的创新。

在亚洲,日本、韩国、新加坡、中国台湾等都将建设泛在网(Ubiquitous Network)基础设施、开发各领域的泛在应用、建立各地实验基地和扶持重点技术研发等列为21 世纪国家或地区信息化发展战略,要将泛在技术广泛地用于产业竞争力提升、建立智能社会、改善民生、扩大就业等领域。

在北美,IBM 提出普适计算(Pervasive Computing)概念,其目标是"建立一个充满计算和通信能力的环境,同时使这个环境与人们逐渐地融合在一起,人们可以'随时随地'和'透明'地通过日常生活中的物体和环境中的某一联网的动态设备而不仅仅是计算机进行交流和协作"。这其中的关键是"随时随地",指人们可以在工作、生活的现场就能获得服务,而不需离开现场坐在计算机前,即服务像空气一样无所不在;"透明"指获得这种服务时不需要花费很多注意力,即这种服务的访问方式是十分自然的甚至是用户注意不到的,即所谓蕴涵式的交互(Implicit Interaction)。

可见,尽管各国对有关物联网、泛在网、普适计算等概念的描述不尽相同,但殊途同归,都从不同方面阐述了物联网的相关特征。

1.2.3.3 物联网与 M2M

M2M(Machine to Machine)狭义上指机器设备之间通过相互通信与控制达到彼此间的最佳适配与协同运行,或者当某一设备出现异常时,其他相关设备将自动采取防护措施,以使损失降至最低;广义上则指任何物件与物件之间的彼此互联与互操作。

如在智能交通系统中,装有车载感测系统的车辆彼此间能通过 M2M 监测到对方的行车轨迹、瞬时方向和速度等,动态测算出双方的安全距离,一旦感测到对方的方向、轨迹和速度之一偏离既定的安全行车模型时,双方车载系统都会通过M2M 自动减速制动,同时发出警讯以提醒本车及对方驾驶者,同时找出安全的自动避让对策,以防任何一方司机因临时慌乱而误操作导致事故发生。

M2M 是物联网特有的性能之一,由于计算机对计算机的数据通信发展历程对 M2M 有良好借鉴,机器设备实际是通过嵌入式微电脑来进行数据通信的,有线、无线、移动等多种技术支撑了 M2M 网络中的数据传输。

M2M 由前端的传感器及设备、网络和后端的 IT 系统三部分构成。

(1)前端的传感器及设备。前端传感器及设备实现感知能力。它通过内置传感器获得数据,并通过 M2M 使设备或模块进行数据传输,这种 M2M 使设备或模块具有数据汇聚能力,能对多个传感器提供联网服务。

(2)网络。网络提供设备间互联互通能力。很多应用场合中的数据流量特征是固定时间间隔的短暂突发性流量,需要网络能够提供有效和经济的连接。总体要求是能利用固定、移动和短距离、低功耗无线技术融合的应用,提供日趋泛在化的覆盖能力和可靠的服务质量。

(3)后端系统。后端系统提供智能化支持。它可以是相关应用或管理系统,具有较高的安全性要求,可以实时收集、分析传感器数据,根据各种模型对机器设备的作业、状态和环境等进行动态比对与研判,发现异常时能及时报警,进行前端设备故障排除,或对其他相关设备发出异常指令,要求其作出响应等。

显然,M2M 是从联网对象的功能与运行控制的角度对物联网的一种描述。

1.2.3.4 物联网与微机电系统

微机电系统(Micro Electromechanical Systems,MEMS)是一种智能微型化系统,其系统或元件为毫米至微米量级大小,将光学、机械、电子、生物、通信等功能整合为一体,可用于感测环境、处理信息、探测对象等。如,采用 MEMS 的胃肠道内窥检查系统,就是将照相机、光源、信号转换器和发射装置等集成在一个如感冒胶囊形状与大小的胶囊中,病人吞服后能对胃肠道内部进行检查,可连续拍摄下数万至数十万帧照片并将信号发送给接收端,供医生详细观察,病人毫无痛苦。

智慧灰尘(Smart Dust)则是 MEMS 技术应用的极致,它是美国加州大学伯克利分校开发的一种无线传感器联网技术。传感器尺寸可小如纽扣,最小可达米粒大小。智慧灰尘最初用在军事侦察上,通过无人飞机等将数以百计伪装过的智慧灰尘大范围地散布在侦察区域或军事重地,侦测的可以是温度、湿度、声音、光线、压力、二氧化碳浓度等数据,能感知敌军动态,再通过红外线或无线电波等将搜集的信息回传到后方。智慧灰尘可随机播撒,散布在环境中或物体上,各"灰尘"点随后通过自我组织及内建冗余就地组网、彼此识别、自动路由、自行形成感测集群并向后方发送侦察数据等,可节省大量侦察兵力,得到更实时有效的信息,且因为传感器数量庞大,敌军不易清除。

智慧灰尘也在民用领域有广阔的应用空间,如美国已将 200 个智慧灰尘部署在金门大桥上。这些智慧灰尘联网后能确定大桥从一边到另一边的摆动距离,由此可精确测量在强风中桥梁的变形情况。智慧灰尘检测出移动距离,就把该信息发送出去,信息最后汇集到功能强大的计算机中进行分析。任何与当前天气情况不吻合的异常读数都可能预示大桥存在隐患。

1.2.4　对物联网内涵的进一步理解

对于实现人与人、人与物、物与物广泛互联,构建智能化社会这样一个远大愿景的物联网,在开始阶段是很难给出一个全世界公认、统一的定义的。实际上,对一个新兴的技术领域没有必要给出一个准确的定义,也不可能形成完美的定义。在目前阶段,对物联网的理解先从其近来受到热捧的原因开始,然后就其技术本身及其应用层面来认识理解它的现实意义可能更为准确一些。

1.2.4.1　物联网产生的主要原图

物联网的产生有其技术发展的原因,也有应用环境和经济背景的需求。物联网之所以在当前被称为第三次信息革命浪潮,主要源于以下三个方面的因素。

(1)经济危机催生新产业革命。2009 年全球爆发的金融危机,把全球经济带入了深渊。自然,战略性新兴产业将成为"后危机时代"的新宠儿。按照经济增长理论,每一次的经济低谷必定会催生某些新技术的发展,而这种新技术一定是可以为绝大多数产业提供一种全新的应用价值,从而带动新一轮的消费增长和高额的产业投资,以触动新经济周期的形成。美国、日本、欧盟等均已将注意力转向新兴产业,并给予前所未有的强有力的政策支持。例如,奥巴马的能源计划是发展智能电网产业,全面推进分布式能源信息管理。我国专家提出的坚强智能电网概念,催生了以智能电网技术为基础,通过电子终端将用户之间、用户和电网公司之间形成网络互动和即时连接,实现了数据读取的实时、高速、双向的总体效果,实现了电力、电信、电视、远程家电控制和电池集成充电等的多用途开发。使用电力检测无线传感器的电网配电传输系统和智能电表的用电智能感知网络,在很多地区的使用过程中已呈现出其优越性能。传感网技术将在新兴产业(如工业测量与控制、智能电网领域)中扮演重要角色,发挥重要作用。传感网所带来的一种全新的信息获取与信息处理模式,将深刻影响着信息技术的未来发展。目前的经济危机让人们又不得不面临紧迫的选择,显然物联网技术可作为下一个经济增长的重要助推器,催生新产业革命。

(2)传感网技术已成熟应用。由于近年来微型制造技术、通信技术及电池技术的改进,促使微小的智能传感器可具有感知、无线通信及信息处理的能力。也就是说,涉及人类生活、生产、管理等方方面面的各种智能传感器已经比较成熟,如常见的无线传感器、射频识别(RFID)、电子标签等。传感网能够实现数据的采集量化、融合处理和传输,它综合了微电子技术、现代网络及无线通信技术、嵌入式计算技术、分布式信息处理技术等先进技术,兼具感知、运算与网络通信能力,通过传感器侦测周边环境,如温度、湿度、光照、气体浓度、震动幅度等,并通过无线网络将收集到的信息传送给监控者;监控者解读信息后,便可掌握现场状况,进而维护、调整相关系统。由于监控物理环境的重要性从来没有像今天这么突出,传感网已被视为环境监测、建筑监测、公用事业、工业控制与测量、智能家居、交通运输系统自动化中的一个重要发展方向。传感网使目前的网络通信技术功能得到极大的拓展,使通过网络实时监控各种环境、设施及内部运行机理等成为可能。经过十余年的研究发展,可以说传感网技术已是相对成熟的一项能够引领产业发展的先进技术。

(3)网络接入和数据处理能力已基本适应多媒体信息传输处理的需求。目前,随着信息网络接入多样化、IP宽带化和计算机软件技术的飞跃发展,对于海量数据采集融合、聚类或分类处理的能力大大提高。在过去的十几年间,从技术演进视野来看,信息网络的发展已经历了三个大的发展阶段:①大型机、主机的联网;②台式计算机、便携式计算机与互联网相连;③一些移动设备(如手机、PDA等)的互联。信息网络的进一步发展,显然是更多地与智能社会相关物品互联。宽带无线移动通信技术在过去数十年内,已经历了巨大的技术变革和演变,对人类生产力产生了前所未有的推动作用。以宽带化、多媒体化、个性化为特征的移动型信息服务业务,成为公众无线通信持续高速发展的原动力,同时也对未来移动通信技术的发展提出了巨大挑战。当前,第三代移动通信系统(3G)已经进入商业化应用阶段,下一代移动通信系统(3G/4G)也已进入实质性研发试用阶段,按照最新的工作计划,国际电信联盟(ITU)在国际范围内启动了技术提案的征集工作,开始了一整套包括技术征集、评估、融合以及标准化在内的4G无线通信技术的国际标准化(ITU称之为IMT-Advanced)。可以说,网络接入和数据处理能力已适应构建物联网进行多媒体信息传输与处理的基本需求。

1.2.4.2 技术层面的认识

由于物联网目前尚处在概念形成阶段,存在着物联网、传感网、泛在网的概念之争。通过上述对这三个概念的讨论,可以分别从不同的领域、不同的角度、不同的层面上认识理解。

从技术层面上看,物联网是指物体通过智能感知装置,经过传输网络,到达指定数据处理中心,实现人与人、物与物、人与物之间信息交互与处理的智能化网络。如果将传感器的概念进一步扩展,把射频识别、二维条码等信息的读取设备、音视频录入设备等数据采集设备都认为是一种传感器,并提升到智能感知水平,则范围扩展后的传感网络也可以认为是物联网。从 ITU – T, ISO/IEC, JTC1, SC6 等国际标准化组织对传感网络、物联网定义和标准化范围来看,传感网与物联网是一个概念的两种不同表述,都是依托各种信息设备实现物理世界和信息世界的无缝融合。此外,也有观点认为,物联网是从产业和应用角度、传感网是从技术角度对同一事物的不同表述,其实质没有什么区别。可见无论从哪个角度都可以认为,目前为人所熟知的"物联网"和"传感网"均是以智能传感器、RFID 等客观世界标识和感知技术,借助于无线通信技术、互联网、移动通信网络等实现人与物理世界的信息交互。

1.2.4.3 从应用的角度理解

纵观信息网络发展应用过程,可以认为物联网是网络的应用延伸,物联网不是网络而是应用和业务。它能把世界上所有的物品都连接到一个网络中形成"物联网",其主要特征是每一个物品都可以寻址、每一个物品都可以控制、每一个物品都可以通信。因此,也可以认为,物联网是信息网络上的一种增值应用。例如,把与人们日常生活密切相关的应用设备(如洗衣机、冰箱、电视、微波炉等)互联互通。

从应用的角度来看,物联网主要是在提升数据传送效率、改善民生、提高生产率、降低企业管理成本等方面发挥重要作用。例如,就电信运营的产业链而言,物联网的内涵主要是基于特定的终端,以有线或无线(IP/CDMA)等为接入手段,为集团和家庭客户提供机器到机器、机器到人的解决方案,满足客户对生产过程或家居生活监控、指挥调度、远程数据采集和测量、远程诊断等方面的信息化需求。

应用是技术进步的原动力,只有具有广阔的应用前景,技术才能得以发展。在目前技术背景和政府高度重视的大环境下,重要的是社会各领域深度挖掘物联网应用价值和产业链效益,让人们清楚,对于消费者来说物联网到底能给他们带来什么益处。诸如:①自动化,降低生产成本和效率,提升企业综合竞争能力;②信息的实时性,借助通信网络,及时地获取远端的信息;③提高便利性,如 RFID 电子支付交易业务;④有利于安全生产,及时发现和消除安全隐患,便于实现安全监控监管;⑤提升社会的信息化程度等。这些都是发挥物联网作用的领域。只有广泛地挖掘应用需求,才能使物联网的内涵更加丰富、具体和清晰。

1.3 物联网的总体架构、特点与关键技术

1.3.1 物联网的总体架构

物联网是信息技术发展的前沿,是多领域高新技术的结合,其实施对一个国家具有基础性、战略性、规模性以及广泛的产业拉动性等特征,故物联网各类应用一旦推广后,将引发工农业生产与社会生活的深刻变革。因此,了解物联网应从总体架构入手,从国家信息化发展的宏观战略框架中,考虑其地位、作用、功能与运行环境等,这样才能了解其对国民经济各行业、公众社会生活各方面、科学技术各领域的贡献。物联网总体架构如图 1-5 所示。

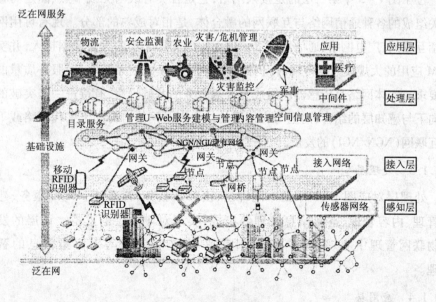

图 1-5 物联网总体架构示意图

图1-5从逻辑层面上说明了物联网总体架构,即其逻辑上可分为感知层、接入层、处理层与应用层4个层面。可看出,与传统信息系统架构相比,基于物联网的信息系统多了一个感知层,也正因如此,导致目前对物联网的理解出现了广义与狭义之分,狭义理解将本图中底层的传感器网络当做物联网;广义理解则将完整的4层架构理解为物联网,本书讲解基于广义理解。

1.3.1.1 感知层

如图1-5所示,感知层是由遍布各种建筑、楼宇、街道、公路桥梁、车辆、地表和管网中的各类传感器、二维条形码、RFID标签和RFID识读器、摄像头、GPS、M2M设备及各种嵌入式终端等组成的传感器网络。

感知层的主要功能是实现对物体的感知、识别、监测或采集数据,以及反应与控制等。感知层是物联网的基础,也是物联网系统与传统信息系统最大的区别所在。感知层的发展,主要以更高的性能、更低的功耗、更小的体积、更低的成本提供更具灵敏性、可靠性和更全面的对象感知能力。感知层的出现,改变了传统信息系统内部运算处理能力高强但对外界感知能力低下的状况。这一改变,将给信息系统带来质的飞跃。

1.3.1.2 接入层

位于图1-5中第二层的是接入网络,它是各类有线与无线节点、固定与移动网关组成的各种通信网络与互联网的融合体,是相对成熟的部分。现有可用网络包括互联网、广电网络、通信网络等。但面临感知层采集的大量数据接入,并实现M2M应用的大规模数据传输时,仍需解决新业务模式对系统容量、服务质量的特别要求。实体网络是传感器网络成为普遍服务的基础设施,有待进一步突破的是其向下与感知层的结合,向上与应用层的结合以及网络自身向下一代网络或下一代互联网(NGN/NGI)的发展。

1.3.1.3 处理层

处理层对应图1-5中的中间件层,由目录服务、管理、U-Web服务、建模与管理、内容管理、空间信息管理等组成,实现对应用层的支持。该层的发展是物联网管理中心、资源中心、云计算平台、专家系统等对海量信息的智能处理。

1.3.1.4 应用层

应用层将物联网技术与各类行业应用相结合,实现无所不在的智能化应用,如物流、安全监测、农业、灾害监控、危机管理、军事、医疗护理等领域。物联网通过应用层实现信息技术与各行业专业应用的深度融合。

1.3.2 物联网的特点

物联网是运用物联技术建立的应用网络系统,其显著特点是:在物联网中除了人与人之间可以相互联系、人可取得物体对象的信息之外,对象与对象之间也可通过网络彼此交换信息、协同运作、相互操控,从而创造出一批批自动化程度更高、反应更灵敏、功能更强大、更适应各种内外环境、对各产业领域拉动力更大的应用系统。

根据国际电信联盟的描述,物联网的运行可分为"时间(Time)、地点(Place)与物件(Thing)"三个维度,在这三维空间中可创造出所有对象皆可在任何时间、任何地点相互沟通的环境,如图 1-6 所示。

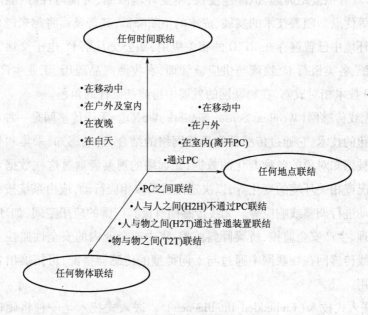

图 1-6 物联网运行的三个维度

图 1-6 从三个维度表示了任何时间、任何地点、任何物体间的互联进程。与传统信息系统相比,其特点就在任何物体之间的互联上:从早期的 PC 机之间互联,到人与人(H2H)的非 PC 方式互联,人与物(H2T)之间使用普通设备互联以及物与物(T2T)之间互联。

1.3.3 物联网的关键技术及发展

1.3.3.1 物联网的关键技术

为了创造人、事、时、地、物都能相互联系与沟通的物联网环境，以下几项技术将起关键作用，其发展与成熟程度也将左右物联网的发展。

（1）射频识别（Radio – frequency Identification，RFID）技术。RFID 技术是利用射频信号及其空间耦合和传输特性进行的非接触式双向通信，实现对静止或移动物体的自动识别并进行数据交换的一种识别技术。RFID 系统的数据存储在射频标签（RFID Tag）中，其能量供应及与识读器之间的数据交换不是通过电流而是通过磁场或电磁场进行的。射频识别系统包括射频标签和识读器两部分。射频标签粘贴或安装在产品或物体上，识读器读取存储于标签中的数据。

RFID 具有识读距离远、识读速度快、不受环境限制、可读写性好、能同时识读多个物品等优点。随着技术的发展、成本的不断降低，其普及面将越来越广。目前日常生活环境中已普遍存在 RFID 的相关应用，如公交月票卡、电子交通无人收费（ETC）系统、各类银行卡、物流与供应链管理、农牧渔产品履历、工业生产控制等。由于 RFID 技术相对成熟，在物联网的发展中扮演基础性的角色。

（2）无线传感网（Wireless Sensor Network，WSN）。无线传感网是一种可监测周围环境变化的技术，它通过传感器和无线网络的结合，自动感知、采集和处理其覆盖区域中被感知对象的各种变化的数据，让远端的观察者通过这些数据判断对象的运行状况或相关环境的变化等，以决定是否采取相应行动，或由系统按相关模型的设定自动进行调整或响应等。无线传感网有极其广阔的应用空间，如环境监测、水资源管理、生产安全监控、桥梁倾斜监控、家中或企业内的安全性监控及员工管理等。无线传感网在物联网中通过与不同类型的传感器搭配，可拓展出各种不同类型的应用。

（3）嵌入式技术（Embedded Intelligence）。嵌入式技术是一种将硬件和软件结合组成嵌入式系统的技术。嵌入式系统是将微处理器嵌入到受控器件内部，以实现特定应用的专用计算机系统。嵌入式系统只针对一些特殊的任务而设置，设计人员能对它进行优化、减小尺寸、降低成本、大量生产。其核心是由一个或几个预先编程好的、用来执行少数几项任务的微处理器或者微控制器组成。与通用计算机上运行的用户可选择的软件不同，嵌入式系统中的软件通常是不变的，故经常称为"韧件"。

　　嵌入式系统已有极广泛的应用,如工业控制领域中的过程控制、数字机床、电力系统、电网安全、电网设备监测、石油化工系统等;交通管理领域中的车辆导航、流量控制、信息监测与汽车服务等方面;信息家电领域中的冰箱、空调等的网络化、智能化等。各种类型的设备皆可通过嵌入式技术使其具备接收网络信息与处理信息的能力,或是附加强大的软件运算技术使其成为智能化的装置。在物联网的发展中,所有的对象都要具备接收、传递与处理信息的能力,因此嵌入式技术的发展日显重要。

　　(4)纳米与微机电系统(Nanotechnology and Micro Electromechanical Systems)。为让所有对象都具备联网及数据处理能力,运算芯片的微型化和精准度的重要性与日俱增。在微型化上,利用纳米技术开发出更细微的机器组件,或创造出新的结构与材料,以应对各种恶劣的应用环境;在精准度方面,近年微机电技术已有突破性进展,在接收自然界的声、光、震动、温度等模拟信号后转换为数字信号,再传递给控制器响应的一连串处理的精准度提升了许多。由于纳米及微机电技术应用的范围遍及信息、医疗、生物、化学、环境、能源、机械等各领域,能发挥出电气、电磁、光学、强度、耐热性等全新物质特性,也将成为物联网发展的关键技术之一。

　　(5)分布式信息管理技术。在物物相连的环境中,每个传感节点都是数据源和处理点,都有数据库存取、识别、处理、通信和响应等作业,需要用分布式信息管理技术来操纵这些节点。在这种环境下,往往采用分布式数据库系统来管理这些数据节点,使之在网络中连接在一起,每个节点可视为一个独立的微数据系统,它们都拥有各自的数据表、处理机、终端以及各自的局部数据管理系统,形成逻辑上属于同一系统,但物理上彼此分开的架构。

　　目前,支持物联网运行的分布式信息管理系统已成为信息处理领域的重点,它将解决以下一些问题:

　　一是组织上分散而数据需要相互联系的问题。比如,智能交通系统,各路段分别位于不同城市及城市中的各个区段,尽管在交通流量监测时各节点需要处理各路段的数据,但更需要彼此之间进行交换和处理,动态预测各地的路况并发出拥堵预警信息,为每辆车提供实时优化的行车路线等。显然,这种需求下的各节点的运算量、后台数据中心的运算量都是极其庞大的。

　　二是如果一个机构单元需要增加新的相对自主的传感单元来扩充功能,则可在对当前系统影响最小的情况下进行扩充。

　　三是均衡负载。数据传感和处理应使局部应用效果达到最大,使各传感处理节点、副节点与数据汇聚节点之间的存储与处理能力达到均衡,并使相互间干扰降到最低。负载在各处理点之间分担,以避免临界瓶颈。

四是当现有系统中存在多个数据库系统,且全局应用的必要性增加时,就可由这些数据库自下而上地结合成分布式信息管理系统。

五是不仅支持传统意义的分布式计算,还要支持移动计算到普适计算,以保证系统具备高可靠性与可用性。

从发展上看,分布式信息管理系统的总体需求应能满足物联网的智能空间的有效运用(effective use of smart spaces)、不可见性(invisibility)、本地化可伸缩性(localized scalability)和屏蔽非均衡条件(masking uneven conditioning)。通过将计算基础结构嵌入到各种固定与移动物体对象中,一个智能空间(Smart Space)就将两个世界(指移动和固定空间)中的信息联系在一起。

1.3.3.2 物联网关键技术研发进程

对物联网关键技术的研发,各国和各地区都有相关的计划。如,美国有"智慧地球"的概念框架,日本与韩国等有"U – Japan","U – Korea"等。而欧洲发布的《2020 年的物联网》,是目前涵盖周期最长的发展规划。

2008 年,欧洲智能系统集成技术平台——射频识别工作小组(European Technology Plat – form on Smart Systems Integration(EpoSS)– RFID Working Group)提出《2020 年的物联网》(Internet of Thing in 2020)研究报告,将物联网的发展按每 5 年一个阶段分为 4 个阶段:2010 年前将 RFID 广泛应用于物流、零售和制药等领域;2010 ~ 2015 年实现物体互联;2016 ~ 2020 年物体进入半智能化;2020 年后物体进入全智能化。

每个阶段的社会愿景、人类、政策及管理、标准、技术愿景、使用、设备或装置、能源功耗等发展规划、需求及研究方向等如表 1 – 1 与表 1 – 2 所示。

表 1 – 1 欧洲物联网在研重点及发展趋势

规划内容	2010 年左右	2011 ~ 2015 年	2016 ~ 2020 年	2020 年以后
社会愿景	·全社会接受 RFID	·RFID 应用普及	·对象相互关联	·个性化对象
人类	·生活应用(食品安全、防伪、卫生保健) ·消费关系(保密性) ·改变工作方法	·改变商业模式(工艺、模式、方法) ·智能应用 ·泛在识卡器 ·数据存取权 ·新型零售及后勤服务	·综合应用 ·智能传输 ·能源保护	·周边环境高度智能 ·虚拟世界与物理世界融合 ·实物世界搜索(google of things) ·虚拟世界

续表

规划内容	2010 年左右	2011～2015 年	2016～2020 年	2020 年以后
政策及管理	·事实管理 ·保密立法 ·全社会接受 RFID ·定位文化范围 ·出台下一代互联网管理办法	·欧盟管理 ·频谱管理 ·可接受的能耗方针	·鉴定、信用及确认 ·安全、社会稳定	·鉴定、信用及确认 ·安全、社会稳定
标准	·RFID 安全和隐私 ·无线频率使用	·部分详细标准	·交互标准	·行为规范标准
技术愿景	·连接对象	·网络目标	·半智能化（对象可执行指令）	·全智能化
使用	·RHD 在后勤保障、零售、配药等领域的实施	·互动性增长	·分布式代码执行 ·全球化应用	·统一标准的人、物及服务网络产业整合
设备	·小型、低成本传感器及有源系统	·增加存储及感知容量	·超高度	·更低廉的材料 ·新的物理效应
能源	·低能耗芯片 ·减少能源总耗	·提高能量管理 ·更好的电池	·可再生能源 ·多能量来源	·能源获取元素

表 1-2　物联网的新需求及强化研究方向

内容	2010 年左右	2011～2015 年	2016～2020 年	2020 年以后
社会愿景	·RFID 使用范围的拓展	·对象的集成	·物联网	·完全开发的物联网
人类	·社会接受 RFID	·辅助生活 ·生物测定标志 ·产业化生态系统	·智能生活 ·实时健康管理 ·安全的生活	·人、物体、计算机的统一 ·自动保健措施
政策及管理	·全球导航 ·相关政策	·全球管理 ·统一的开放互联	·鉴定、信用及确认	·物联网的范围
标准	·网络安全 ·Ad-hoc 传感器网络	·协同协议和频率 ·能源和故障协议	·智能设备间的协作	·公共安全
技术愿景	·低能耗、低成本	·无所不在的标签、传感网络的集成	·标签及对象可执行命令	·所有对象智能化

内容	2010 年左右	2011～2015 年	2016～2020 年	2020 年以后
使用	·互通性架构（协议和频率）	·分布控制与数据库 ·网络融合 ·严酷环境耐受性	·全球应用 ·自适应系统 ·分布式存储 ·执行标签	·异构系统互联
设备	·智能多频带天线 ·小型与便宜的标签 ·高频标签 ·微型嵌入式阅读器	·标签、阅读器及高频范围的拓展 ·传输速率 ·芯片级天线 ·与其他材料集成提高速度	·智能标签 ·自制标签 ·合作标签 ·新材料	·可分解的设备 ·纳米级功能处理器件
能源	·低功率芯片组 ·超薄电阻 ·电源优化系统（能源管理）	·电源优化系统（能源管理） ·改善能源管理 ·提高电池性能 ·能量捕获（储能、光伏） ·印刷电池	·超低功率芯片组 ·可再生能源 ·多种能量来源 ·能量捕获（生物、化学、电磁感应）	·恶劣环境下发电 ·能量循环利用 ·能量获取 ·生物降解电池 ·无线电力传输

1.4 物联网应用及其发展

1.4.1 物联网主要应用领域

物联网的应用领域非常广阔，从日常的家庭个人应用，到工业自动化应用，以至军事反恐、城建交通都有需求。当物联网与互联网、移动通信网相连时，可随时随地全方位"感知"对方，人们的生活方式将从"感觉"跨入"感知"，从"感知"发展到"控制"。目前，物联网已经在智能交通、智能安防、智能物流、公共安全等领域初步得到实际应用。比较典型的应用包括水电行业无线远程自动抄表系统、数字城市系统、智能交通系统、危险源和家居监控系统、产品质量监管系统等，如表 1 - 3 所示。

表1-3 物联网主要应用类型

应用分类	用户/行业	典型应用
数据采集	公共事业基础设施 机械制造 零售连锁行业 质量监管行业 石油化工 气象预测 智能农业	自动水表、电表抄读 智能停车场 环境监控、治理 电梯监控 物品信息跟踪 自动售货机 产品质量监管等
自动控制	医疗 机械制造 智能建筑 公共事业基础设施 工业监控	远程医疗及监控 危险源集中监控 路灯监控 智能交通(包括导航定位) 智能电网等
日常生活便利性应用	数字家庭 个人保健 金融 公共安全监控	交通卡 新型电子支付 智能家居 工业和楼宇自动化等
定位类应用	交通运输 物流管理及控制	警务人员定位监控 物流、车辆定位监控等

表1-3中所列应用是一些实际应用或潜在应用,其中某些应用案例已取得了较好的示范效果。

在环境监控和精细农业方面,物联网系统应用最为广泛。2002年,英特尔公司率先在俄勒冈建立了世界上第一个无线葡萄园,这是一个典型的精准农业、智能耕种的实例。杭州齐格科技有限公司与浙江农科院合作研发了远程农作管理决策服务平台,该平台利用无线传感器技术实现对农田温室大棚温度、湿度、露点、光照等环境信息的监测。

在民用安全监控方面,英国的一家博物馆利用传感网设计了一个报警系统,他们将节点放在珍贵文物或艺术品的底部或背面,通过侦测灯光的亮度改变和震动情况,来判断展览品的安全状态。中科院计算所在故宫博物院实施的文物安全监控系统也是 WSN 技术在民用安防领域中的典型应用。

在医疗监控方面,美国英特尔公司目前正在研制家庭护理的传感网系统,作为美国"应对老龄化社会技术项目"的一项重要内容。另外,在对特殊医院(精神类或残障类)中病人的位置监控方面,WSN 也有巨大应用潜力。

在工业监控方面,美国英特尔公司为俄勒冈的一家芯片制造厂安装了 200 台无线传感器,用来监控部分工厂设备的振动情况,并在测量结果超出规定时提供监测报告。通过对危险区域/危险源(如矿井、核电厂)进行安全监控,能有效地遏制和减少恶性事件的发生。

在智能交通方面,美国交通部提出了"国家智能交通系统项目规划",预计到 2025 年全面投入使用。该系统综合运用大量传感器网络,配合 GPS 系统、区域网络系统等资源,实现对交通车辆的优化调度,并为个体交通推荐实时的、最佳的行车路线服务。目前在美国宾夕法尼亚州的匹兹堡市已经建有这样的智能交通信息系统。中科院软件所在地下停车场基于 WSN 网络技术实现了细粒度的智能车位管理系统,使得停车信息能够迅速通过发布系统发送给刚进入的车辆,及时、准确地提供车位使用情况及停车收费等。

物流管理及控制是物联网技术最成熟的应用领域。尽管在仓储物流领域,RFID 技术还没有被普遍采纳,但基于 RFID 的传感器节点在大粒度商品物流管理中已经得到了广泛的应用。例如,宁波中科万通公司与宁波港合作,实现了基于 RFID 网络的集装箱和集卡车的智能化管理。另外,还使用 WSN 技术实现了封闭仓库中托盘粒度的货物定位。

智能家居领域是物联网技术能够大力应用发展的地方。通过感应设备和图像系统相结合,可实现智能小区家居安全的远程监控;通过远程电子抄表系统,可减小水表、电表的抄表时间间隔,能够及时掌握用电、用水情况。基于 WSN 网络的智能楼宇系统,能够将信息发布在互联网上,通过互联网终端可以对家庭状况实施监测。

物联网应用前景非常广阔,应用领域将遍及工业、农业、环境、医疗、交通、社会等各个方面。从感知城市到感知中国、感知世界,信息网络和移动信息化将开辟人与人、人与机、机与机、物与物、人与物互联的可能性,使人们的工作生活时时联通、事事链接,从智能城市发展到智能社会、智慧地球。

物联网的应用领域虽然广泛,但其实际应用却是针对性极强的,是一种"物物相连"的对物应用。尽管它涵盖了多个领域与行业,但在应用模式上没有实质性的区别,都是实现优化信息流和物流,提高电子商务效能,便利生产、方便生活的技术手段。

1.4.2　物联网技术的发展

在信息技术发展演变的过程中,一次又一次的技术飞跃帮助人们不断获取新的知识。物联网技术也将会给人类社会又一次带来新的信息革命。目前,物联网技术正处于起步阶段,而且将是一个持续长效的发展过程,必然会呈现出其独特的发展模式。

从信息技术的起源到现代信息技术,经历了从烽火台到电报电话,再到计算机互联网的发展阶段,每一次技术进步,都是一次信息技术的飞跃发展。从人与人之间的通信、物与物互联通信这两个发展演进模式,可以看到信息技术进一步发展的趋势。

1.4.2.1　人与人之间的通信

人与人之间的通信已经过无数人上百年的研究发明、推广应用,建立了一整套科学的、可控可管的信息通信网络体系,可安全高效地服务于人类的信息通信。纵观通信技术的发展过程,一直在沿着两大方向不断探索未知领域:一个是移动化方向,人们为了追求通信的自由,逐步地由移动电话替代固定电话,实现位置上的自由通信;另一个是宽带化方向,通信从电路交换转变为以数据分组交换为主,从电报电话到互联网,逐步实现了宽带化的自由通信。人类的信息化从电报、固定电话开始,然后逐步探究更便捷、更大容量的信息传递方式,如,移动电话、局域网、互联网。随着网络通信技术的不断发展,人与人之间的通信未知领域不断缩小,目前已经发展到了移动互联网阶段,使社会快步进入了宽带化、移动化数字通信时代。

1.4.2.2　物与物互联通信

在人们不断探索人与人之间的通信技术时,又从物与物互联通信的角度开始探索研究,并沿着智能化和 IP 化演进。为了更好地服务于物与物互联信息的传递,最初,一部分物体被打上条码,有效地提高了物品识别的效率,随着蓝牙(B1uetooth)、ZigBee 等各种近程通信技术的发展,RFID、二维码、传感器等各种现代感知识别技术逐步得到推广应用。在摩尔定律的推动下,芯片的体积不断缩小,功能更加强大,物品自身的网络与人的通信网络开始联通,并快速向未知领域开拓进取,使社会快步进入了基于 IP 数据通信的智能化、数字化时代。

在未来的发展过程中,未知领域显然将逐步缩小,从人的角度和从物的角度对通信的探索将实现融合,最终实现无所不在的物联网。因此,物联网的发展将呈现两大发展趋势:一是智能化趋势,即物品要更加智能,能够自主地实现信息交换,才能实现物联网的真正目的,而这将需要对海量数据进行智能处理,随着云计算技术的不断成熟,这一难题将得到解决;另一趋势是 IP 化,即未来的物联网将给所有的物品赋予一个标识,实现"IP 到末梢",只有这样才能随时随地地了解、控制物品的即时信息。在这方面,"可以给每一粒沙子都设定一个 IP 地址"的 IPv6 将能够承担起这项重任。

综上所述,若把人类信息网络划分成实现人与人通信的通信网和实现物与物互联通信的物联网两种类型,从通信网络技术的发展历程来看,它们将并行推进应用发展,逐步实现融合。物联网仅仅是刚刚起步,要想进一步推进该技术的发展,让其更好地为社会和人们的生活服务,不仅需要研究人员开展广泛的应用系统研究,更需要国家、地区以及优质企业在各个层面上的大力推动和支持。

案例　物联网应用

物物相连——让世界充满智慧

一杯牛奶摆在面前,眼睛看到的是杯子,鼻子闻到的是奶香,嘴巴尝到的是甜味,用手摸一下有温度……感官的感知综合在一起时人便得出了对这一杯牛奶的判断。假如把牛奶的感知信息传上互联网,使人通过网络随时了解牛奶的情况,这就是"物联网"。

如果说,现在以因特网为代表的网络技术,能将人与人、人与物联系在一起,编织出一张二维网络。将来的世界,网络将呈现三维立体结构——让人体验到物与物之间全面互联,每件物品都被赋予智慧的未来生活。在上海举行的世博会上,物联网技术的应用比比皆是。

◆冰箱帮你买可乐

当冰箱中的食物存量不足时,它会自动给你提示,并告你超市的商品信息;当在冰箱中放入一瓶红酒时,它会自动显示这瓶红酒的产地、年份等信息……这就是"物联网冰箱"为我们构建的未来生活图景。

世博会山东馆里展示着这么一台会"说话"、会"购物"的"物联网冰箱"。当你从"物联网冰箱"里取出仅剩的一瓶可口可乐时,"冰箱"会"开口"提醒主人,需要及时填充新的可乐。更令人难以想象的是,"物联网冰箱"显示屏上居然出现了超市新到可乐的销售信息,以及新可乐的产地、生产时间、保质期和营养成分等相关信息。点击屏幕上想买的商品后,购物信息会通过互联网传送给用户提前设定的超市,完成网上购物。

据了解,这台具有超级智慧的冰箱,还能根据人们日常取用食物的频率和习惯,为主人提供健康绿色的食谱和生活方案。此外,用户还可以通过冰箱实现可视电话通信、浏览网上资讯、观看视频等多项生活及娱乐功能。"物联网冰箱"是智能化的家电,它就像一个被赋予了生命的家电,能让我们充分体会到未来生活的神奇。

◆洗衣机自动错峰用电

一种可以节约电费的洗衣机与国家电网馆一起出现在上海世博会上。该款洗衣机与家庭电网连接,主动错过用电高峰期,在这一过程中并不需要用户插手。该款产品最大的优点就是为用户节约时间和能源,减少开支。

此外,这种洗衣机还能"听"手机的"指挥"。通过任何手机发送一条"洗衣机开"的短信给洗衣机,即可接通电源、按设定好的程序洗衣服。发送"洗衣机关"则可以终止洗衣机运转。物联网将会深刻地改变人类的生活。

未来的物联网将广泛应用在电网、物流、家居、医疗、农业、国防军事等众多领域,将呈现广泛感知、海量聚合、智能处理、高效流通、及时调节等特点。

◆农业生态环境监测

从20世纪80年代起,如美国加州建设了百余个农业气象站,监测太阳辐射、地下水、大气温度、大气湿度、降雨量、风速、土壤温湿度等信息。通过测定不同区域的基础蒸发量,并通过互联网发布,使农民随时可以获得不同地区合理灌溉农田的建议,年节水1.3亿立方米,效益达到0.65亿美元。

◆大田粮食作物监测

法国2008年建立了农业区域监测网络,对作物的苗情、长势信息,与作物生长直接相关的环境信息进行获取,并将相关数据发送到农业综合决策网进行处理,以指导施肥、施药、收获等生产全过程。

◆畜禽水产养殖

欧美大量使用RFID标签和动物身体微型传感器,对养牛场、养猪场等进行养殖精细化管理。RFID标签用于动物身份识别,对它们每天的饮水量、进食量、运动量、健康特征、发情期等重要信息进行记录与远程传输,同时还可用于动物疫情预警、疾病防治等精细化养殖管理。

◆果园精细管理

2002年,英特尔公司在俄勒冈州建立了世界上第一个葡萄园无线传感器网络,传感器节点被布设在葡萄园内,每隔一分钟检测一次信息,以开展有效的灌溉和喷洒农药工作来降低成本和提高收益,效果十分明显,与 2004 年的葡萄产量相比,2005～2007 的产量逐年翻一番。

◆农产品与食品安全管理

1998～2001 年,法国、德国、意大利、荷兰、葡萄牙和西班牙联合实施了家畜电子标识项目,实现对畜肉产品生产过程的追溯。举例来说,对养猪场的生猪,可以利用猪耳朵上的传感设备对生猪从生产到屠宰、销售等整个环节的信息进行收集,包括猪每天吃的什么饲料、有没有生病、品种从哪来的等,这些信息都可以储存供给消费者识别判断。

◆智慧医疗

过去医院接收一名病人,仅入院登记就需要 15 分钟左右;而采用 RFID 医疗卡,只需 2 分钟。RFID 标签还可具有快速账务结算的功能,经机器识别身份后,3 秒钟办卡机就会自动派出一张电子就诊卡,在卡上存入 500 元以上的备用金后,病人就可以直接持卡去就诊和配药。

人体佩戴的小型传感器可收集心电、心率、脑电波、体温、呼吸以及脉搏等各种与健康相关的数据,通过无线通信将数据传给数据中心,从而达到实时监测的目的。医生还能据此分析一个人的健康状况,并建议其采取有针对性的预防措施。

无线传感器(佩戴式、嵌入式)可使社区医生随时了解到他负责的病人的心脏、血糖、血压情况。传感器网还可将乡村医院的 CT、MRI 等电子诊断结果无线传输至千里之外的大型医疗中心,以便专家进行会诊。将腕式 RFID 标签佩戴于工作人员和病人手腕上,可实现对手术病人、精神病人和智障患者等的全天候实时状态监护。

在我国,不合格用药人数占用药人数的 11%～26%,日常急救病例的 10% 是因用药失误引起的。而使用"智慧型药柜"即可避免"吃错药"事件的发生。患者的药配有专属的 RFID 标签,当吃药时间到,智慧药柜就会发出语音通知,同时药柜上的荧屏也会播出要服用的药品照片及名称。

物联网前景非常广阔,它将极大地改变我们目前的生活方式。可以说,物联网描绘的是充满智能化的世界。具体地说,就是把感应器嵌入和装备到电网、铁路、桥梁、隧道、公路、建筑、供水系统、大坝、油气管道等各种物体中,然后将"物联网"与现有的互联网整合起来,实现人类社会与物理系统的整合。在此基础上,人类可以以更加精细和动态的方式管理生产和生活,达到"智慧"生产和生活的状态。

复习思考题

1. 请阐述物联网的定义和内涵。

2. 请阐述物联网的总体架构。

3. 物联网有何特点?

4. 简述物联网的关键技术。

5. 列举物联网的主要应用领域。

6. 结合自己的认识谈谈物联网技术的发展趋势。

2 产品电子编码(EPC)基础

学习目标

- 了解 EPC 的概念及其特点
- 掌握 EPC 系统的构成、工作流程、EPC 标准体系
- 了解 EPC 系统编码体系、EPC – RFID 系统、EPC 信息网络系统
- 了解 EPC 编码原则、结构、策略、方案、EAN/UCC 系统标志类型
- 掌握 EPC 编码转换方法

2.1 EPC 概述

2.1.1 EPC 产生的背景

物联网中,大量物品将在各类应用系统中通过各种代码来标识,这既是一种技术,更是一个海量的数据体系,一类极其重要的标准化管理对象,一套涉及全球的管理制度。随着现代化的发展,社会物品种类日益丰富,未来物联网环境中,联网物品的数量将呈爆炸性增长。据估计,2025 年后将有 500 亿件电子设备被移动互联,如再加上载有电子标签的普通物品,全球互联物品的总量将达到千亿数量级。面对天文数量的物品,对象标识与识别将成为一项极其浩繁的工程,人们只能有重点、分门类地开展对象标识工作,而全球商品无疑是占据首要地位的需要标识的对象。

要使每件商品的信息在生产加工、市场流通与后续使用和服务的过程中被精确地记录下来，并通过物联网在全球高速传输，使分布在世界各地的生产企业、销售商家、流通渠道、服务机构等每时每刻都能精确地获得其所需的信息，就必须在全球范围内唯一地标识各国各企业生产的商品，这显然是个管理和实施难度极大且不可回避的问题。

由于传统商品条形码只能识别一类产品而无法识别到各类目下的每一件单品，因此不能满足物联网运行中对每件物品进行唯一识别、全程追踪的要求。为满足这一市场需求，实现对全网全过程中每件货物的有效识别与跟踪管理，EPC 技术、EPC 体系与 EPC 标准应运而生。

EPC 技术由美国麻省理工学院的自动识别研究中心开发，目标是通过互联网平台，利用先进的编码技术、RFID 技术、无线数据通信技术等，构造一个覆盖全球物品数据、开放的标识标准，并能为任何应用实时共享的网络标识体系。由于商品生产在人类生活与经济发展中具有第一位的重要性，而 EPC 体系率先解决了单个商品的识别课题，这样就能使所有商品的生产、仓储、采购、运输、销售及消费的全过程管理发生根本性的变革，因而 EPC 技术迅速成为全球商品标识的标准体制而在世界范围内推广普及。

EPC 体系为物联网提供了基础性的商品标识的规范体系与代码空间，相当于给每件商品在全球范围内赋予了一个唯一的"身份证"。

2.1.2 EPC 的定义与优点

2.1.2.1 EPC 的定义

EPC 英文是 Electronic Product Code，直译是"电子产品代码"，但这容易被误解为是电子类产品的代码，而 EPC 是针对所有产品的电子代码，故我国标准化管理机构将其定义为"产品电子代码"，同时，在分析其结构时，亦称"产品电子编码"。

之所以称为"电子代码"，是因为 EPC 的载体为一个面积不足 1 平方毫米的芯片，可实现二进制 128 字节的信息存储，标识容量上限为：全球 2.68 亿家公司，每公司生产 1 600 万种产品，每种产品生产 680 亿个单件。如此庞大的数据容量可逐粒标识全球每年生产的谷物，足够给全球每类产品中的每件单品都赋予一个唯一的代码，形成一个巨大而稳定的标识空间。

2.1.2.2 EPC 的优点

与传统的通用商品条形码体系相比，EPC 体系有如下明显的优点：

（1）条形码只能识别一类商品，无法识别同类商品中的单件；而 EPC 可识别同品种、同规格、同批号产品下的每一件单品，可真正做到"一物一码"。

（2）EPC 比通常商品条形码及其他类型条形码的信息量大，可满足更广泛的系统需求。

（3）条形码标签只能一次生成，而 EPC 可读写，可开发基于物联网的多种应用。

（4）条形码识读时，扫描仪必须"看见"条形码才能读取它，而 EPC 是利用无线感应方式，可在一定距离外非接触式识读。

（5）EPC 系统可识别高速运动物体以及同时识别多个物体（一秒钟可达 50 ~ 150 件），条形码系统则不能。

（6）EPC 标签具有抗污染、抗干扰、保密性好等条形码标签所不具备的性能。

虽有上述区别，EPC 编码体系仍与通用商品条形码体系兼容，因此，采用 EPC 技术的产品标识体系更适合于物联网中的对象标识。

2.1.3　EPC 管理体制

EPC 的全球推行，需要一个世界性的机构来牵头组织。2003 年 11 月，欧洲物品编码协会（European Article Number，EAN）和美国统一商品编码委员会（Uniform Commercial Code，UCC）决定成立全球产品电子代码中心（EPCglobal），统一管理和实施 EPC 工作（EAN 和 UCC 目前已合并，改名为 GS1，即全球第一商贸标准化组织），以搭建一个可在任何地方、任何时间自动识别任何事物的开放性的全球产品标准化标识体系。

EPCglobal 通过世界各国各地区的编码组织成员来推动本国本地区的 EPC 推广普及与管理工作，并于 2004 年 1 月授权中国物品编码中心（ANCC）为其在中国的注册管理和业务推广机构。中国物品编码中心据此以 EPCglobal China 的名义来统一组织、协调和管理全国的 EPC 工作，具体包括 EPC 产品电子代码的注册管理，代表我国参与国际 EPC 相关标准的制定，建立我国的 EPC 标准体系，制定、修订 EPC 相关国家标准及技术规范，组织、建立并维护我国 EPC 信息管理系统，建立 EPC 技术应用示范系统以及相关的专业培训与宣传教育工作等。

2.2　EPC 系统架构

2.2.1　EPC 系统构成

EPC 系统由一系列相关要素构成,具体如表 2 - 1 所示。

表 2 - 1　EPC 系统构成

系统构成	名　称	说　明
EPC 编码体系	EPC 编码标准	识别目标的特定代码
EPC - RFID 系统	EPC 标签	附在物品上或内嵌物品中的电子标签
	识读器	识读 EPC 标签的设备
	EPC 中间件	EPC 系统的软件支持系统
EPC 信息网络系统	对象名称解析服务(Object Naming Service,ONS)	物品及对象解析
	EPC 信息服务(EPCIS)	提供产品信息接口,采用可扩展标记语言（XML)进行信息描述

表 2 - 1 中,EPC 中间件为其软件支持系统,提供各项 EPC 信息服务与 PML 支持,逻辑上实现 Savant 服务器的功能。

2.2.2　EPC 编码体系

EPC 是新一代的与 EAN/UCC 代码兼容的编码标准,与现行的通用标识符（General Identifier,GID)、全球贸易货物代码(Global Trade Item Number,GTIN)、序列全球贸易货物代码(Serialized Global Trade Item Number,SGTIN)、序列海运集装箱编码(Serial Shipping Container Code,SSCC)、统一资源标识符(Uniform Resource Identifier,URI)、全球位置码(Global Location Number,GLN)、序列全球位置码(Serialized Global Location Number,SGLN)、全球可回收资产标识符(Global Returnable Asset Identifier,GRAI)、全球个体资产标识符(Global Individual Asset Identifier,GIAI)等相结合,可为所有实体提供唯一标识。

2.2.2.1　EPC 编码特性

EPC 编码体系是 EPC 系统的核心,该编码体系具有以下特性:

（1）科学性：结构明确，易于使用、维护。

（2）兼容性：兼容了其他贸易流通过程的标识代码。

（3）全面性：可在贸易结算、单品跟踪等各环节全面应用。

（4）合理性：由各国各地区编码组织、标识物品的管理者分段管理、共同维护、统一应用，具有合理性。

（5）国际性：不以具体国家、企业为核心，编码标准全球协调一致，具有国际性。

（6）无歧视性：编码采用全数字形式，不受地方色彩、语言、经济水平、政治观点的限制，是无歧视性的编码。

2.2.2.2 EPC – URI 通用编码结构

EPC 编码与目前广泛应用的 EAN/UCC 编码兼容，且全球贸易货物代码（GTIN）是 EPC 编码结构中的重要组成部分，目前使用的 GTIN，SSCC，GLN，GRAI 等都可以顺利转换到 EPC 中。当前最常用的 EPC 编码标准采用的是 96 位数据结构。

在产业与经贸领域的 RFID 系统中经常采用 EPC 与 URI 相结合的 EPC – URI 编码，这种识别方案常用于大型信息系统，实现标识数据的定位与交换。为表明标签采用哪一种编码方式，编码结构采用了下列字符串形式：urn：epc：tag：EncName：EncodingSpecificFields，其中 EncName 就是用来表示标签采用的编码规范方式。EPC – URI 通用编码结构如表 2 – 2 所示。

表 2 – 2　EPC – URI 通用编码结构

编码序列	编码结构
1	urn：epc：tag：sgtin – 64：FFF. PPP. III. SSS
2	urn：epc：tag：sscc – 64：FFF. PPP. III
3	urn：epc：tag：sgln – 64：FFF. PPP. III. SSS
4	urn：epc：tag：grai – 64：FFF. PPP. III. SSS
5	urn：epc：tag：giai – 64：FFF. PPP. SSS
6	urn：epc：tag：gid – 96：MMM. CCC. SSS
7	urn：epc：tag：sgtin – 96：FFF. PPP. IIL. SSS
8	urn：epc：tag：sscc – 96：FFF. PPP. III
9	urn：epc：tag：sgln – 96：FFF. PPP. III. SSS
10	urn：epc：tag：grai – 96：FFF. PPP. III. SSS
11	urn：epc：tag：giai – 96：FFF. PPP. SSS

表 2-2 中第四字段"EncName:"代表上述各种编码标识体系,常用的有 64 位与 96 位。如第 6 行中:MMM 表示公司代码;CCC 表示对象分类号;SSS 表示序列号;其他行中 FFF 表示过滤值;PPP 表示 EAN/UCC 体系中的公司代码;III 表示 SS-CC 中海运集装箱序列号及 GRAI 中资产类型等。

2.2.2.3 EPC 编码信息的识读

通常,EPC 嵌入的信息越多,功能就越强,标签尺寸就越大,成本也越高。因此 EPCglobal 下属的 Auto-ID 中心提出一种解决方案,建议最小化 EPC 编码中嵌入的信息量,尽量利用现有的计算机网络和当前的信息资源库来存储数据,从而使 EPC 成为信息检索器。虽然拥有最小的信息量,却把更多的信息指向网络上。

互联网中信息参考源就是统一资源标识符 URI,这些标识符能被域名服务(DNS)翻译成相应的 IP 地址,就是网络信息的地址。因此,通过 Auto-ID 中心提供的对象名称解析服务(ONS),可直接将识读的 EPC 代码翻译成 IP 地址。IP 地址标识的后台储存了相关的产品信息,然后由 IP 地址标识的主机向前端应用发送其存储的产品信息。

物联网是在互联网的基础上,利用 RFID、无线数据通信、EPC 等技术,构造的一个全球物品信息实时共享的网络。物联网中关于产品信息的描述采用一种新的标准计算机语言——物理标记语言(PML)。PML 由可扩展标识语言(XML)发展而来。在 PML 文件中除了产品静态信息外,还包括经常变动的数据(动态数据)和随时间变动的数据(时序数据)。每件产品的 PML 文件存储在一个 PML 服务器中,该 PML 服务器将配置一个专用的虚拟机,为其他计算机提供其需要的文件。

在维护机制上,PML 服务器由产品制造商维护,可储存该制造商的产品的文件信息。

2.2.3 EPC-RFID 系统

EPC-RFID 系统是实现 EPC 代码数据自动采集的功能模块,由 RFID 标签和 RFID 识读器组成,RFID 标签是 EPC 的载体,附着于可跟踪物品上,在全球流通。RFID 识读器与信息系统相连,读取标签中的 EPC 代码并将其输入网络信息系统。EPC 系统中 RFID 标签与 RFID 识读器之间以无线感应方式进行信息交换。

2.2.3.1 EPC 标签

EPC 标签是产品电子代码的信息载体,主要由天线和芯片组成。标签中存储信息代码,长度有 64 位、96 位、170 位、195 位、198 位、202 位等。为降低成本,EPC

标签通常是被动式射频标签。

EPC 标签根据其功能级别的不同分为 5 类,如图 2 - 1 所示,目前广泛采用的是 Class I Gen2 标签。

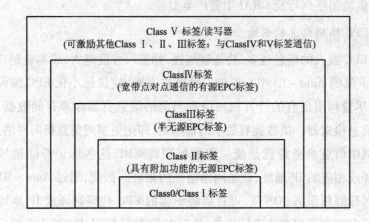

图 2 - 1 EPC 标签种类

由图 2 - 1 可见,EPC 标签的分级有着不同的定位,解决问题的层面也有所不同。

位于低层的 Class0/Class I 标签的主要作用是标识每一个单件物品,也是当前 EPC 标签研究的主要内容,其突出的特点在于强调基本的标识作用与海量应用所必需的低价格。此外,Class0 用于不可更改的只读 EPC 标签,Class I 用于具有用户改写与保护的 WORM 型(写一次,读多次)只读 EPC 标签。显然,这种最廉价的 EPC 标签用于商品标识是最适合的。

2.2.3.2 识读器

识读器是用来识别 EPC 标签的装置,与信息系统相连实现数据的交换。近距离读取被动标签最常用的方法是电感耦合方式。当靠近时,识读器天线与标签天线之间形成磁场,标签利用该磁场发送电磁波给识读器,返回的电磁波被转换为数据信息,即标签中的 EPC 代码。

识读器软件提供了网络连接能力,包括 Web 设置、动态更新、TCP/IP 识读器界面、内建数据库引擎等。Auto - ID Labs 提出的 EPC 识读器工作频率为 860～960MHz。

2.2.4 EPC 信息网络系统

EPC 信息网络系统由本地网络和互联网组成,实现信息管理、信息流通的功能。EPC 信息网络系统是在互联网基础上,通过 EPC 中间件以及 ONS 和 XML/PML 来实现全球商品互联。

2.2.4.1　EPC 中间件

EPC 中间件是加工和处理来自识读器的信息和事件流的软件,是连接识读器和企业管理程序的纽带,主要任务是在将数据送往应用程序前进行标签数据校对、识读器协调、数据传送、数据存储和任务管理等。

2.2.4.2　对象名称解析服务(ONS)

ONS 是一个自动网络服务系统,类似域名解析服务(DNS)。ONS 给 EPC 中间件指明了存储产品信息的服务器。ONS 服务是联系 EPC 中间件和后台 EPCIS 服务器的枢纽,且 ONS 设计与架构都以互联网 DNS 为基础,从而使整个 EPC 系统以互联网为依托迅速架构并延伸到全世界。

2.2.4.3　可扩展标记语言(XML)

XML(Extensible Markup Language)即可扩展标记语言,与 HTML 一样,都是标准通用标记语言(Standard Generalized Markup Language,SGML)。XML 是跨平台的一种简单的数据存储语言,使用一系列简单的标记描述数据,已成为数据交换的公共语言。

在 EPC 系统中,XML 用于描述产品、过程和环境信息,供工商业中的软件开发、数据存储和分析之用。它提供一种动态环境,使与物体相关的静态的、暂时的、动态的和统计加工的数据均可互相交换。

EPC 系统使用 XML 的目标是为物理实体的远程监测监控提供一种简单、通用的描述语言。XML 可用于存货跟踪、自动处理事务、供应链管理、机器控制和物对物通信等方面,故在物联网环境中演化为物理标记语言(PML)。

XML 文件的数据存储在数据服务器上,企业需要通过该服务器为其他计算机提供需要的文件。数据服务器将由商品制造企业维护,并储存其生产的所有商品的信息。在 EPC 规范中,该数据服务器被称做 EPC 信息服务器(EPC Information Service)。

2.2.4.4　EPC 信息服务(EPCIS)

EPCIS 是 EPC 系统的重要组成部分,利用标准的采集和共享信息方式,为 EPC 数据提供标准接口,供各行业和组织灵活应用。EPCIS 构架在互联网基础上,支持多种商业应用。

EPCIS 针对中间件传递的数据进行 EPCIS 标准转换,通过认证或授权等安全方式与企业内的其他系统或外部系统进行数据交换,符合权限的请求方可通过 ONS 定位向目标 EPCIS 进行查询。所以,能否构建真正开放的 EPC 网络,实现各厂商的 EPC 系统的互联互通,EPCIS 将起决定性作用。

具体来讲,EPCIS 标准主要定义了一个数据模型和两个接口。EPCIS 数据模型用标准的方法来表示实体对象的可视信息,涵盖了对象的 EPC 代码、时间、作业步骤、状态、识读点、交易信息和其他相关附加信息(可概括为"何物"、"何地"、"何时"、"何因")。随着现实中实体对象状态、位置等属性的改变(称为"事件"),EP-CIS 事件采集接口负责生成如上所述的对象信息。EPCIS 查询接口为内部系统和外部系统提供了向数据库查询有关实体 EPC 信息的方法。EPC 信息服务器通过发送 XML 文件与其他计算机或信息系统交换商品信息文件。

2.2.5 EPC 系统工作流程

在由 EPC 标签、识读器、EPC 中间件、互联网、ONS 服务器、EPC 信息服务器以及众多数据库组成的系统中,识读器读出的 EPC 代码给出信息参考(指针),由此从互联网找到 IP 地址并获取相关物品信息,并采用 EPC 中间件处理从识读器读取的一连串 EPC 信息。由于标签上只有一个 EPC 代码,计算机需要知道与之匹配的其他信息,就需要 ONS 提供自动网络数据库服务,EPC 中间件将 EPC 传给 ONS,ONS 指示 EPC 中间件到存储产品文件的 EPC 信息服务器中查询,该产品文件可由 EPC 中间件复制,因而文件中的产品信息就能传到各相关应用上。EPC 系统的工作流程如图 2-2 所示。

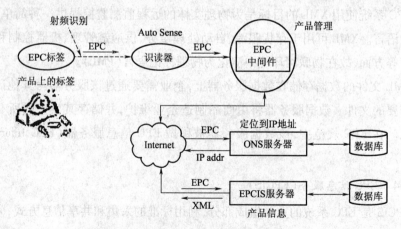

图 2-2 EPC 系统工作流程示意图

从某种意义上说,图2-2所示系统构成了商品物联网系统,而商品物联网有许多重要特点,例如:①与传统条形码系统不同,该系统在商品物流与进、销、存等各环节上均不需要人员扫描条形码输入数据,一切均通过自动传感识别驱动网络运行。②各应用间可无缝链接。③精简了前端 EPC 数据量,总成本相对较低。④可以在静态与移动环境下运行。⑤采纳众多管理实体的标准,如 EAN/UCC,APICS,ANSI,ISO 等。

2.2.6 EAN/UCC 物品标识

由于 EPC 并不是取代现行通用商品条形码标准,而是由现行系统逐渐过渡到 EPC 系统或者在供应链中与 EAN/UCC 系统共存。所以在了解 EPC 体系之前,仍需要对传统的通用商品条形码体系有所了解,才能对两者间的基本功能、标识原理、兼容性等有全面的认识。

EAN/UCC 物品标识方法是用数字码及相应的条形码符号标识物品,具体体现为商品包装上印刷的条形码,其常规版本有两种类型,即标准版与缩短版。

标准版通用商品条形码由13位数字及黑白条形符号构成,如图2-3所示。

图2-3 EAN标准版条形码

标准版条形码的13位数字码分为4段,以本码为例,各段结构如下:

$$×××(690)××××(1070)×××××(23002)×(8)$$

各段名称及内容为:

(1)前缀码,前3位,用于标识商品制造国家(或地区),由 EAN 总部分配。如本例中"690"代表"中国"。

(2)制造厂商代码,第4~7位,用于标识商品的生产企业(或经销商),由对应国家(或地区)的编码主管机构分配。如,本例中"1070"代表"云南白药集团股份公司",由中国物品编码中心分配。

(3)商品代码,第8~12位,用于标识具体一类产品,由生产企业(或经销商)指定。如本例中"23002"代表"云南白药胶囊(16粒装规格)"。

(4)校验码,第13位,用于扫描时检验识读正确性的代码,由前12位数字按特定算法计算而得,当识读系统处理所得结果与直接识读的校验码一致,即两者相减为零时,表示系统识读成功,否则将继续扫描条形码,直到识读正确为止。

条形码有以下几点说明:

一是前缀码中的"977"、"978"、"979"为特殊值,不分配给任何国家或地区,而用于国际标准期刊号和国际标准图书号"ISSN"和"ISBN"。

二是制造厂商代码4位,理论容量仅为1万家企业,而我国申请通用商品条码的企业数早已突破此数,故EAN指定"690、691、692、693"均代表中国,以不断扩充企业容量。

三是商品代码5位,理论容量可标识10万种产品,但无法识别同类产品下的每一件产品以及不同生产批次等。

四是EAN 13标准码的校验码算法如表2-3所示,以图2-3示例为例,将数字按照码位及偶数位与奇数位排列。

表2-3　EAN 13标准码的校验码算法

码位	P1	P2	P3	P4	P5	P6	P7	P8	P9	P10	P11	P12	P13
数字	6	9	0	1	0	7	0	2	3	0	0	2	8
偶数字		9		1		7		2		0		2	
奇数字	6		0		0		0		3		0		8
N1	$N1 = 3 \times (P2 + P4 + P6 + P8 + P10 + P12) = 3 \times (9 + 1 + 7 + 2 + 0 + 2) = 63$												
N2	$N2 = (P1 + P3 + P7 + P9 + P11) = (6 + 0 + 0 + 0 + 3 + 0) = 9$												
N3	$N3 = N1 + N2 = 72$												
C	$C = N3$ 个位数与10的差,即 $C = 10 - 2 = 8$												
校验	$C - P13 = 8 - 8 = 0$												

条形码扫描仪只能扫读图中的黑白条形图,且将每组黑白线条代表的图形全部转换为图下前12个数字,再按表2-3计算校验码,并与扫描出的码相减结果为0才算通过。

2.3　EPC标准体系

2.3.1　EPC global 标准

EPC global 是中立、开放的标准,由各行各业、EPC global 研究工作组的服务对象用户共同制定。EPC global 标准由 EPC global 管理委员会批准和发布,并推广实施。

2.3.1.1　EPC 标签数据(TDS)标准

该标准规定 EPC 体系下通用识别符(GID)、全球贸易货物代码(GTIN)、系列货运集装箱代码(SSCC)、全球位置编码(GLIN)、全球可回收资产代码(GRAI)、全球个别资产代码(GIAI)的代码结构和编码方法,是一项基础的编码结构标准。

2.3.1.2　EPC 标签数据转换(TDT)标准

EPC 有不同的标签数据格式与级别,识读器必须依据该标准来确认 EPC 格式,并在不同级别的数据表示之间进行转换,还包括了可机读标准的说明文件的结构和原理细节,提供了在自动转换或验证软件中如何使用该标准的指南。

2.3.1.3　Class Ⅰ Generation 2 UHF 空中接口协议标准

该标准通常称为 Gen2 标准,它规定了在 860~960 MHz 范围内操作的无源反射散射、应答器优先沟通(ITF)、RFID 系统的物理和逻辑要求。

2.3.1.4　识读器协议(RP)标准

RP 标准是一个接口标准,说明了在一台具备读写标签能力的设备和应用软件之间的交互作用。

2.3.1.5　低层识读器协议(LLRP)标准

LLRP 将使识读器发挥最佳性能,以生成准确、可操作的数据和事件。该标准将进一步增强识读器互通性并为技术提供商提供基准以扩展其满足具体行业需求的能力。

2.3.1.6　识读器管理(RM)标准

该标准是无线识读器管理标准,通过管理软件来控制符合 EPC global 要求的 RFID 识读器的运行状况。它还定义了 EPCglobal SNMP RFID MIB。

2.3.1.7　识读器发现配置安装协议(DCI)标准

该标准规定了 RFID 识读器及访问控制机及其工作网络间的接口,便于用户配置和优化识读器网络。

2.3.1.8　应用级事件(ALE)标准

该标准规定用户可获取来自各渠道、经过过滤形成的统一 EPC 接口,增加了完全支持 Gen2 特点的 TID、用户存储器、锁定等功能,并可降低从识读器到应用程序的数据量,将应用程序从设备细节中分离出来,在多种应用之间共享数据。当供应商需求变化时可升级拓展,采用标准 XML 网络服务技术容易集成。

2.3.1.9 产品电子代码信息服务(EPCIS)标准

EPCIS 标准为各类资产、产品和服务在全球的移动、定位和部署提供标识服务,是 EPC 体系的重要发展。EPCIS 为产品和服务生命周期的各阶段提供可靠、安全的数据交换。

2.3.1.10 对象名称解析服务(ONS)标准

该标准规定了如何使用域名系统定位与一个 EPC 中 SGTIN 部分相关的命令元数据和服务。

2.3.1.11 谱系标准

谱系标准及其相关附件定义了供应链中参与各方使用的电子谱系文档的维护和交流架构。

2.3.1.12 EPC global 认证标准

该标准定义了实体在 EPC global 网络内 X.509 证书签发及使用概况。其中定义的内容是基于互联网工程特别工作组(IETF)的关键公共基础设施(PKIX)工作组制定的两个互联网标准,这两个标准在多种现有环境中已经成功实施、部署和测试。

2.3.2 EPC global Gen2 标准

2.3.2.1 EPC global Gen2 标准简介

EPC global Class I Gen2 标准(简称 Gen2)是 RFID 技术、互联网和 EPC 组成的 EPC global 网络的基础。EPC global 于 2004 年 12 月批准 Gen2 空中接口协议为硬件标准,其后该协议作为 C 类超高频 RFID 标准经 ISO 核准并入 ISO/IEC 18000—6 修订标准 1。

Gen2 标准最初由 60 多家世界顶级公司制定,规定了满足终端用户设定的性能标准的核心项目。Gen2 标准是制定新的 RFID 硬件产品开发的标准接口和协议的一项基础要素,从而在各项应用中提供准确的、有效的信息标识服务。

Gen2 标准对于 RFID 技术的应用和推广具有非常重要的意义,它为在供应链等应用中使用的超高频 RFID 提供了全球标准。表 2-4 列出了 Gen2 的特点与性能。

表 2 - 4　Gen2 的特点与性能

项　目	Gen2 的特点与性能
无线电管理条例	符合欧洲、北美和亚洲等地区规定
存储器存取控制	32 位存取口令,存储器锁定
快速识读速度	>1000 个标签/s
密集型识读器操作	密集识读器操作模式
"灭活"安全	32 位"灭活"口令
存储器写入能力	>7 个标签/s 的写入速度
位掩码过滤	灵活选择命令
可选用户存储器	厂家可选
低成本	可从多个供应商采购
行业认证计划	EPCglobal 认证
认证产品	2005 年第二季度开始认证

2.3.2.2　Gen2 标准的优点

Gen2 标准具有完整的框架结构和较强的功能,支持高密度识读器工作,符合全球一致性规定,标签读取正确率较高,读取速度较快,安全性和隐私功能都有所加强。

(1)开放的标准。EPCglobal 批准的 UHF Gen2 标准对 EPCglobal 成员和签订了 EPCglobal IP 协议的单位免收使用许可费,允许这些厂商生产基于该标准的产品,如标签和识读器等。

(2)尺寸小、存储容量大、有口令保护芯片。尺寸只有原产品的 1/2~1/3,从而进一步扩大了其使用范围,满足了多种应用场合的需要。例如,芯片可以更容易地缝在衣服的接缝里,夹在纸板中间,成形在塑料或橡胶内,整合在客户的包装设计中等。

标签存储能力增加,Gen2 标签芯片中有 96 字节(或更多)的存储空间,为更好地保护存储在标签和数据库中的数据,在公开(Unconceal)、解锁(Unlock)和灭活(Kill)指令中都设置了专门的口令,使标签不能随意被公开、解锁和灭活,具有更好的安全加密功能,保证了在识读器读取信息的过程中不会把数据扩散出去。

(3)保证了各厂商产品的兼容性。EPCglobaI 规定 EPC 标准采用 UHF 频段,即 860MHz~960MHz。UHF Gen2 协议标准的推出,保证了不同生产商的设备之间将具有良好的兼容性,也保证了 EPCglobal 网络系统中的不同组件(包括硬件部分)间的协调工作。UHF Gen2 协议设计的工作频段分布较广泛,这一优点提高了 UHF 的频率调制性能,减少了与其他无线电设备的干扰问题,也解决了 RFID 在不同国家不同频谱的问题。

(4)设置了"灭活"指令(Kill)。新标准使人们具有了控制标签的权力,即用户可以使用 Kill 指令使标签自行永久失效以保护隐私。如不想使用某种产品或是发现隐私安全问题,就可以使用此终止芯片的功能,以有效防止芯片被非法读取,提高数据的安全性,减轻人们对隐私的担忧。

(5)良好的识读性。基于 Gen2 标准的识读器还具有较高的读取率和识读速度,比第一代识读器的识读速度快了 5~10 倍,且每秒可读 1 500 个标签,这使得应用 RFID 标签可实现高速自动化作业。识读器还具有很好的标签识读性能,在批量标签扫描时避免重复识读,且当标签延后进入识读区域时,仍能被识读,这是第一代标准所不能做到的。

由于 EPCglobal Gen2 协议标准具有以上优越性,再加上免收使用许可费的政策,这无疑有利于 RHD 技术在全球的推广应用,有利于吸引更多的生产商研究利用这项技术提高其商业运作效率。

2.4　EPC 编码体系

2.4.1　EPC 编码原则

编码原则是从与具体应用系统无关的角度来考虑代码体系的结构形态与一般性编制规则。EPC 体系编码主要遵循原则如下。

2.4.1.1　唯一性(Uniqueness)

EPC 对一个实体对象提供一个全球唯一的标识。为确保唯一标识的实现,EPCglobal 采取了以下措施:

(1)足够的编码容量。EPC 编码容量如表 2-5 所示。从世界人口总数(约 60 亿)到大米总粒数(粗估约 1 亿亿粒),EPC 有足够大的地址空间来标识所有对象。

表 2-5　EPC 编码冗余度

比特数	唯一编码数	可标识对象
23	6.0×10^6/年	汽车
29	5.6×10^8(使用中)	计算机
33	6.0×10^9(总数)	人口
24	2.0×10^{10}/年	剃须刀刀片
54	1.3×10^{16}/年	大米粒

（2）组织保证。为保证 EPC 编码分配的唯一性并解决编码冲突,EPCglobal 通过全球各国编码组织来负责分配各国的 EPC 代码,并建立相应的管理制度。

（3）使用周期。对一般实体对象,使用周期和实体对象的生命周期一致。对特殊的产品,EPC 代码的使用周期是永久的。

2.4.1.2 简单性(Simplicity)

EPC 的编码既简单又能同时提供实体对象的唯一标识。

以往的编码方案,很少能被全球各国各行业广泛采用,原因之一是编码复杂导致不适用。

2.4.1.3 可扩展性(Scalability)

EPC 编码留有备用空间,具有可扩展性。

EPC 地址空间是可发展的,具有足够的冗余,确保了 EPC 系统的升级和可持续发展。

2.4.1.4 保密性与安全性(Privacy and Security)

EPC 编码与安全和加密技术相结合,具有高度的保密性和安全性。

保密性和安全性是配置高效网络的首要问题之一。安全的传输、存储和实现是 EPC 被广泛采用的基础。

2.4.2 EPC 编码结构

从代码结构上看,EPC 代码是由标头、管理者代码、对象分类代码、序列号等数据字段组成的一组数字。以较常用的 96 位 EPC 代码为例,其具体结构如表 2－6 所示。

表 2－6 EPC 编码结构(以 96 位码为例)

96 位 EPC 代码	标头	管理者代码	对象分类代码	序列号
	36	8	28	24

表 2－6 中各部分的数字代表 96 位码的分配方案:其中,标头标识 EPC 的类型,它使随后的码段可有不同的长度;管理者代码是描述与此 EPC 相关的生产厂商的信息,例如"云南白药集团股份有限公司";对象分类代码记录产品类型的信息,例如"中国生产 16 粒装保险子 1 粒的云南白药胶囊";序列号唯一标识具体货品,它能精确识别究竟是哪一盒云南白药胶囊。

目前,EPC 代码有 64 位(bit)、96 位(bit)等结构。为了保证所有物品都有一个

EPC 代码并使其标签载体的成本尽可能降低,建议采用 96 位,如此容量可以为 2.68 亿个公司提供唯一标识,每个生产厂商可以有 1 600 万个对象种类,并且每个对象种类可以有 680 亿个序列号,这对未来世界的所有产品已经够用了。在 EPC 最初推出的时候,鉴于当时不用那么多序列号,所以只采用 64 位 EPC 以降低标签成本,而目前 EPC 编码还在不断发展完善中。

2.4.3　EPC 编码策略

编码策略是将相关事物或对象赋予一定规律、一定结构与一定容量的数字或文字代码,供系统中的人或计算机等智能设备相互识别、交换信息、互助操作与控制的一种技术方案。

EPC 通过计算机网络来标识和访问单个物体,就如同在互联网中使用 IP 地址来标识、组织和通信一样。下面将具体分析这种物品命名方案,介绍其设计策略。

2.4.3.1　唯一标识(Unique Identification)

EPC 提供对物理对象的唯一标识。首先,必须有足够的 EPC 编码容量来满足过去、现在和将来对物品标识的需要。其次,必须保证 EPC 编码分配的唯一性并解决编码冲突的方法。因此要由多个管理者(各国的编码组织)分别管理 EPC 空间的一部分。EPC 命名空间的创建和管理可以借助软件实现。最后,是 EPC 代码的使用期限和再利用问题。某些组织可能需要不定期地跟踪某一产品,就不能对该产品重新分配 EPC 代码,故希望对特殊产品,采用一个唯一的永久性标识。

2.4.3.2　生产商和产品(Manufactures and Products)编码

EAN/UCC 已拥有约 100 万个会员,目前世界上的公司估计超过 2 500 万家。接下来的 10 年该数目有望达 3 900 万家。这显然需要建立一套标准的与此预期数量相一致的编码系统。

每个公司都有一系列的产品和服务,产品数量的范围变化很大。值得注意的是目前任何一个组织的产品类型均不超过 10 万种。此外,还需要考虑很多小公司,它们尚不是任何标准组织的成员,产品数目更小。

2.4.3.3　集装箱(Containers)编码

物流管理中货品、集装箱和托盘都要按不同的编码结构进行编码,例如 SSCC。在 EPC 结构中,企业可以沿袭原有的 SSCC,将其转换为相应格式的 EPC 编码——SSCC - 96。容器内的货品记录和货运数据存储在计算机网络中并自动与容器建立联系。

更进一步,运输集装箱的卡车、货车车厢、船舶或仓库等也可使用相应的 EPC

编码。图 2 - 4 是 EPC 层级图,描绘了物品货运情形。该图会随着时间而改变,这样,通过记录 EPC 结构以及转换次数,就可以记录产品的出货情况。

当一个满载贴有 EPC 标签的货物的集装箱(集装箱上也有自己的 EPC 标签)通过装有识读器的门时,识读器会读到大量的 EPC 标签。识读器必须知道这些 EPC 代码所代表物品的层次才能准确有效率地读取。基于以上考虑,EPC 编码中设置了"分区值"这一可选字段,用于标识物品在物流货运上的层次。

这样通过 EPC 结构,物品货运的过程随着不同 EPC 代码的组合就记录了下来。

2.4.3.4 组合装置(Assembles Aggregates and CollectiONS)编码

EPC 除标识单个对象,还可以标识组合装置。Auto - ID 中心建议用 EPC 标识装配件和组合装置及单个货品,这样,就可以采用描述货运数据的方式来描述组合装置。传统上,组合装置是复杂的,连接着很多元器件的对象。实际上,集装箱和组合装置两者之间没有实质差别。无论哪种情况,集装箱和组合装置的结构都有如图 2 - 4 所描绘的层级。

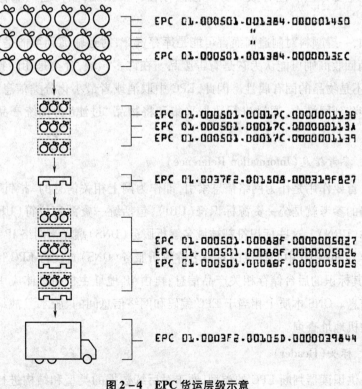

图 2 - 4　EPC 货运层级示意

除组合装置和集装箱外,对没有物理联系的实体组成的组合体(如宴会礼品包)可以分配一个唯一的 EPC 代码。也就是说,拥有不同 EPC 代码的相同物体的集合也要分配一个 EPC 代码。

从以上可以看出,EPC 代码的总数通过各种组织会超出物理实体的数目,这就要求设计一个系统防止冗余码的出现。

2.4.3.5　嵌入信息(Embedded Information)

标准通用商品条形码中并无商品特性数据,而长码,如 EAN/UCC 128 应用标识符(AI)的结构中就可包含产品特征数据,如重量、尺寸、有效期、批次等。

Auto - ID 中心建议消除或最小化 EPC 中嵌入的信息量,尽量利用计算机网络和应用信息资源库来存储数据,使 EPC 成为信息索引指针,以拥有最小信息量,当然也要和实际要求相平衡,如易于使用、与系统兼容等。在已发布的标签规范中,Class Ⅰ ~ Class Ⅵ就不仅只含常规的 EPC 码,还允许用户编入自有信息。

2.4.3.6　分类(Categorization)

对相同特征对象进行分类或分组是智能系统的基本功能之一,也是减少数据复杂性的主要方法。但有效的分类往往存在许多困难,因为它与具体应用密切相关。

例如,一罐颜料对制造商而言可能是库存资产,对运输商则可能是"可堆叠的容器",而回收商则可能认为它是有毒废品。在许多领域,分类是相同特点物品的集合,而不是物品的固有属性。因此,EPC 中取消或者最小化分类信息,而主张将这种功能移到网络上,通过进行数据采集和将物品"过滤"为传统产品的软件来实现。

2.4.3.7　参考信息(Information Reference)

EPC 首要作用是作为网络信息索引,即作为网上相关信息的"指针"。在互联网中普遍的参考就是统一资源标识符(URI),包括统一资源定位符(URL)和统一资源名称(URN)。这些标识符都被域名解析服务(DNS)翻译为网络 IP 地址。

同样,Auto - ID 中心提供的对象名称解析服务(ONS)直接将 EPC 代码翻译成 IP 地址,其标识的后台储存相关产品信息,再由 IP 地址主机向具体应用发送相关的产品信息。ONS 本质上相当于 EPC 编码和网络信息间的"胶水",故编码结构应能促进主机地址查询。

2.4.3.8　标头(Header)

标头供识读器判断 EPC 的类型,便于对后续数据的类型和结构进行解码。因为标头并不携带对象标识过程的信息,也没有嵌入物品信息,是最小化的,故可以标识编码内部结构并能满足未来扩展之需。

2.4.3.9 人机交互(Human Interaction)

除了简单性,许多编码系统是为人机交互设计的。为便于记忆,许多编码(如车牌号码和电话号码等)包括很少几个分区,各分区有很少几个号码。这些码是专为快速识别和采集设计的。其他一些编码,如 IP 地址分配给机器使用,但其表示法是为了人工识读,IP 地址用点号隔开就较容易书写及手动输入。

2.4.3.10 媒介(Media)

EPC 要存储到某类物理媒介,如存储芯片上。对所有媒介而言,存储和传输成本与数据量成正比,故 EPC 必须尽可能减小尺寸以降低成本和复杂性。

2.4.3.11 数据传输机制(Data Transmission Mechanisms)

在 EAN/UCC 编码中,设计一位校验码以保证数据在标签和扫描器之间正确传输。校验位、起始位、终止位和握手协议是数据通信中保证正确有效的常用方法,这些机制随数据传输方法和可靠性的变化而变化。

EPC 编码中不设计校验码,是考虑到与其在 EPC 中嵌入数据传输机制,不如在通信协议中对编码进行耦合。所有这些技术都应用于 EPC 数据的传输过程,而不是它的一部分。这种方法能将对象标识策略与数据传输分离开来。

2.4.3.12 批量产品编码(EPC for Batch Products)

许多工农业产品可大批生产,从经济性与使用适合性来看,有时没必要给批内每一件产品分配唯一的 EPC 编码,这时一批产品分配一个 EPC 编码就可,此时该批产品的 EPC 编码对应着批内的所有对象,即该批内的所有产品的 EPC 编码完全一致。

2.4.4 EPC 编码方案

EPC 编码的通用结构是一个比特串,由一个分层次、可变长度的标头以及一系列数字字段两部分组成,如表 2 - 2 所示。码的总长、结构和功能由标头的值决定。

2.4.4.1 标头

如前所述,标头定义了总长、识别类型(功能)和 EPC 编码结构。标头是八位二进制值,值的分配规则已经出台,有 63 个可能的值(11111111 保留,以允许使用长度大于 8 位的标头)。EPC 的编码方案中,标头的代码及含义如表 2 - 7 所示。

表 2-7 EPC 标头分配

标头值 （二进制）	标头值 （十六进制）	编码长度 （位）	编 码 方 案
0000 0000	00	未定义	未编码标签
0000 0001	01		预留将来使用
0000 001x	02,03	未定义	预留将来使用
0000 01xx	04,05,06,07		预留将来使用
0000 1000	08	64	预留作 64 位（SSCC-64）使用
0000 1001	09	64	预留作 64 位（SGLN-64）使用
0000 1010	0A	64	预留作 64 位（GRAI-64）使用
0000 1011	OB	64	预留作 64 位（GIAI-64）使用
0000 1100 至 0000 1111	OC 至 OF		用于 Genl 的 64 位编码标签，预留作 64 位使用
0001 0000 至 0010 1110	10 至 2E	未定义	预留将来使用
0010 1111	2F	96	DoD-96
0011 0000	30	96	SGTIN-96
0011 0001	31	96	SSCC-96
0011 0010	32	96	SGLN-96
0011 0011	33	96	GRAI-96
0011 0100	34	96	GIAI-96
0011 0101	35	96	GID-96
0011 0110	36	198	SGTIN-198
0011 0111	37	170	GRAI-170
0011 1000	38	202	GIAI-202
0011 1001	39	195	SGLN-195
0011 1010 至 0011 1111	3A 至 3F		预留将来作标头值
0100 0000 至 0111 1111	40 至 4F		预留作 64 位使用
1000 0000 至 1011 1111	80 至 8F	64	预留作（SGTN-64）64 位使用（64 个标头值）
1100 0000 至 11001101	C0 至 8D		预留作 64 位使用
11001110	CE	64	预留作（DoD-64）64 位使用
11001111 至 1111 1110	CF 至 FE		预留作 64 位使用
11111111	FF	未定义	预留作将来大于 8 位的标头

2.4.4.2 通用标识符

通用标识符(GID－96)定义为一种96位的EPC通用标识,是一种最基础的EPC标签数据标准,它由表2－8所示的4个字段组成。

表2－8　通用标识符(GID－96)

结构	标头	通用管理者代码	对象分类代码	序列代码
长度	8	28	24	36
容量	00110101 (二进制)	268436456 (十进制容量)	16777216 (十进制容量)	68719476736 (十进制容量)

标头用于保证EPC命名空间的唯一性。通用管理者代码标识一个组织(如一个公司、管理者等),它负责维护后继字段即对象分类代码和序列代码的编号。EPCglobal向全球各国的编码管理组织分配通用管理者代码,确保每一个通用管理者拥有的代码是唯一的。

对象分类代码被用来识别物品的种类或类型,这些代码在每一个通用管理者代码之下必须是唯一的。例如,消费性包装品(CPG)的库存单元(SKU)或高速公路系统中不同监测对象,如交通标志、灯具、桥梁等。

最后,序列代码在每一个对象分类代码集内是唯一的。换句话说,管理实体负责为每一个对象分类代码分配唯一的、不重复的序列代码。

2.4.5　EAN/UCC系统标识类型

EPC标签数据标准定义了5种商品类的EPC标识类型,下面分别进行介绍。

2.4.5.1 序列化全球贸易标识代码(SGTIN)

SGTIN(Serialized Global Trade Identification Number)是一种基于EAN/UCC通用规范的全球贸易货物代码(GTIN)的扩展代码。GTIN不符合EPC常规标识定义,因其只能标识到一个对象类。为此,对GTIN增加序列代码后成为序列化GTIN即SGTIN,就可识别每件物品[①]。

(1)SGTIN信息元素。

• 厂商识别代码:由EAN或UCC分配给管理实体,在一个EAN/UCC GTIN十

---

① 所有SGTIN均支持14位GTIN格式,即对应的标准版EAN/UCC 13条形码,但EPC不支持EAN/UCC－8(即短条形码格式),仅支持14位GTIN格式,两者间有1位指示码之差别。

进制编码内,同厂商识别代码位相同。

• 项目参考(即货物)代码:由管理实体分配给一个特定对象分类。EPC 中的项目代码从 GTIN 中获得,通过连接 GTIN 的指示位和项目代码位,看做一个单一整数而得,如图 2-5 所示。

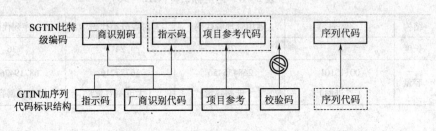

图 2-5　SGTIN 编码结构

• 序列代码:由管理实体分配给一个单个对象。序列代码不是 GTIN 的一部分,但是 SGTIN 的组成部分。

SGTIN 的 EPC 编码方案允许 EAN/UCC 系统 GTIN 和序列代码直接嵌入 EPC 标签。所有情况下,校验位不进行编码。

(2)SGTIN 96 代码结构。除标头外,SGTIN-96 还包括 5 个字段:滤值、分区、厂商识别代码、商品项目代码和序列号,如表 2-9 所示。

表 2-9　SGTIN-96 代码结构

结构	标头	滤值	分区	厂商识别代码	商品项目代码	序列号
长度	8	3	3	20~40	24~4	38
容量	00110000 274877906943 (二进制值)	参照 表 2-10	参照 表 2-11	999999~9999999999999 (最大十进 制范围)	9999999~9 (最大十进制范围)	274877906943 (最大十进制值)

注:厂商识别代码和商品项目代码字段范围根据分区值的不同而变化。

• 标头:8 位,二进制值为 0011 0000。

• 滤值:用来过滤和确定基本物流类型。SGTIN-96 的滤值见表 2-10。

• 分区:指示随后的厂商识别代码和商品项目代码的分割位置,这个结构与 GS1 GTIN 中的结构相匹配。GTIN 厂商识别代码加上商品项目代码(包括指标符在内)共 13 位,形式上与 EAN/UCC 标准版通用商品条形码位数相同。其中,厂商识别代码在 6~12 位之间,商品项目代码(包括单一指标符)相应在 7~1 位之间。分区值以及厂商识别代码和商品项目代码两者长度的对应关系见表 2-11。

表 2-10 SGTIN-96 滤值

类　　型	二进制值
所有其他	000
零售消费者贸易项目	001
标准贸易项目组合	010
单一货运或消费者贸易项目	011
不在 POS 销售的内部贸易项组合	100
保留	101
保留	110
保留	111

表 2-11 SGTEN-96 分区

分区值	厂商识别代码		指示符和商品项目代码	
	二进制	十进制	二进制	十进制
0	40	12	4	1
1	37	11	7	2
2	34	10	10	3
3	30	9	14	4
4	27	8	17	5
5	24	7	20	6
6	20	6	24	7

● SGTIN-96 厂商识别代码:与对应的 GTIN 厂商识别代码相同,以二进制方式表示。

● SGTIN-96 商品项目代码:与 GTIN 商品项目代码之间存在对应关系。连接 GTIN 的指示符和商品项目代码,将两者组合看做一个整数,编码成二进制作为 SG-TIN-96 的商品项目代码字段。把指示符放在商品项目代码的最左侧可用位置。GTIN 商品项目代码中以"0"开头是非常重要的。例如,00235 和 235 是不同的。如果指示符为 1,GTIN 商品项目代码为 00235,那么 SGTIN-96 商品项目代码为 100235。

● 序列号:为一个数字。这个数字应在 GS1 系统规定的序列号有效值范围内,且序列号只能为整数。

2.4.5.2 系列货运包装箱代码(SSCC)

SSCC 是一种规范的 EAN/UCC 代码,其设计已经包含了个体对象,因此不需附加字段来作为一个 EPC 纯标识。

(1)SSCC 信息元素。

● 厂商识别代码:由 EAN 或 UCC 分配给一个管理实体。厂商识别代码与 EAN/UCC 的 SSCC 十进制编码中的厂商识别代码相同。

● 序列代码:由管理实体分配给货运单元。EPC 编码的序列代码从 SSCC 中获取——通过连接 SSCC 的扩展位和序列代码位组成一个唯一的整数,如图 2-6 所示。

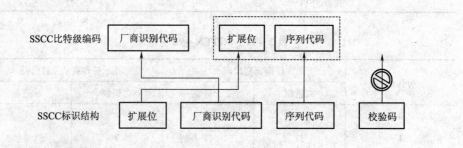

图 2-6　SSCC 编码结构

SSCC 的 EPC 编码方案允许 EAN/UCC 系统的 SSCC 代码直接嵌入到 EPC 标签中,校验位不进行编码。

(2)SSCC-96 代码结构。除标头之外,SSCC-96 还包括 4 个字段:滤值、分区、厂商识别代码和序列号,如表 2-12 所示。

表 2-12　SSCC-96 代码结构

结构	标头	滤值	分区	厂商识别代码	序列号	未分配
长度	8	3	3	20-40	38-18	24
容量	00110001 (二进制值)	参照 表2-13	参照 表2-14	999999~999999999999 (最大十进制范围)	99999999999~99999 (最大十进制范围)	未使用

注:厂商识别代码和序列号字段最大十进制范围根据分区字段内容的不同而变化。

● 标头:8 位,二进制值为 0011 0001。

● 滤值:用来快速过滤和确定基本物流单元类型。SSCC － 96 的滤值见表 2 － 13。

表 2 － 13 SSCC － 96 滤值

类型	二进制值
所有其他	000
未定义	001
物流/货运单元	010
保留	011
保留	100
保留	101
保留	110
保留	111

● 分区:指示随后的厂商识别代码和序列号的分割位置。这个结构与商品条码 SSCC 的结构相匹配。在 SSCC － 96 代码结构中,厂商识别代码在 6 ~ 12 位之间变化,序列号在 11 ~ 5 位之间。表 2 － 14 给出了分区字段值及相关的厂商识别代码长度和序列号长度。

表 2 － 14 SSCC － 96 分区

分区值	厂商识别代码		指示符和商品项目代码	
	二进制	十进制	二进制	十进制
0	40	12	18	5
1	37	11	21	6
2	34	10	24	7
3	30	9	28	8
4	27	8	31	9
5	24	7	35	10
6	20	6	38	11

● SSCC － 96 的厂商识别代码:是对商品条码 SSCC 厂商识别代码的逐位编码。

● SSCC － 96 的序列号:由 SSCC 的序列号和扩展位组成。扩展位同序列号字段通过以下方式结合:扩展位放在 SSCC 序列号最左边的可用位置上,若 SSCC 序列号以零开头,仍需保留。由表 2 － 12 可见,SSCC － 96 的序列号(不包括前置的一个扩展位)的数值范围在厂商识别代码为 20 位时的 99999 到厂商识别代码为 40 位的 99999999999 之间。

未分配字段没有使用,用零填充。

2.4.5.3 系列化全球位置码(SGLN)

GLN 是一种规范的 EAN/UCC 代码,能标识一个不连续的、唯一的物理位置,比如,一个码头门口或一个仓库箱位;或标识一个集合物理位置,如一个完整的仓库等。此外,一个 GLN 还能代表一个逻辑实体,比如一个执行某个业务功能(如下订单)的机构。

正因上述不同,EPC 考虑仅仅采用 GLN 作为物理位置标识,其系列化编码就是 SGLN。

(1)SGLN 信息元素。

• 厂商识别代码:由 EAN/UCC 分配给管理实体。厂商识别代码与 EAN/UCC GLN 十进制编码中的厂商识别代码相同。

• 位置参考代码:由管理实体唯一分配给一个集合的或具体的物理位置。

• 扩展代码:由管理实体分配给一个个体的唯一地址。

SGLN 编码方案,如图 2-7 所示,允许在 EPC 标签上将 EAN/UCC 系统 GLN 直接嵌入其中,不对校验位进行编码。目前制定了 SGLN-96(96 位)和 SGLN-195(195 位)两种编码方案。

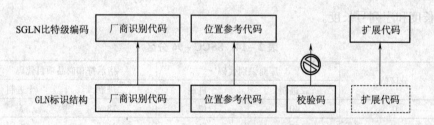

图 2-7　SGLN 编码方案

(2)SGLN 96 代码结构。如表 2-15 所示,SGLN-96 代码结构中,除标头之外还包括 5 个字段:滤值、分区、厂商识别代码、位置参考代码、扩展代码。

表 2-15　SGLN-96 代码结构

结构	标头	滤值	分区	厂商识别代码	位置参考代码	扩展
长度	8	3	3	20~40	21~1	41
容量	00110010 999999999999 (二进制值)	参照 表 2-16	参照 表 2-17	999999~999999999999 (最大十进制范围)	999999~0 (最大十进制范围)	999999999999 (最大十进制范围)

注1:厂商识别代码和位置参考代码字段范围根据分区值的不同而变化。

注2:扩展代码最小值为1,预留值为0。

● 标头:8 位,二进制值为 00110010。

● 滤值:用来过滤和确定基本位置类型。SGLN-96 的滤值见表 2-16。

表 2-16 SGLN 滤值

类型	二进制值
所有其他	000
保留	001
保留	010
保留	011
保留	100
保留	101
保留	110
保留	111

● 分区:指示随后的厂商识别代码和位置参考代码的分割位置,这个结构与商品条形码 GLN 中的结构相匹配。在 GLN 结构中,厂商识别代码加上位置参考代码共 12 位。SGLN-96 中,厂商识别代码在 6~12 位之间,位置参考代码相应在 6~0 位之间。分区值与厂商识别代码和位置参考代码两者长度的对应关系见表 2-17。

表 2-17 SGLN-96 分区

分区值	厂商识别代码		指示符和商品项目代码	
	二进制	十进制	二进制	十进制
0	40	12	1	0
1	37	11	4	1
2	34	10	7	2
3	30	9	11	3
4	27	8	14	4
5	24	7	17	5
6	20	6	21	6

● SGLN-96 厂商识别代码:与对应的商品条码 GLN 厂商识别代码相同,以二进制方式表示。

如果存在 SGLN-96 位置参考代码,那么与商品条码 GLN 位置参考代码相同,以二进制方式表示。

• 扩展代码:为一个序列号,可以是表2－15中规定范围内的整数值,或是使用应用标识符 AI(254)的 GLN,此时 AI(254)的扩展代码应为数字。如果不使用扩展代码,这个值被设置为二进制 0 0000 0000 0000 0000 0000 0000 0000 0000 0000 0000。

2.4.5.4 全球可回收资产标识符(GRAI)

GRAI(Global Returnable Asset Identifier)在 EAN/UCC 通用规范中给出了定义。与 GTIN 不同的是,GRAI 已是为单品分配的,因此不需要任何附加字段就可用做 EPC 标识。

GRAI 包含的信息元素有:厂商识别代码、资产类型、序列号等,GRAI 标识结构中的校验码同样不转入 EPC 码中。其他均与前三种编码方案相似,故不再介绍。

2.4.5.5 全球单个资产标识符(GIAI)

GIAI(Global Individual Asset Identifier)也是一种规范的 EAN/UCC 编码,它原设计就用于标识单品,故无须增加任何字段就能转换为 EPC 标识。

GIAI 包含的信息元素有:厂商识别代码、单个资产参考代码,其他均与前4种编码方案相似,故不再介绍。需特别指出的是,只有那些具有一个或多个数字、非零开头的单个资产项目代码可以转换使用。

2.4.6 GTIN 向 EPC 编码的转换

遍布140多个国家(地区)的120多万个成员公司使用 EAN/UCC 编码体系,几十亿种货品使用 GTIN 体系的条形码,GTIN 至今已成为历史上最成功的标准之一。因此,全球用户都希望将 EAN/UCC 标识体系整合到新的 EPC 体系中,从而推进物联网技术更快地应用到使用通用商品条形码的各行各业中来。

GTIN 体系中制造商编码与产品编码部分将以 EPC 管理者编码和对象分类编码的形式保留在 EPC 产品电子代码里,但条形码中扫描必需的校验值属性将从数据结构中删除。

另外,EPC 产品电子代码尝试缩减其编码结构内在信息和分类数量。以国家或地区编码划分公司分类码的形式将被取消,因为互联网 IP 地址编码中没有国家或地区区别,因此 EPC 也将弱化国家间的区别,直接面向全球物品进行标识。

2.4.6.1 SGTIN－96 编码步骤

进行 SGTIN－96 编码时,假定:

• 由数位 $d_1d_2\cdots d_{14}$ 组成的 GS1 GTIN－14。

- GTN 厂商识别代码长度 L。

- 序列号 S($0 \leqslant S < 2^{38}$),或是由字符 $S_1 S_2 \cdots S_k$ 组成的 EAN/UCC－128 应用标识符 AI(21)。

- 滤值 F,这里 $0 \leqslant F < 8$。

编码步骤如下:

(1)在 SGTIN 分区(表 2－9)的"厂商识别代码"列查找厂商识别代码的长度 L,确定分区值 P、厂商识别代码字段的位数 M、商品项目代码与指示符字段的位数 N。如果在表中没有查找到 L,该 GTIN 就不能编码成 SGTIN－96,取消编码操作。

(2)通过串联数位 $d_2 d_3 \cdots d_{(L+1)}$,并转换该结果为十进制整数 C,确定厂商识别代码。

(3)通过串联数位 $d_1 d_{(L+2)} d_{(L+3)} \cdots d_{13}$,并转换该结果为十进制整数 I,确定商品项目代码。

(4)如果序列号是整数 S,且 $0 \leqslant S < 2^{38}$,继续步骤(5)。

如果序列号规定为一个由字符 $S_1 S_2 \cdots S_K$ 组成的 EAN/UCC－128 应用标识符 $AI(21)$,那么通过串联数位 $S_1 S_2 \cdots S_K$ 确定序列号。

- 如果这些字符中有一个不为数字,那么这个序列号不能用 SGTIN－96 进行编码,取消编码操作。

- 如果 $K > 1$ 且 $S_1 = 0$,那么这个序列号不能用 SGTIN－96 进行编码,因为以零开头是不允许的(序列号是一个零的情况除外),取消编码操作。

- 上述两种情况之外,转换为十进制整数 S。如果 $S \geqslant 2^{38}$ 那么这个序列号不能用 SGTIN－96 进行编码,取消编码操作。

(5)通过从最高有效位到最低有效位串联以下字段确定 SGTIN－96 二进制最终编码:标头 0011 0000(8 位)、滤值 F(3 位)、分区值 P(3 位)、厂商识别代码 C(M 位)、商品项目代码 I(N 位)、序列号 S(38 位)。[①]

2.4.6.2　SGTIN－96 编码实例

举例来说,将 GTIN 1 6901234 00235 8 连同序列代码 8674734 转换为 EPC 中最常用的 SGTIN－96 编码,具体步骤如下:

(1)标头:(8 位)0011 0000(见表 2－9)。

(2)设置零售消费者贸易项目(3 位),001,自表 2－10 查得二进制滤值。

---

① M 与 N 的和是 44。

(3)由于厂商识别代码是 7 位(6901234),自表 2－11 查得十进制 7 对应的分区值是 5,二进制(3 位)表示是 101。

(4)将 6901234 转换为 EPC 管理者分区,二进制(24 位)表示为 0110 1001 0100 1101 1111 0010。

(5)首位数字和项目代码确定成 100235,二进制(20 位)表示为 0001 1000 0111 1000 1011。去掉检验位 8。

(6)将 8674734 转换为序列号,二进制(38 位)表示为 00 0000 0000 0000 1000 0100 0101 1101 1010 1110。

(7)串联以上数位得 96 位 EPC(SGTIN－96)码:001 1000 00011 0101 1010 0101 0 011 0111 1100 1000 0110 0001 1110 0010 1100 0000 0000 0000 1000 0100 0101 1101 1010 1110。

2.4.7 其他编码向 EPC 编码的转换

EPC 标签数据标准定义了来自 EAN/UCC 系统的 EPC 标识结构,即由传统的 EAN/UCC 系统转向 EPC 的编码方法。目前 EPC 编码通用长度为 96 位,今后可扩展至更多位。在最新的 EPCglobal 标签数据标准中新增了 SGTIN－198,SGLN－195,GRAI－170,GIAI－202 等。

需要重申的是:EPC 编码不包括校验位。传统 EAN/UCC 系列代码的校验位在代码转换过程中失去作用。

案例　EPC 的应用

EPC 在麦德龙"未来商店"的应用

如今,EPC 技术正在位于德国莱茵伯格的一个超市里接受测试。这个超市现在被它的所有者麦德龙集团作为零售实验室,并被称为"未来商店"。同时参与的有来自全球各地的约 40 个硬件和软件合作伙伴。这项测试正在产业界内引起越来越多的关注。该店使用飞利浦提供的 RFID 标签、Intel 为其量身定做的系统构架和识读器等硬件设施、SAP 提供的软件平台和应用程序、IBM 开发的"智能秤"和系统集成方案。"未来商店"在大约 30 种商品上贴了 EPC 标签,这些商品包括剃须刀、奶酪、洗发水和一些 CD。

RFID 技术是一项在麦德龙和欧洲其他大零售商,比如,英国的特斯科(Tesco)

公司和法国的家乐福(Carrefour)的优先表上名列前茅的新技术。现在 RFID 系统源于第二次世界大战时美国政府利用异频雷达收发机来分辨敌机和友机。与那时候相比,现在 RFID 系统已经有了长足的进步。如今,尽管芯片价格较高,以及应用案例有限,但它们仍在递送包裹、处理行李和监视高速公路收费处等诸多领域使用。

麦德龙"未来商店"中每一件测试产品都有一个电子标签,使用的是 64 位代码,标签仅仅需要存储该商品的标识符,需要的存储空间很小,但必须动态访问与系统相连的数据库。通过由位于天花板上的基站联结而成的无线网络,这些标签可以直接获取价格信息。价格信息同步传递到货架和结账点,从而避免了由于错误的标价而导致的价格差错。此外,还配有清晰的液晶显示屏和电池、无线接收器等配件。

一个典型的 RFID 标签有一个计算机芯片和一个天线。与需要手动扫描且单个读入的条码不同,射频标签不需要光线照射,从而有可能一秒钟内读入成百个标签。

此外,当芯片被射频信号激活后,传递一个独一无二的代码来辨识标签所在的物件,不管它是什么。这个独一无二的标识符不仅像条码一样给出了产品的电子代码,还给每一个物件一个特有的序号。比如,根据条码只可以显示"这是一盒 X 牌的清洗剂",而 RFID 则可以显示"这是 X 牌的第 12345 盒产品"。这样,零售商可以快速跟踪并且在需要时去除过期的货物。

麦德龙正在"未来商店"中使用两种频段:一个是 13.56M 高频区;另一个是900M 到 1000M 超高频区。高频 RFID 技术用来在店内 1.5 米的范围内跟踪单个有标签的物件。超高频的用来追踪托盘和箱子,可以在最远达到 7 米的范围内读取数据。

贴有标签的物件放在配有嵌入式识读器的货架上,这些嵌入式识读器可以通过无线局域网直接和货物管理系统联系。当贴有标签的物件发生移动时,货架自动识别并向系统报告这些货物的移动。该系统的一大优势是,货架自动触发更新货品的请求。

托盘和箱子在麦德龙位于 Es-sen 的配货中心打上标签,并在进入"未来商店"大门的时候被记录。系统提供仓库出货的实时信息以及每层店铺的存货情况。

麦德龙"未来商店"认为:巨大的挑战存在于管理贴有标签的货物的传送过程,从发送、存放到选择以及付账。SAP 正在测试 RFID 存货控制系统,目标是将每一项使用到 RFID 的技术介绍到这个企业。和 SAP 一样,麦德龙旗舰店的另一个主要技术合作伙伴 Intel 正在推出用来"踏碎这些数字"的技术。

麦德龙预见,PSA(个人购物助理)和结账台未来将会配有标签识读器。集成在 PSA 中的识读器会自动识别并记录购物者购物车中的货物。对于不喜欢用 PSA 的购物者,配有识读器的结账点会自动记录他们购买的商品。

在麦德龙的"未来商店"里,顾客可以真正享受梦幻般的购物体验。3 700 多平方米门店的每个角落,都在无线局域网的覆盖之下。贴有 RFID 标签的商品和各种移动通信设施无论放置在哪里,系统都可以很清晰地掌控。

顾客走进店门,通过推车上的购物助理,可以非常容易地找到他们需要的商品;顾客从货架上拿下某件商品,装有 RFID 识读器的"智能货架"就自动记录架上存货的情况,并及时通知店铺系统;如果选择了水果或者蔬菜,只需把它们往 IBM 提供的"智能果蔬秤"上一放,就可以迅速确定价格;要购买 CD 碟片等类似产品,只需要将它们往"货亭系统"上一扫描,就可以预览碟片内容的片断。更有趣的是,顾客不需要"付款"。如果看到有人没有付款就推着车出了店门,千万不要以为那是"小偷"——在走出店门之前,识读器已经记录下购买的商品,并从顾客的结算卡上自动扣除了相应的金额。

而在后台,货物离开配货中心时,通道口的识读器在读取标签上的信息后,将其传送到处理系统并自动生成发货清单;送货汽车开抵门店后,由接货口的识读器对车上的货物直接扫描,即可迅速完成验收与核对;进店后,货物可以直接排上货架,由货架上的识读器即时将货物信息传送到处理系统,以更新和监控货架上的存货数据。而这一切,都得益于 RFID 标签的穿针引线,从而真正实现了从仓库到最终顾客的物流管理高度自动化。

复习思考题

1. 何谓 EPC? EPC 与传统通用商品条码体系相比,有何优点?

2. 简述 EPC 系统的构成。

3. 简述 EPC 系统的工作流程。

4. 简述 EPC 编码的原则。

5. 简述 EPC 编码结构与类型。

6. 简述 EPC 编码策略。

7. 简述 EPC 标签数据标准定义的 5 种商品类 EPC 标识类型。

8. 如何实现 STIN 向 EPC 转换?

3

无线通信技术

学习目标

- 了解无线网络标准与协议
- 理解3G技术、4G技术的应用及二者的区别
- 掌握 Wi－Fi、蓝牙及 ZigBee 通信原理及各自的应用范围
- 了解 UWB 及 IRDA 红外通信的应用

无线通信是利用电磁波信号在自由空间中传输的特性进行信息传输的一种通信技术。

无线通信与有线网络的用途类似,最大的不同在于传输媒介的不同,利用无线电技术取代网线,可以和有线网络协作互补。无线网络部署快,建设成本低廉,具有高度的灵活性,维护和升级费用低。

无线通信技术已成为电信和网络界最激动人心的领域。无线通信技术日新月异,无线网络覆盖越来越广泛,移动电话使用量迅猛增长,无线传感器大量应用,各种智能终端迅速更新换代,各种卫星服务逐渐普及,因特网、电信网和广播电视网正在融合(三网融合),这些都对传统网络产生着巨大的冲击。

各种无线通信技术推陈出新,包括移动电话通信系统(包括2G、3G、4G 等)、红外线数据传输(IRDA)、射频技术、WLAN(Wi－Fi)、蓝牙(Bluetooth)、WiMAX、Zig-Bee、UWB 等,并且许多技术都在不断改进,旨在提高网络传输速度和可靠性、降低组网成本和复杂程度,从而使得网络无处不在,并逐渐改变人们日常工作、生活的方式。通信技术、计算机技术、自动控制技术和传感器技术等的交叉,语音业务、数

据业务、多媒体业务日趋融合,无线互联网、移动多媒体和物联网已成为现实。

下面主要介绍常用的无线通信标准和技术。

3.1 无线网络标准与协议

通信协议(Communications Protocol)是指各通信实体完成通信或服务所必须遵循的规则和约定。通信协议可以简单地理解为各主体之间进行会话所使用的共同语言。协议通常定义了通信数据单元使用的格式、信息单元应该包含的信息与含义、连接方式、信息发送和接收的时序,从而确保网络中数据顺利地传送到确定的地方。

通信网络如果没有统一的通信协议,相互之间的信息传递就无法进行。例如,两台计算机在进行通信时,通常使用 TCP/IP 通信协议。下面首先介绍目前常用的无线通信协议。

联合国国际电信联盟(International Telecommunication Union,ITU)制定了许多国际无线电和电信的管理制度和标准,其中包括了第三代和第四代移动通信技术标准,请参考 3.2 节和 3.3 节。

IEEE(电气电子工程师协会)成立了很多个工作组,制定各种无线通信标准和协议,其中主要工作组如表 3 - 1 所示。

表 3 - 1   IEEE 802 主要无线通信技术工作组

工作组	主要研究内容
IEEE 802.11	无线局域网(WLAN)
IEEE 802.15	短距离的无线个域网(WPAN)
IEEE 802.16	大覆盖的无线城域网(WMAN)
IEEE 802.20	提供高速移动数据接入的基于 IP 的全移动网络
IEEE 802.21	网络间无缝切换及互操作技术
IEEE 802.22	无线感知网(WRAN)

IEEE 制定的无线接入技术主要包括 802.11,802.15,802.16 和 802.20 标准,分别指无线局域网 WLAN(采用 Wi-Fi、WAPI 等标准)、无线个域网 WPAN(包括蓝牙与超宽带 UWB 等)、无线城域网 WMAN(包括 WIMAX 等)和宽带移动接入网 WB-MA。一般地说,Wi-Fi 可以提供热点覆盖、低移动性和高数据传输速率的连接;WPAN 提供超近距离的无线高数据传输速率连接;WMAN 提供城域覆盖和高数据传输速率连接;WBMA 则可以提供广覆盖、高移动性和高数据传输速率的连接。

3.1.1　IEEE802.11 系列标准

802.11 是 IEEE 最初制定的一个无线局域网标准。随着标准的不断完善发展，IEEE 又研究或推出了一系列标准，形成了现今的 802.11 系列标准。如表 3-2 所示。

表 3-2　802.11 系列标准

标准	制定时间	说　明
IEEE 802.11	1997 年	原始标准(2Mbit/s,工作在 2.4GHz)
IEEE 802.11a	1999 年	物理层补充(54Mbit/s,工作在 5GHz)
IEEE 802.11b	1999 年	物理层补充(11Mbit/s,工作在 2.4GHz)
IEEE 802.11c		在媒体接入控制/链路连接控制(MAC/LLC)层上进行扩展,旨在制定无线桥接运作标准,后来将标准追加到既有的 802.1 中,成为 802.1d
IEEE 802.11d		在 MAC/LLC 层上进行扩展,对应 802.11b 标准,解决不能使用 2.4GHz 频段国家的使用问题
IEEE 802.11e		在 MAC 层,加入了对服务质量(Quality of Service,QoS)的支持
IEEE 802.11f		基站的互连性(IAPP,Inter - Access Point Protocol),解决不同接入点间漫游问题,2006 年 2 月被 IEEE 撤销
IEEE 802.11g	2003 年	物理层的补充(54Mbit/s 工作在 2.4GHz)
IEEE 802.11h	2004 年	为了与欧洲的 HiperLAN2 相协调的修订标准,减少对同处于 5GHz 频段的雷达的干扰
IEEE 802.11i	2004 年	无线网络的安全方面的补充
IEEE 802.11j	2004 年	根据日本规定做的升级
IEEE 802.11k	2008 年	信道选择、频谱资源智能使用、漫游服务和传输功率控制标准
IEEE 802.11l		预留及准备不使用
IEEE 802.11m		维护标准
IEEE 802.11n	2009 年 9 月	传输速率由 802.11a 及 802.11g 提供的 54Mbps、108Mbps 提高到 300Mbps,甚至高达 600Mbps
IEEE 802.11o		针对 VoWLAN(Voice over WLAN)制订
IEEE 802.11p		针对汽车通信的特殊环境的标准
IEEE 802.11r	2008 年	快速基础服务转移,主要是用来解决客户端在不同无线网络 AP 间切换时的延迟问题
IEEE 802.11s	2007 年 9 月	拓扑发现、路径选择与转发、信道定位、安全、流量管理和网络管理
IEEE 802.11u		与 3G、4G 等其他网络的交互性,以简化网络的交换与漫游
IEEE 802.11v		面对的是运营商的无线网络管理
IEEE 802.11w	2009 年	针对 802.11 管理帧的保护
IEEE 802.11y	2008 年	针对美国 3650~3700MHz 的规定

下面简要介绍802.11系列的几个主要标准。

3.1.1.1　802.11

IEEE最初制定的一个无线局域网标准,主要用于解决办公室局域网和校园网中用户与用户终端的无线接入,业务主要限于数据存取,速率最高只能达到2Mbps。由于它在速率和传输距离上都不能满足人们的需要,因此,IEEE小组又相继推出了802.11b和802.11a两个新标准。

3.1.1.2　802.11b

IEEE 802.11b是所有无线局域网标准中普及最广的标准之一。载波的频率为2.4GHz,无须申请许可证的工业、科技、医学频段(ISM频段,该频段被世界上绝大多数国家所使用),共有14个频宽为22MHz的频道可供使用,传送速度为11Mbit/s。它有时也被错误地标为Wi-Fi。实际上Wi-Fi是无线局域网联盟(WLANA)的一个商标,该商标主要保障使用该商标的商品的兼容性,本身实际上不是标准(请参考3.4节)。IEEE 802.11b的后继标准是IEEE 802.11g,其传送速度为54Mbit/s,2.4GHz。因此802.11b得到了最为广泛的应用。

3.1.1.3　802.11a

802.11a标准采用了与原始标准相同的核心协议,工作频率为5GHz,使用52个正交频分复用(OFDM)副载波,物理层最大原始数据传输率为54Mb/s,这达到了现实网络中等吞吐量(20Mb/s)的要求。如果需要的话,数据率可降为48,36,24,18,12,9或者6Mb/s。802.11a拥有12条不相互重叠的频道,8条用于室内,4条用于点对点传输。它不能与802.11b进行互操作,除非使用了对两种标准都支持的设备。

采用5GHz的频带让802.11a具有更少冲突的优点,但是高载波频率也带来了负面效果。802.11a几乎被限制在直线范围内使用,这导致必须使用更多的接入点;同样还意味着802.11a不能像802.11b传播得那么远,因为它更容易被吸收。

802.11a产品于2001年开始销售,比802.11b的产品还要晚,这是因为产品中5GHz的组件研制太慢。由于802.11b已经被广泛采用了,802.11a没有被广泛采用,再加上802.11a的一些弱点和一些地方的规定限制,出现了可以使用不止一种802.11标准的技术,如可以同时支持802.11a和b,或者a,b,g都支持的双频、双模式或者三模式的无线网卡,它们可以根据情况自动选择标准。

3.1.1.4　802.11g

IEEE 802.11g在2003年7月通过。其载波的频率为2.4GHz(跟802.11b相

同),原始传送速度为54Mbit/s,净传输速度约为24.7Mbit/s(跟802.11a相同)。802.11g的设备与802.11b兼容。802.11g是为了达到更高的传输速率而制定的标准,它采用2.4GHz频段,使用CCK技术与802.11b后向兼容,同时它又通过采用OFDM(正交频分复用)技术支持高达54Mbit/s的数据流,所提供的带宽是802.11a的1.5倍。

3.1.1.5 802.11n

2004年1月,IEEE宣布组成一个新的单位来发展新的802.11标准。2009年9月11日,IEEE正式批准了802.11n,核心是MIMO(Multiple – Input Multiple – Output,多入多出,使用多个发射和接收天线来允许更高的资料传输率)和OFDM技术,传输速度300Mbps,最高可达600Mbps,可向下兼容802.11b,802.11g。

3.1.2 IEEE 802.15 标准

IEEE 802.15是由IEEE制定的一种应用于无线个人区域网(WPAN)规范标准,例如,蓝牙无线通信技术就基于该标准。

IEEE 802.15具有短程、低能量、低成本、小型网络及通信设备等特征,适用于个人操作空间。这是基于蓝牙的个人域网(Personal Area Networks)标准。

IEEE802.15工作组内有四个任务组,分别制定适合不同应用的标准。

3.1.2.1 802.15.1

802.15.1本质上只是蓝牙低层协议的一个正式标准化版本,大多数标准制定工作仍由蓝牙特别兴趣组(SIG)承担,其成果由IEEE批准。有关蓝牙标准请参考3.6节。

3.1.2.2 802.15.2

802.15.2是对蓝牙和802.15.1的一些改变,其目的是减轻与802.11b和802.11g网络的干扰,因为这些网络都使用2.4GHz频段。

3.1.2.3 802.15.3

802.15.3旨在实现高速率,最初它瞄准的是消费类器件,如电视机和数码照相机等。其原始版本规定的速率高达55Mbit/s,使用基于802.11但不兼容的物理层。后来多数厂商倾向于使用802.15.3a,它使用超宽带(UWB)的多频段OFDM联盟(MBOA)的物理层,速率高达480Mbit/s。生产802.15.3a产品的厂商成立了WiMedia联盟,其任务是对设备进行测试和贴牌,以保证标准的一致性。请参考 3.8 节。

3.1.2.4　802.15.4

802.15.4 属于低速率、短距离的无线个人域网。它的设计目标是低功耗(长电池寿命)、低成本和低速率。速率可以低至 9.6Kbit/s,不支持语音。ZigBee 协议的物理层和 MAC 层就基于此标准,请参考 3.7 节。

3.1.3　IEEE 802.16 标准

IEEE 802 委员会于 1999 年成立了 802.16 工作组,主要是研究无线城域网(WMAN)宽带无线接入技术。IEEE 802.16 工作组负责为宽带无线接入的无线接口及其相关功能制定标准,它由三个小工作组组成,每个小工作组分别负责不同的方面:IEEE802.16.1 小组负责制定频率为 10GHz ~ 60GHz 的无线接口标准;IEEE 802.16.2 小组负责制定宽带无线接入系统共存方面的标准;IEEE 802.16.3 小组负责制定频率范围在 2GHz ~ 10GHz 间获得频率使用许可的应用的无线接口标准。3G 标准之一的 WiMAX 就是基于 IEEE 802.16 标准研发的,请参考 3.2.2 节。

IEEE802.16 标准系列主要包括 802.16,802.16a,802.16e,802.16m 等。根据是否支持移动特性,802.16a 和 802.16d 属于固定无线接入空中接口标准,而 802.16e 属于移动宽带无线接入空中接口标准。802.16m 标准仍处在草案修改阶段。

3.1.4　IEEE 802.20 标准

802.20 提供了一个基于 IP 的全移动网络,提供高速移动数据接入。其目标是在高速列车行驶的环境下(时速达 250km/h),仍能向每个用户提供高达 1Mbit/s 的接入速率,并具有永远在线的特点。向用户提供的服务包括浏览网页、E – mail、没有大小限制的文件的上传和下载、流媒体、IP 多播、远程信息处理、定位服务、VPN(虚拟专网)连接、利用 VoIP 技术向用户提供语音服务、即时消息和多人在线游戏等。

3.1.5　IEEE 802.21 标准

2004 年 3 月,IEEE 成立 802.21 工作小组,由 Intel 公司主导,目的是试图填补现行 WLAN,WiMAX 与蜂窝网络间的空隙,让用户在使用网络时,能跨越多种异构网络实现无间断的连接,使 Wi – Fi,WiMAX 及 3G 网络之间能进行无缝切换,形成

3G、WiMAX、Wi – Fi、UWB、BlueTooth 和 RFID 等同时共存并紧密连接的混合网络，与无授权移动接入技术(UMA)的目标是一致的。

IEEE802.21 标准主要针对无缝切换能力、区分业务的 QoS 保障、最优网络选择、安全机制和电源管理五个方面来定义。通过建立一套独立于介质之上的切换方案，IEEE 802.21 标准可以感知周围当前哪个网络是可用的，而且能迅速改变网络的使用状态，使客户端设备在网间漫游时能自动选择最好的网络连接类型，无缝切换，而无须用户干预。

3.1.6　IEEE 802.22 标准

IEEE 802.22 技术是认知无线电技术在无线区域内的具体应用。IEEE 802.22 固定无线区域网络(WRAN)工作于 54MHz ~ 862MHz，在 VHF/UHF(扩展频率范围 47MHz ~ 910MHz)频段中的 TV 信道，在不干扰授权用户的情况下，通过灵活、自适应的频谱的合理配置，可自动检测空闲的频段资源并加以使用，因此可与电视、无线麦克风等已有设备共存。利用 WRAN 设备的这种特征可向低人口密度地区提供类似于城区所能得到的宽带服务。

3.2　3G 技术

3G 通信(3G)技术，是相对最早的第一代模拟蜂窝移动通信技术和第二代移动通信技术(GSM、CDMA 等)而言的，一般地讲，是指将无线通信与国际互联网等多媒体通信结合的新一代移动通信系统，是支持高速数据传输的蜂窝移动通信技术。3G 服务能够同时传送声音及数据信息，速率最大在 2Mbps 以上。目前 3G 存在四种标准：CDMA2000，WCDMA，TD – SCDMA，WiMAX。

3G 与 2G 的主要区别是在传输声音和数据的速度的提升，它能够在全球范围内更好地实现无线漫游，并处理图像、音乐、视频流等多种媒体形式，提供包括网页浏览、电话会议、电子商务等多种信息服务，同时也要考虑与已有的第二代系统的良好兼容性。为了提供这种服务，无线网络必须能够支持不同的数据传输速度，也就是说在室内、室外和行车的环境中能够分别支持至少 2Mbps，384kbps 以及 144kbps 的传输速度(此数值根据网络环境会发生变化)。

3.2.1　3G 的发展

1942 年美国女演员海蒂·拉玛和她的作曲家丈夫提出一个 Spectrum(频谱)

的技术概念,这个被称为"展布频谱技术"(也称码分扩频技术)的技术理论是为了帮助美国军方就制造出能够对付纳粹德国的电波干扰或防窃听的军事通信系统,第二次世界大战结束后因为暂时失去了价值,美国军方封存了这项技术,但就是这个技术理论最终演变成我们今天的 3G 技术,展布频谱技术就是 3G 技术的根本基础原理。

直到 1985 年,在美国的圣迭戈成立了一个名为"高通"的小公司(现已成为世界五百强),这个公司利用美国军方解禁的"展布频谱技术"开发出一个被命名为"CDMA"的新通信技术,就是这个 CDMA 技术直接导致了 3G 的诞生。现在世界3G 技术标准中,美国 CDMA2000、欧洲 WCDMA、中国 TD－SCDMA,都是在 CDMA的技术基础上开发出来的,CDMA 就是 3G 的根本基础原理,而展布频谱技术就是CDMA 的基础原理。

第三代合作伙伴计划(The 3rd Generation Partnership Project,3GPP),是领先的3G 技术规范机构,是由欧洲电信标准协会(ETSI)、日本广播工业与商业协会(ARIB)和电信技术委员会(TTC)、韩国电信技术委员会(TTA)以及美国世界无线通信解决方案联盟(ATIS)在 1998 年底发起成立的,旨在研究制定并推广基于演进的 GSM 核心网络的 3G 标准,即 WCDMA,TD－SCDMA,EDGE 等,在国际电信联盟(ITU)的 IMT－2000 计划范围内制定和实现全球性的第三代移动电话系统规范。中国无线通信标准组(CWTS)于 1999 年加入 3GPP。

2000 年 5 月,ITU 正式公布第三代移动通信标准,我国提交的 TD－SCDMA、欧洲 WCDMA、美国 CDMA2000 成为 3G 三大无线接口标准,写入 3G 技术指导性文件——《2000 年国际移动通信计划》(简称 IMT－2000);2007 年,WiMAX 亦被接受为 3G 标准。

2009 年 1 月 7 日,工业和信息化部批准:中国移动增加基于 TD－SCDMA 技术制式的 3G 牌照;中国电信增加基于 CDMA2000 技术制式的 3G 牌照;中国联通增加了基于 WCDMA 技术制式的 3G 牌照,标志着我国正式进入 3G 时代。中国是全球唯一运营以上三种制式的国家。

中国移动使用 187、188 专属号段,用户不用换手机号,不用换 SIM 卡,直接升级 3G,能够提供可视电话、可视电话补充业务、视频留言、视频会议、多媒体彩铃、数据上网等业务,使用"G3"商标标志。中国联通使用 185、186 专属号段,使用"沃"("WO")品牌标志,提供可视电话、无线上网、手机上网、手机电视、手机音乐多种信息服务。中国电信使用 180,189,133,153 专属号段,使用"天翼"(英文名称e surfing)品牌标志,提供无线宽带、手机影视、爱音乐、天翼 LIVE、189 邮箱、综合办公、全球眼、天翼对讲等业务(参见图3-1)。

图3-1　中国移动、中国联通、中国电信的3G品牌标识

随着新技术、新标准的研发,3G向4G的演进将是一种趋势,3GPP早在2004年11月决定开始3G系统长期演进(Long Term Evolution,LTE)的研究项目,要求在提高峰值数据速率、小区边缘速率、频谱利用率,并着眼于降低运营和建网成本方面进行进一步改进,同时使用户能够获得"Always Online"的体验,能够和现有系统(2G/2.5G/3G)共存。

三网融合不仅是一种趋势,已经成为一种潮流,如时下流行的微博网站。3G及其LTE必将是3网融合中最重要的事例。

3.2.2　3G标准

第一代移动通信系统采用频分多址(FDMA)的模拟调制方式,这种系统的主要缺点是频谱利用率低,信令干扰语音业务。第二代移动通信系统主要采用时分多址(TDMA)的数字调制方式,提高了系统容量,并采用独立信道传送信令,使系统性能大大改善,但TDMA的系统容量仍然有限,越区切换性能仍不完善。码分多址(CDMA)系统以其频率规划简单、系统容量大、频率复用系数高、抗干扰能力强、通信质量好、软容量、软切换等特点成为3G标准的基础。下面分别介绍3G的几种标准。

3.2.2.1　WCDMA

WCDMA,全称为Wideband CDMA,也称为CDMA Direct Spread,意为宽频分码多重存取,这是基于GSM网发展出来的3G技术规范,是欧洲提出的宽带CDMA技术,它与日本提出的宽带CDMA技术基本相同,目前正在进一步融合。WCDMA的支持者主要是以GSM系统为主的欧洲厂商,日本公司也或多或少参与其中,包括欧美的爱立信、阿尔卡特、诺基亚、朗讯、北电,以及日本的NTT、富士通、夏普等厂商。这套系统能够架设在现有的 GSM 网络上,该标准提出了 GSM(2G)→GPRS→EDGE→WCDMA(3G)的演进策略,对于系统提供商而言可以较轻易地过渡。预计在 GSM 系统相当普及的亚洲,对这套新技术的接受度会相当高。因此 WCDMA 具有先天的市场优势,采用异步 CDMA 系统和 FDD(频分多路)技术,无 GPS 定位功能,每个信道带宽为 5MHz,码片速率 3.84Mcps,中国频段包括 1940MHz ~ 1955MHz(上行)、2130MHz ~ 2145MHz(下行)。

3.2.2.2 CDMA2000

CDMA2000 也称为 CDMA Multi - Carrier,由美国高通北美公司为主导提出,摩托罗拉、Lucent 和韩国三星等参与。这套系统是从窄频 CDMAONS(CDMA IS - 95)数字标准衍生出来的,该标准提出了从 CDMA IS→95(2G)→CDMA20001x - CDMA20003x(3G)的演进策略,可以从原有的 CDMAONS 结构直接升级到 3G,建设成本低廉。CDMA20001x 被称为 2.5 代移动通信技术。CDMA20003x 与 CDMA20001x 的主要区别在于应用了多路载波技术,通过采用三载波使带宽提高。但因为使用 CDMA 的地区只有日、韩和北美,所以 CDMA2000 的支持者不如 WCDMA 多。采用同步 CDMA 系统 FDD,有 GPS,信道带宽 1.25MHz,码片速率 1.2288Mcps,中国频段包括 1920MHz ~ 1935MHz(上行)、2110MHz ~ 2125MHz(下行)。

3.2.2.3 TD - SCDMA

TD - SCDMA 全称为 Time Division - Synchronous CDMA(时分同步 CDMA),该标准是由中国大陆独自制定的 3G 标准,1999 年 6 月 29 日,原邮电部电信科学技术研究院(大唐电信科技产业集团)向 ITU 提出。

TD - SCDMA 是 TDD 和 CDMA,TDMA(时分多址)技术的完美结合,具有辐射低的特点,被誉为绿色 3G。该标准综合采用了联合检测、接力切换技术、智能天线技术、智能定位、TDD(时分双工)、同步 CDMA 和软件无线电等领先技术,支持多载波、灵活高效承载非对称数据业务,频谱利用灵活,有效地提高了频谱利用率,缓解了系统内的多址和多径干扰。TD - SCDMA 码片速率 1.28Mcps,信道带宽 1.6MHz,中国频段包括 1880MHz ~ 1920MHz、2010MHz ~ 2025MHz、2300MHz ~ 2400MHz。该标准在频谱利用率、对业务支持具有灵活性、频率灵活性及成本等方面的独特优势。

2002 年 10 月 30 日,TD - SCDMA 产业联盟成立并不断壮大,包括大唐电信、华为、联想、中兴、普天、海尔、UT 斯达康等公司,覆盖了 TD - SCDMA 产业链从系统、芯片、终端到测试仪表的各个环节,致力于 TD - SCDMA 标准及产品的研究、开发、生产、制造和服务,为实现 TD – SCDMA 在中国及全球通信市场的推广和应用起到了积极推动作用。由于中国内地的庞大市场,全球一半以上的设备厂商都支持TD – SCDMA标准。

中国移动经过 2007 年大规模 TD – SCDMA 测试,在 2008 年 4 月 1 日进行了试商用放号,随着各种基础设施的大力投入、各种终端设备的上市、各种应用的开展,TD – SCDMA 迅速推广开来。

3.2.2.4 WiMAX

WiMAX 的全名是全球微波互联接入(Worldwide Interoperability for Microwave Access),是以 IEEE 802.16 系列宽频无线标准为基础的,又称为 802.16 无线城域网。

IEEE802.16 标准系列主要包括 802.16,802.16a,802.16e 和 802.16m 等。根据是否支持移动特性,802.16a 和 802.16d 属于固定无线接入空中接口标准,而802.16e属于移动宽带无线接入空中接口标准。

802.16e 标准规定了可同时支持固定和移动宽带无线接入的系统,工作在2GHz ~ 6GHz之间、适宜于移动性的许可频段,可支持用户站以车辆速度移动,是既能提供高速数据业务又使用户具有移动性的宽带无线接入解决方案。

WiMax 的信道带宽 1.5MHz ~ 20MHz,最高接入速度 70Mbps,是其他 3G 技术宽带速度的 30 倍。

WiMAX 最高传输距离为 50 公里,网络覆盖面积是其他 3G 发射塔的 10 倍。

和 Wi – Fi 相比,WiMAX 使用的是与 Wi – Fi 的 WPA2 标准相似的认证与加密方法,也是一个基于开放标准的技术,70Mbps 的传输速率与 Wi – Fi 不相上下,但是 WiMAX 是一种城域网技术,比 Wi – Fi 具有更大的覆盖范围、更好的可扩展性和安全性、具有 QoS(服务质量)保障,WiMax 既具有 Wi – Fi 技术高速无线接入的优点,又具有移动电话系统广阔的传输范围的优点,从而能够实现电信级的多媒体通信服务。

WiMax 可以向用户提供具有 QoS 性能的数据、视频、话音(VoIP)业务。WiMax可以提供三种等级的服务:CBR(Con – stant Bit Rate,固定带宽)、CIR(Com – mitted Rate,承诺带宽)、BE(Best Effort,尽力而为)。

WiMax 的高速、远距离特性为企业和家庭用户提供优良的"最后一公里"宽带无线连接方案,它可以将 Wi – Fi 热点链接到互联网,也可作为有线接入方式的无线扩展,实现最后一公里的宽带接入。

WiMAX 采用了代表未来通信技术发展方向的 OFDM/OFDMA,AAS,MIMO 等先进技术,随着技术标准的发展,WiMAX 逐步实现宽带业务的移动化,而 3G 则实现移动业务的宽带化,两种网络的融合程度会越来越高。

2007 年 10 月 19 日,在国际电信联盟在日内瓦举行的无线通信全体会议上,WiMAX 正式被批准为第四个全球 3G 标准。

WiMax 的劣势主要表现在其不能支持用户在移动过程中无缝切换。其速度只有 50 公里,而且如果高速移动,WiMAX 达不到无缝切换的要求,跟 3G 的三个主流标准比,其性能相差是很远的。

3.2.3 3G 的应用

3.2.3.1 无线宽带上网

随着智能手机的推广普及,最先普及的 3G 应用是"无线宽带上网",无线互联网的多媒体业务逐渐成为主导。我们能在手机上浏览网站、观看视频、收发语音邮件、写博客、聊天、搜索和玩游戏等。

3.2.3.2 手机办公

手机办公使得办公人员可以随时随地与单位的信息系统保持联系,完成办公功能。这包括移动办公、移动执法、移动商务等。与传统的 OA(办公自动化)系统相比,手机办公摆脱了传统 OA 局限于局域网的桎梏,办公人员可以随时随地访问政府和企业的数据库,进行实时办公和处理业务,极大地提高了办公和执法的效率。

3.2.3.3 视频通话

3G 时代,视觉冲击力强,快速直接的视频通话会更加普及并飞速发展。

3.2.3.4 手机电视

手机流媒体软件会成为 3G 时代最多使用的手机电视软件,在视频影像的流畅和画面质量上不断提升,突破技术瓶颈,真正大规模被应用。

3.2.3.5 手机音乐

只要在 3G 手机上安装一款手机音乐软件,就能通过手机网络,随时随地轻松收纳无数首歌曲,下载速度更快,耗费流量几乎可以忽略不计。

3.2.3.6 手机购物

移动电子商务将在 3G 时代普及,手机商城不再新鲜,高质量的图片与视频会话能使商家与消费者的距离拉近,提高购物体验,人们很快会习惯用手机消费,可以随时随地网购,并在线支付,让手机购物变为日常生活的一部分。如在 2010 年初,中国联通就与 998 商旅超市展开合作,共同推出了"联通 3G—沃店",同时将联通传统领域的移动电话、固话、无线固话、400/800 号码、IDC 业务等资源也囊括其中,提供了机票查询预订、特价酒店查询预订、旅游服务、租车等服务。

3.2.3.7 手机网游

3G 时代到来之后,游戏平台会更加稳定和快速,兼容性更高,改善用户在游戏中的视觉和效果体验,这种方便携带,随时可以玩,利用了零碎时间的网游是 3G 时代的一个重要资本增长点。

3.2.3.8 承载物联网

随着以视频感知、智能电网、智慧城市、智慧地球等应用为代表的物联网的不断发展,数以百亿乃至万亿的机器和物体进入物联网,物联网的业务规模将急剧增大,对现有的通信网形成巨大挑战,而稳定高速的 3G 网络是物联网极好的承载网之一。

3.3 4G 技术

3.3.1 4G 技术概述

从无线通信系统的发展历程来看,第一代移动通信系统的任务已经达成,而现阶段是第二代移动通信系统成熟应用且 3G 新兴的时代,10 年以后会是 4G 通信的天下,但是或许随着通信科技的日新月异,换代会加快。目前,3G 技术逐渐成为通信技术的主流,为用户带来了最高达 2Mbit/s 的数据传输速率,能顺畅地处理声音、图像数据、与互联网快速连接。但随着数据通信与多媒体业务需求的发展,适应移动数据、移动计算及移动多媒体运作需要的第四代移动通信开始兴起。

4G 是第四代移动通信及其技术的简称,是继 3G 以后的又一次无线通信技术演进。4G 是集 3G 与 WLAN 于一体,并能够传输高质量视频图像的技术。4G 系统能达到 100Mbps 的下载速度,50Mbps 上载速度,是 3G 的 50 倍,满足几乎所有用户对于无线服务的要求。4G 有望集成不同模式的无线通信——从无线局域网和蓝牙等室内网络、蜂窝信号、广播电视到卫星通信,移动用户可以自由地从一个标准漫游到另一个标准。

2009 年末,北欧运营商 TeliaSONSra 宣布,在瑞典斯德哥尔摩和挪威奥斯陆同时启用 4G/LTE 网络的正式商用。为这两个城市的 4G 网络提供 LTE 端到端解决方案的,分别是爱立信和华为。

中国移动在 2010 年的上海世博会上推出全球第一个 TD – LTE 试验网,华为、摩托罗拉、中兴、大唐、阿尔卡特、朗讯等中标参与上海 TD – LTE 试验网。

3.3.2 4G 的主要优势

3.3.2.1 通信速度更快

第二代数字移动通信系统传输速率只有 9.6Kbps,最高可达 32Kbps;而 3G 系统数据传输速率可达到 2Mbps;4G 最高可以达到 100Mbps。4G 系统可以提供高质量的流媒体服务和大数据量的密集网络功能,例如,可收发高分辨率的电影、电视、视频、高质量三维图像等。4G 成为三网融合的一个纽带,成为物联网极佳的承载网。

3.3.2.2 网络频谱更宽

要想使 4G 通信达到 100Mbps 的传输,通信营运商必须在 3G 通信网络的基础上,进行大幅度的改造和研究,每个 4G 信道会占有 100MHz 的频谱,相当于 WCDMA 3G 网络的 20 倍。

3.3.2.3 应用更加灵活

4G 手机将大大超越"电话机"的范畴,其不仅算得上是一只小型电脑,而且其式样会有更惊人的突破,如眼镜、手表、化妆盒、旅游鞋等任何一件能看到的物品都有可能成为 4G 终端。4G 通信使人们不仅可以随时随地通信,更可以双向传递资料、图画、影像,当然更可以和从未谋面的陌生人网上联线对打游戏。

3.3.2.4 智能性能更高

4G 移动终端设备的设计和操作具有智能化,例如,对菜单和滚动操作的依赖程度会大大降低,使得控制智能家电、进行工厂监控、移动办公等工作变得很轻松。4G 移动终端可以更好地融入因特网和物联网,能使各项终端随时随地帮助主人完成工作、生活中的事情。

3.3.2.5 兼容性能更平滑

4G 系统具备全球漫游、接口开放、能跟多种网络互联、终端多样化以及能从第二代平稳过渡等特点。

3.3.2.6 提供各种增值服务

3G 移动通信系统主要是以 CDMA 为核心技术,而 4G 移动通信系统技术则以正交频分复用技术(OFDM)最受瞩目,利用这种技术人们可以实现例如无线区域环路(WLL)、数字音讯广播(DAB)等方面的无线通信增值服务。

3.3.2.7 更高质量的多媒体通信

4G 通信不仅仅是为了满足用户数的增加,更重要的是,必须要满足多媒体的传输需求,当然还包括通信品质的要求。到 2020 年,全世界移动通信的数据量将比现在增加 1 000 倍。数据量的迅速提升主要基于各种多媒体应用。4G 系统提供大量语音、数据、影像等高分辨率多媒体服务,为此 4G 系统也称为"多媒体移动通信"。

3.3.2.8 频率使用效率更高

相比 3G 通信技术来说,4G 通信技术在开发研制过程中使用和引入如路由技术(Routing)、OFDM/OFDMA 的整合技术、智能天线技术等,使得网络利用率更高,在未来可以在 100MHz 带宽下,达到 1Gbps 的速率。

3.3.2.9 通信费用更加便宜

由于 4G 通信在 3G 通信网络的基础设施之上,采用逐步引入、长期演进的方法,不断引入了许多尖端的通信技术,保证为 4G 通信提供灵活的系统操作方式,这样解决了与 3G 通信的兼容性问题,让更多的现有通信用户能轻易地升级到 4G,有效地降低运行者和用户的费用,甚至 4G 通信的无线即时连接等某些服务费用会比 3G 通信更加便宜。

3.3.3 4G 发展的阻碍

目前,4G 通信仍然显得很神秘,4G 通信网络在具体实施的过程中出现大量、复杂的新技术,要顺利、全面地实施 4G 通信,可能遇到下面的一些困难。

3.3.3.1 标准难以统一

由于 3G 没有统一的国际标准,各种移动通信系统彼此互不兼容,给手机用户带来诸多不便。开发 4G 系统必须首先解决通信制式等需要全球统一的标准化问题。2008 年 2 月,ITU 正式发出通函,邀请世界各国以及各国际通信标准化组织向 ITU 提交 IMT－Advanced(4G)无线接入候选技术。同时也邀请世界各国和国际组织注册评估组,准备对提交者提交的候选技术方案进行进一步的分析和评估。

已经提交给 ITU 的 6 份标准草案涵盖了 LTE – Advanced 和 802.16m 两种技术,这两种技术都包含了 TDD 和 FDD 两种制式,标准争夺非常激烈。

目前六个草案包括:

● LTE – Advanced:其正式名称为 Further Advancements for E – UTRA,由 3GPP 提出,已经获得目前主流的 3 大 3G 标准的共同支持。该系统是在 LTE 系统基础上的进一步演进,引入了载波聚合、多点协作、接力传输和多天线增强等多种先进技术。

● TD – LTE – Advanced(LTE – Advanced TDD 制式):是中国继 TD – SCDMA 之后,提出的具有自主知识产权的新一代移动通信技术。

● 802.16m:从 WiMax 技术演进而来,是由 IEEE 向 ITU 提交的候选技术,是 802.16e 的发展,也称为 WirelessMAN – Advanced。

● 日本政府向 ITU 提交了 LTE – Advanced 和 802.16m 两种 IMT – Advanced 候选技术方案。

● 韩国标准化组织 TTA 提交的基于 802.16m 技术的候选提案。

3.3.3.2 技术难以实现

尽管未来的 4G 通信能够给人带来美好的明天,但是要实现 4G 通信的下载速度还面临着一系列技术问题。例如,如何保证楼区、山区及其他有障碍物等易受影响地区的信号强度问题,需要对不同编码技术和传输技术进行大量测试。再如,手机越区切换时很容易和网络失去联系,并且由于 4G 网络的架构相当复杂,这一问题显得格外突出,解决需要一定的时间。另外由于 4G 仍没有统一标准、仍处于研发阶段,与新型终端设备和技术配套的软件设计和开发更加滞后,阻碍了新设备的推广应用。

3.3.3.3 容量受到限制

人们对未来 4G 通信的印象最深的莫过于它的通信传输速度会得到极大提升,从理论上说其所谓的每秒 100MB 的宽带速度,比第二代移动通信技术大约每秒 10KB 要快 1 万多倍,但手机的速度会受到通信系统容量的限制,如系统容量有限,手机用户越多,速度就越慢。

3.3.3.4 市场难以消化

目前,3G 技术仍然在缓慢地入主市场,运营商仍在大规模建设 3G 网络,在部署 4G 时,全球的许多基于 3G 系统的无线基础设施都需要大量更新,这势必减缓 4G 通信技术全面进入市场、占领市场的速度,对于 4G 技术的成熟、全面商用还要经历较长时间的过渡。因此众多厂商纷纷推出 3G 和 LTE、3G 和 2G 的融合解决方案,将 4G 仍定位为解决用户密集的"热点"地区高速上网需求的技术,不会做规模性的全覆盖,非热点地区仍将依靠 3G,2G 或其他技术。例如,LTE – TD – SCDMA-SCDMA400,这样的网络,在相当长时间内都会有更好的性价比,可以给用户提供更好的服务。由于 4G 技术复杂,业务应用种类增多,与 3G 网络联系非常紧密,使得业务开展、资费计算、运营维护等更加复杂,对技术人员要求更高,因此市场应用的阻力巨大。

3.4　Wi – Fi

3.4.1　Wi – Fi 概述

3.4.1.1　Wi – Fi 的含义

Wi – Fi(WirelessFidelity,无线相容性认证)是一种短程无线传输技术,能够在100 米范围内支持互联网接入的无线电信号,与蓝牙一样,同属于在办公室和家庭中使用的短距离无线技术。虽然在数据安全性方面,该技术比蓝牙技术要差一些,但是在电波的覆盖范围方面则要略胜一筹。

能够访问 Wi – Fi 网络的地方被称为热点,大部分热点由互联网服务提供商(ISP)提供,位于供大众访问的地方,例如,机场、咖啡店、旅馆、书店以及校园等。Wi – Fi 热点是通过在互联网连接上安装访问点来创建的。这个访问点将无线信号通过短程进行传输,一般覆盖 100 米。当一台支持 Wi – Fi 的设备(例如手机)遇到一个热点时,这个设备就可以用无线方式连接到该网络。

Wi – Fi 联盟成立于 1999 年,当时的名称叫做无线以太网相容联盟(Wireless Ethernet Compatibility Alliance ,WECA),也可译为"无线相容认证",在 2002 年 10 月,正式改名为 Wi – Fi 联盟(Wi – Fi Alliance)。Wi – Fi 联盟目的是改善基于 IEEE 802.11 标准的无线网络产品之间的互通性。从应用层面来说,要使用 Wi – Fi,用户首先要有 Wi – Fi 兼容的用户端装置。现时一般人会把 Wi – Fi 及 IEEE 802.11 混为一谈。

3.4.1.2　Wi – Fi 的种类

目前,Wi – Fi 联盟所公布的认证种类有:

(1)WPA/WPA2:WPA/WPA2 是基于 IEEE 802.11a,802.11b,802.11g 的单

模、双模或双频产品所建立的测试程序。内容包含通信协定的验证、无线网络安全性机制的验证，以及网络传输表现与相容性测试。

（2）WMM（Wi-Fi MultiMedia）：当影音多媒体透过无线网络传递时，要如何验证其带宽保证的机制是否正常运作在不同的无线网络装置及不同的安全性设定上是 WMM 测试的目的。

（3）WMM Power Save：在影音多媒体透过无线网络的传递时，如何透过管理无线网络装置的待命时间来延长电池寿命，并且不影响其功能性，可以透过 WMM Power Save 的测试来验证。

（4）WPS（Wi-Fi Protected Setup）：这是一个 2007 年年初才发布的认证，目的是让消费者可以透过更简单的方式来设定无线网络装置，并且保证有一定的安全性。目前 WPS 允许透过 Pin Input Config（PIN），Push Button Config（PBC），USB Flash Drive Config（UFD）以及 Near Field Communication，Contactless Token Config（NFC）的方式来设定无线网络装置。

（5）ASD（Application Specific Device）：这是针对除了无线网络存取点（Access Point）及站台（Station）之外其他有特殊应用的无线网络装置，例如，DVD 播放器、投影机、打印机等的测试。

（6）CWG（Converged Wireless Group）：主要是针对 Wi-Fi mobile converged devices 的 RF 部分测量的测试程序。

图 3-2　Wi-Fi 手机和支持 Wi-Fi 的笔记本

3.4.1.3　Wi-Fi 的优势

Wi-Fi 有以下突出优势：

（1）无线电波的覆盖范围广，适合移动办公用户的需要，如医疗保健、库存控制和管理服务、家庭、教育机构等。蓝牙技术的电波覆盖范围半径大约只有 15 米左右,而 Wi-Fi 的半径则可达 100 米,甚至有些新型交换机可达 6.5 公里。

(2)传输速度快,可以达到 54Mbps(802.11n 可以达到 600Mbps),可满足个人和社会信息化的需求。

(3)厂商进入该领域的门槛比较低。厂商只要在机场、车站、咖啡店、图书馆等人员较密集的地方设置"热点",并通过高速线路将因特网接入上述场所,不用进行网络布线,用户只要将支持 WLAN 的笔记本电脑或智能手机拿到该区域内,即可高速接入因特网。

Wi-Fi 是由 AP(Access Point)和无线网卡组成的无线网络。AP 一般称为网络桥接器或无线接入点,它是当做传统的有线局域网络与无线局域网络之间的桥梁,因此任何一台装有无线网卡的 PC 均可透过 AP 去分享有线局域网络甚至广域网络的资源,其工作原理相当于一个内置无线发射器的 HUB 或者是路由,而无线网卡则是负责接收由 AP 所发射信号的终端设备。

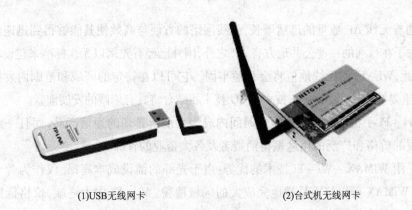

(1)USB无线网卡　　　　　　　　　(2)台式机无线网卡

图 3-3　USB 无线网卡和台式机无线网卡

(4)健康安全。IEEE802.11 规定的发射功率不可超过 100 毫瓦(美国为 1 000 毫瓦),实际发射功率约 60~70 毫瓦,且设备一般不直接接触人体,而手机的发射功率约为 200 毫瓦至 1 瓦间,手持式对讲机则高达 5 瓦。

3.4.2　Wi-Fi 应用

由于 Wi-Fi 的频段在世界范围内是无需任何电信运营执照的免费频段,因此 WLAN 无线设备提供了一个世界范围内可以使用的,费用极其低廉且数据带宽极高的无线空中接口。用户可以在 Wi-Fi 覆盖区域内快速浏览网页,随时随地接听拨打电话。而其他一些基于 WLAN 的宽带数据应用,如流媒体、网络游戏等功能更是值得用户期待。有了 Wi-Fi 功能,我们打长途电话(包括国际长途)、浏览网页、收发电子邮件、音乐下载、数码照片传递等,再无需担心速度慢和花费高的问题。

Wi-Fi 在掌上设备上应用越来越广泛,智能手机就是其中的典型。与早就应用于手机上的蓝牙技术不同,Wi-Fi 具有更大的覆盖范围和更高的传输速率,因此 Wi-Fi 手机成为目前移动通信业界的时尚潮流。

现在 Wi-Fi 的覆盖范围在国内越来越广泛了,高级宾馆、豪华住宅区、飞机场以及咖啡厅之类的区域都有 Wi-Fi 接口。

中国移动、中国电信等运营商计划 2013 年前将全国范围内的 Wi-Fi 热点数量增加至 100 万个,并敦促手机制造商生产支持 Wi-Fi 的手持设备。覆盖政府、医院、学校、图书馆、交通枢纽、热点商圈、公共服务及休闲娱乐场所等,比如,出门在等公交车时,就可以通过 WLAN 无线上网,网速最快能达到 54M。

3.4.3　Wi-Fi 未来发展

随着无线 AP 数量的迅猛增长,无线网络的方便与高效使其能够得到迅速的普及。除了在目前的一些公共地方有 AP 之外,国外已经有先例以无线标准来建设城域网,因此,Wi-Fi 的无线地位将会日益牢固。它可以在特定的区域和范围内发挥对 3G 的重要补充作用,Wi-Fi 技术与 3G 技术相结合将具有广阔的发展前景。

Wi-Fi 手机必定会在很短的时间内成为大众所熟知的通信产品,而且一定会以低廉的价格和广泛的用途赢得消费者及各大企业的青睐。

采用 WiMAX+Wi-Fi 技术的优势:由于光纤的铺设成本高昂,仅作为骨干传输,而 WiMAX 可以轻而易举地完成大的区域覆盖,Wi-Fi 作为终端,价格低廉且得到广泛支持,可迅速投入商用。

Wi-Fi Mesh 是一种新型公共无线局域网和城域网解决方案,其网络结构类似于渔网,从一个点到另一个点有很多路可以走,这样即使有个别站点有故障仍然可以保持较好的覆盖。Wi-Fi 技术在几年间不断进步,Wi-Fi Mesh 的特点是:自动发现、自动组织、自动均衡和自动修复。

随着技术的发展,Wi-Fi 将会与其他技术融合或者互补,为人们提供高效的无线通信服务。例如,从覆盖范围、传输速率、基本业务类别、可移动速率、前向扩展、演进走向等多方面综合分析,WLAN 与蜂窝移动通信(包含 3G 以及将来的 4G)不是一种可以互相取代的竞争关系,而是一种可以扬长避短的互补关系。3G 和 4G 系统应当是一个综合系统,由于分配的频率资源是有限的,而数据业务对信道的占用率极高,影响其同时接入的语音用户数量。如果规划特定区域(比如,商业中心人群密集区)内把数据业务转移到 Wi – Fi/WiMAX 的公共数据通道无疑将大大提高网络资源利用率。上海移动就提出了一个"四网协同"的理念,也就是把"WLAN,2G,3G,4G"结合在一起进行广泛应用,届时可以更好地分配网速来满足不同的需求。

同时 Wi – Fi 与 3G 技术的融合,随着 MobileIP 技术的完善、IPv6 的发展,能构建基于全 IP 的网络架构,使计算机网络和蜂窝移动通信网络共用开放的业务平台和运营支撑系统,两种网络技术在移动通信技术发展中将实现局部的融合,各自发挥优势、扬长避短,使得 VoWLAN(Voice on WLAN)、Wi – Fi/3G 双模技术等迅速发展,加速三网融合和物联网发展的步伐。

3.5 近距离无线通信技术 NFC

NFC 是一种近距离的高频无线通信技术。由飞利浦公司和索尼公司共同开发的 NFC 是一种非接触式识别和互联技术,可以在移动设备、消费类电子产品、PC 和智能控件工具间进行近距离、点对点无线通信。NFC 可用距离约为 10 厘米,提供了一种简单、触控式的解决方案,可以让消费者简单直观地交换信息、访问内容与接受服务。可以实现电子身份识别或者数据传输,比如信用卡、门禁卡等功能。早期借助这项技术,用户可以用手机替代公交卡、银行卡、员工卡、门禁卡、会员卡等非接触式智能卡,还能轻松地读取广告牌上附带的 RFID 标签信息。

NFC 由非接触式射频识别(RFID)演变而来,并向下兼容 RFID。NFC 架构基于 ISO 14443A,由于近场通讯具有天然的安全性,因此,NFC 技术在手机支付等领域具有很大的优势。

NFC 将非接触读卡器、非接触卡和点对点(Peer – to – Peer)功能整合进一块单芯片,为消费者的生活方式开创了不计其数的全新机遇。这是一个开放接口平台,可以对无线网络进行快速、主动设置,也是虚拟连接器,服务于现有蜂窝状网络、蓝牙和无线 802.11 设备。

为了推动 NFC 的发展和普及,飞利浦、索尼和诺基亚创建了一个非营利性的行业协会——NFC 论坛,促进 NFC 技术的实施和标准化,确保设备和服务之间协同合作。NFC 论坛的成员包括:万事达卡国际组织、松下电子工业有限公司、微软公司、摩托罗拉、NEC 、瑞萨科技公司、三星公司、德州仪器和 Visa 国际组织等。

2006 年 4 月 19 日,飞利浦、诺基亚、VodafONS 公司及德国法兰克福美因茨交通公司(Rhein – Main Verkehrsverbund)宣布,在成功地进行了为期 10 个月的现场试验后,近距离无线通信(NFC)技术投入商用。目前,Nokia 3220 手机已集成了

NFC 技术,可以用做电子车票,还可在当地零售店和旅游景点作为折扣卡使用。哈瑙市的大约 95 000 位居民现在只需轻松地刷一下兼容手机,就能享受 NFC 式公交移动售票带来的便利。

NFC 天线是一种近场耦合天线,波长很长为 13.56Mhz,且读写距离很短,采用电磁感应耦合方式,在手机中通常采用磁性薄膜来做天线。

与 RFID 一样,NFC 信息也是通过频谱中无线频率部分的电磁感应耦合方式传递,但两者之间还是存在很大的区别。首先,NFC 是一种提供轻松、安全、迅速的通信的无线连接技术,其传输范围比 RFID 小,NFC 采取了独特的信号衰减技术,相对于 RFID 来说 NFC 具有距离近、带宽高、能耗低等特点。其次,NFC 还是一种近距离连接协议,提供各种设备间轻松、安全、迅速而自动的通信,是一种近距离的私密通信方式。最后,RFID 更多地被应用在生产、物流、跟踪、资产管理上,而 NFC 则在门禁、公交、手机支付等领域内发挥着巨大的作用。

同时,NFC 还优于红外和蓝牙传输方式。作为一种面向消费者的交易机制,NFC 比红外更快、更可靠而且简单得多,不用向红外那样必须严格对齐才能传输数据。与蓝牙相比,NFC 面向近距离交易,适用于交换财务信息或敏感的个人信息等重要数据;蓝牙能够弥补 NFC 通信距离不足的缺点,适用于较长距离数据通信。因此,NFC 和蓝牙互为补充,共同存在。事实上,快捷轻型的 NFC 协议可以用于引导两台设备之间的蓝牙配对过程,促进了蓝牙的使用。

NFC 手机内置 NFC 芯片,组成 RFID 模块的一部分,可以当做 RFID 无源标签使用——用来支付费用,也可以当做 RFID 读写器——用来数据交换与采集。NFC 技术支持多种应用,包括移动支付与交易、电子票证、智能媒体、对等式通信及移动中信息访问等。通过 NFC 手机,可以将各种服务与交易联系在一起,从而完成交易或信息传输,例如,可以方便快捷地购买电影票和车票等票证。

和蓝牙、红外通信相比,近场通信(NFC)有天然的安全性以及连接建立的快速性,具体对比如表 3-3 所示。

表 3-3 NFC 与蓝牙、红外比较

	NFC	蓝牙	红外
网络类型	点对点	单点对多点	点对点
使用距离	≤0.1m	≤10m	≤1m
速度	106,212,424Kbps 规划速率可达 868Kbps 721Kbps 115Kbps	2.1Mbps	1.0 Mbps

续表

	NFC	蓝牙	红外
建立时间	< 0.1s	6s	0.5s
安全性	具备，硬件实现	具备，软件实现	不具备，使用 IRFM 时除外
通信模式	主动 – 主动/被动	主动 – 主动	主动 – 主动
成本	低	中	低

NFC 具有成本低廉、方便易用和更富直观性等特点，这让它在某些领域显得更具潜力。NFC 通过一个芯片、一根天线和一些软件的组合，能够实现各种设备在几厘米范围内的通信，如诺基亚、LG 等公司都在不断推出具有 NFC 功能的手机。如果 NFC 技术能得到普及，它将在很大程度上改变人们使用许多电子设备的方式，甚至改变使用信用卡、钥匙和现金的方式。NFC 作为一种新兴的技术，克服了蓝牙技术协同工作能力差的弊病，它和蓝牙、Wi – Fi 等其他无线技术在不同的场合、不同的领域起到相互补充的作用。当然，由于 NFC 的数据传输速率较低，仅为 212Kbps，不适合诸如音视频流等需要较高带宽的应用。

3.6 蓝牙

3.6.1 蓝牙技术概述

蓝牙名称来自于 10 世纪的一位丹麦国王 Harald Blatand，当时北欧正值战乱动荡的年代，他到处疾呼和平，凭借口齿伶俐和善于交际，经过不懈努力，使各方停战谈判，将现在的挪威、瑞典和丹麦统一起来。Blatand 在英文里的意思可以被解释为 Bluetooth（蓝牙），还人说该国王喜欢吃蓝梅，牙齿每天都是蓝色的。在行业协会筹备阶段，行业组织人员认为这项即将面世的技术，允许不同工业领域之间的协调工作，保持各系统领域之间的良好交流，例如，计算机、手机和汽车之间的工作，正像 Blatand 国王合纵连横换来和平一样，蓝牙名字于是就这么定下来了。

蓝牙最初由瑞典爱立信公司创立，1998 年 2 月，爱立信、诺基亚、IBM、东芝及 Intel 组成了 Bluetooth SIG（蓝牙技术联盟 Bluetooth Special Interest Group，蓝牙特别兴趣组），他们共同的目标是建立一个全球性的小范围无线通信技术。1998 年 5 月，联合提出了蓝牙技术，其宗旨是提供一种短距离、低成本的无线传输应用技术。

芯片霸主 Intel 公司负责半导体芯片和传输软件的开发,爱立信负责无线射频和移动电话软件的开发,IBM 和东芝负责笔记本电脑接口规格的开发。1999 年下半年,微软、摩托罗拉、3COM、朗讯加入小组,从而在全球范围内加速"蓝牙"的普及和发展。

蓝牙,是一种支持设备短距离通信(一般 10m 内)的无线电技术。能在包括移动电话、PDA、无线耳机、笔记本电脑、相关外设等众多设备之间进行无线信息交换。利用"蓝牙"技术,能够有效地简化移动通信终端设备之间的通信,也能够成功地简化设备与因特网之间的通信,从而使数据传输变得更加迅速高效,为无线通信拓宽道路。

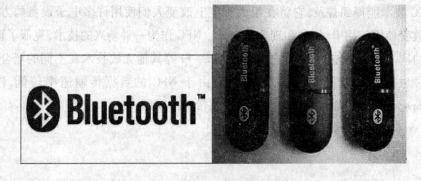

图 3-4　蓝牙标识和蓝牙适配器

蓝牙是一种低功耗的无线技术。主要优点有:

(1)可以随时随地用无线接口代替有线电缆连接。

(2)具有很强的移植性,可应用于多种通信场合,如 WAP,GSM(全球移动通信系统)等,引入身份识别后可以灵活地实现漫游。

(3)低功耗,对人体伤害小。

(4)蓝牙集成电路简单,成本低廉,实现容易,易于推广。

由于蓝牙技术的种种优点,使其成为无线个域网络 WPAN(Wireless Personal Area Network)的主要技术之一。WPAN 的目标是用无线电或红外线代替传统的有线电缆,以低价格和低功耗在 10 米范围内实现个人信息终端的智能化互联,组建个人化信息网络。其最普遍的应用是连接电脑、打印机、无绳电话、PDA 以及信息家电等设备。目前实现 WPAN 的主要技术有:ZigBee,Home RF,IrDA 以及超宽带等。

3.6.2　蓝牙的关键技术

3.6.2.1　射频技术

Bluetooth 技术在 2.4 GHz 波段运行,该波段是一种无需申请许可证的工业、科技、医学(ISM)无线电波段。低功耗、小体积以及低成本使得 Bluetooth 技术可以应用于极微小的设备中。使用射频技术可以去掉各种设备间令人讨厌的连接电缆,通过无线建立通信,打印机、PDA、桌上型电脑、传真机、键盘、游戏操纵杆以及其他的数字设备都可以成为蓝牙系统的一部分。

3.6.2.2　跳频技术

ISM 频带是对所有无线电系统都开放的频带,因此使用其中的某个频段都会遇到不可预测的干扰源。例如,某些家电、无绳电话、车库开门器、微波炉等,都可能是干扰。为此,蓝牙特别设计了快速确认和跳频方案以确保链路稳定。跳频技术是把频带分成若干个跳频信道(Hop Channel),在一次连接中,无线电收发器按一定的码序列(即一定的规律,技术上叫做"伪随机码",就是"假"的随机码)不断地从一个信道"跳"到另一个信道,只有收发双方是按这个规律进行通信的,而其他的干扰不可能按同样的规律进行干扰;跳频的瞬时带宽是很窄的,但通过扩展频谱技术使带宽成百倍地扩展成宽频带,使可能的干扰影响变得很小。

3.6.2.3　基带协议

蓝牙基带协议是电路交换与分组交换的结合。在被保留的时隙中可以传输同步数据包,每个数据包以不同的频率发送。一个数据包名义上占用一个时隙,但实际上可以被扩展到占用 5 个时隙。蓝牙可以支持异步数据信道、多达 3 个的同时进行的同步语音信道,还可以用一个信道同时传送异步数据和同步语音。每个语音信道支持 64kb/s 同步语音链路。异步信道可以支持一端最大速率为 721kb/s 而另一端速率为 57.6kb/s 的不对称连接,也可以支持 43.2kb/s 的对称连接。

3.6.2.4　全球通用地址

Bluetooth 技术是当今市场上支持范围最广泛、功能最丰富且安全的无线标准,任何蓝牙设备,都根据 IEEE802 协议得到唯一的 48bit 的 BD – ADDR 地址(Bluetooth Device Address,蓝牙设备地址),并且有全球范围内的资格认证程序可以测试成员的产品是否符合标准。截至 2011 年 12 月 8 日,已经有 15 346 家公司成为 Bluetooth 特别兴趣小组(SIG)的成员,Bluetooth 产品的数量也成倍地迅速增长。

3.6.2.5 网络特性

蓝牙基于 IEEE802.15 协议,采用分散式网络结构以及快跳频和短包技术,支持点对点及点对多点通信,工作在全球通用的 2.4GHz ISM(即工业、科学、医学)频段,其数据速率为 1Mbps,采用时分双工传输方案实现全双工传输。

3.6.2.6 安全性

与其他工作在相同频段的系统相比,蓝牙跳频更快,数据包更短,这使蓝牙比其他系统都更稳定。FEC(Forward Error Correction,前向纠错)的使用抑制了长距离链路的随机噪音。应用二进制调频(FM)技术的跳频收发器被用来抑制干扰和防止衰落。

3.6.3 蓝牙技术标准

经过了十多年改进,蓝牙技术标准在不断更新,如表 3-4 所示。

表 3-4 主要的蓝牙技术标准

版本	规范发布日期	增强功能
0.7	1998 年 10 月 19 日	Baseband、LMP
0.8	1999 年 1 月 21 日	HCI、L2CAP、RFCOMM
0.9	1999 年 4 月 30 日	OBEX 与 IrDA 的互通性
1.0 Draft	1999 年 7 月 5 日	SDP,TCS
1.0 A	1999 年 7 月 26 日	/
1.0 B	2000 年 10 月 1 日	WAP 应用上更具互通性
1.1	2001 年 2 月 22 日	IEEE 802.15.1
1.2	2003 年 11 月 5 日	列入 IEEE 802.15.1a
2.0 + EDR	2004 年 11 月 9 日	EDR 传输率提升至 2~3Mbps
2.1 + EDR	2007 年 7 月 26 日	简易安全配对、暂停与继续加密、Sniff 省电
3.0	2009 年 4 月 21 日	用 AMP 动态地选择正确射频,提高速度
4.0	2010 年 7 月 7 日	省电科技

蓝牙技术主要有以下六个版本。

3.6.3.1 1.1 版本

1.1 版本为最早期版本,传输率约在 748kb/s~810kb/s,因是早期设计,容易受到同频率产品的干扰而影响通信质量。

3.6.3.2 1.2 版本

1.2 版本同样是只有 748kb/s ~ 810kb/s 的传输率,但加上了(改善 Software)抗干扰跳频功能。

3.6.3.3 Class A 版本

以通信距离来划分,可再分为 Class A 和 Class B。

Class A 用在大功率/远距离的蓝牙产品上,但因成本高和耗电量大,不适合作为个人通信产品之用,故多用在部分特殊商业用途上,通信距离大约在 80 ~ 100m 距离之间。

3.6.3.4 Class B 版本

Class B 是目前最流行的制式,通信距离大约在 8 ~ 30m 之间,视产品的设计而定,多用于手机内/蓝牙耳机/蓝牙 Dongle 的个人通信产品上,耗电量和体积较小,方便携带。

3.6.3.5 2.0 版本

2.0 版本是 1.2 的改良提升版,2004 年 11 月 9 日发布,传输率约在 1.8 ~ 2.1M/s,可以有双工的工作方式。

3.6.3.6 2.1 版本

2007 年 7 月 26 日发布了 Bluetooth 2.1 + EDR(Enhanced Data Rate),主要进行了以下两项改进:

(1)改善装置配对流程。由于有许多使用者在进行硬件之间的蓝牙配对时,会遭遇到许多问题,不管是单次配对,或者是永久配对,在配对时操作过于繁杂,以往在连接过程中,需要利用个人识别码来确保连接的安全性,而改进后的连接方式则会自动使用数字密码来进行配对与连接。举例来说,只要在手机选项中选择连接特定装置,在确定之后,手机会自动列出目前环境中可使用的设备,并且自动进行连接。

(2)更佳的省电效果:蓝牙 2.1 版加入了 Sniff Subrating 的功能,透过设定在 2 个装置之间互相确认讯号的发送间隔来达到节省功耗的目的。一般来说,当 2 个进行连接的蓝牙装置进入待机状态之后,蓝牙装置之间仍需要透过相互的呼叫来确定彼此是否仍在联机状态,当然,也因为这样,蓝牙芯片必须随时保持在工作状态,即使手机的其他组件都已经进入休眠模式。为了改善这种状况,蓝牙 2.1 将装置之间相互确认的讯号发送时间间隔从旧版的 0.1 秒延长到 0.5 秒左右,如此可以让蓝牙芯片的工作负载大幅降低,也可让蓝牙有更多的时间可以彻底休眠,蓝牙装置的待机时间可以有效延长 5 倍。

2009 年 4 月 21 日,Bluetooth SIG 正式颁布了 Bluetooth Core Specification Version 3.0 High Speed(蓝牙核心规范 3.0 版 高速),蓝牙 3.0 的核心是"Generic Alternate MAC/PHY"(AMP),这是一种全新的交替射频技术,允许蓝牙协议栈针对任一任务动态地选择正确射频。802.11 被应用于 3.0 规范。通过集成 802.11 PAL(协议适应层),蓝牙 3.0 的数据传输率提高到了大约 24Mbps(即可在需要的时候调用 802.11 Wi-Fi 用于实现高速数据传输),是蓝牙 2.0 的 8 倍,可以轻松用于录像机及高清电视等。

Bluetooth SIG 2010 年 7 月 7 日颁布 Bluetooth Core Specification Version 4.0(蓝牙核心规范 4.0)版,并启动对应的认证计划。会员厂商可以提交其产品进行测试,通过后将获得蓝牙 4.0 标准认证。

蓝牙 4.0 最重要的特性是省电科技,极低的运行和待机功耗可以使一粒纽扣电池连续工作数年之久。此外,所有数据包都使用 24 位 CRC 校验,确保最大限度抵御干扰、降低成本、实现跨厂商互操作性、实现 3 毫秒低延迟、满足 100 米以上超长距离以及 AES-128 加密等诸多特色,可以用于计步器、心律监视器、智能仪表、传感器物联网等众多领域,大大扩展了蓝牙技术的应用范围。

蓝牙 4.0 包括三个子规范,即传统蓝牙技术、高速蓝牙和蓝牙低功耗技术,三者可以组合或者单独使用。蓝牙 4.0 的改进以低耗能技术为核心,主要体现在三个方面:电池续航时间、节能和设备种类上。低耗能蓝牙技术将为以纽扣电池供电的小型无线产品和感测器进一步为开拓医疗保健、运动与健身、保安及家庭娱乐等市场提供新的机会。

3.6.4 蓝牙的应用

Bluetooth 技术应用越来越广泛,下面列举一些应用实例。

使用 Bluetooth 技术,人们可以免除生活和工作中电缆缠绕的苦恼,这不但增加了室内区域的美感,还为室内装饰提供了更多创意和自由。

蓝牙技术应用最广的就是在支持蓝牙的手机通话设备上,如手机蓝牙耳机使接打电话不仅方便且更健康,车载免提蓝牙使驾驶更安全。

保持您的计算机、电话及 PDA 上的联系人、日历和信息同步,随时随地存取最新的信息。鼠标、键盘、打印机、耳机、音箱等外围设备可无线直接与计算机通信,创建自己的即时网络,让用户能够共享文件,不受兼容性或电子邮件访问的限制。

Bluetooth 设备能方便地召开小组会议,通过无线网络与其他办公室进行对话,并将电子白板上的构思传送到计算机。

销售人员可以使用支持 Bluetooth 的移动销售设备,通过 GPRS,EDGE 或 UMTS 移动网络传输信息,使用移动打印机,现场为客户打印收据,不仅提高物流效率,而且为客户带来极大的方便,实现快速、有效且安全的销售方式。

用户可以在任何地点无线欣赏播放器里的音乐,控制存储在 PC 或播放器上的音频文件。内置了 Bluetooth 技术的游戏设备,让您能够在任何地方与朋友展开游戏竞技,进行多人游戏,扩大您的社交网络。

Bluetooth 技术还可以用在适配器中,允许人们从相机、手机、笔记本电脑向电视、打印机或朋友的手机发送照片、文件以与朋友共享。现在,很多商店提供打印站服务,让消费者能够通过 Bluetooth 连接打印手机上的照片。

3.7　ZigBee

3.7.1　ZigBee 概述

2000 年 12 月,IEEE 成立了 IEEE 802.15 工作组,该工作组制定了IEEE 802.15.4协议,该协议规定的技术是一种经济、高效、低数据速率(<250kbps)、短距离、低功耗的无线通信技术,工作在 2.4GHz 和 868/928MHz,用于个人区域网(PAN)和对等网络,适用于工业控制、环境监测、汽车控制、家庭数字控制网络等应用。ZigBee 是依据 IEEE 802.15.4 协议开发的。

2002 年,ZigBee Alliance(ZigBee 联盟)成立。主要目标是以通过加入无线网络功能,为消费者提供更富有弹性、更容易使用的电子产品。

2004 年,ZigBee V1.0 诞生。它是 ZigBee 的第一个规范,但由于推出仓促,存在一些错误。

2006 年,推出 ZigBee 2006,比较完善。

2007 年底,ZigBee PRO 推出。

ZigBee,也被译为"紫蜂",这一名称来源于蜜蜂的八字舞,由于蜜蜂(bee)是靠飞翔和"嗡嗡"(zig)地抖动翅膀的"舞蹈"来与同伴传递花粉所在方位信息,也就是说蜜蜂依靠这样的方式构成了群体中的通信网络。

ZigBee 的特点是近距离、低复杂度、自组织、低功耗、低数据速率、低成本。主要适用于传感器、自动控制和远程控制领域等近距离无线连接,可以嵌入各种设备。它依据 802.15.4 标准,在数千个微小的传感器之间相互协调实现通信。这些传感器只需要很少的能量,以接力的方式通过无线电波将数据从一个网络节点传到另一个节点,所以它们的通信效率非常高。简而言之,ZigBee 就是一种便宜的、低功耗的近距离无线组网通信技术。

3.7.2　ZigBee 自身的技术优势

3.7.2.1　低功耗

这是 ZigBee 的突出优势。ZigBee 节点在不需要通信时,可以进入休眠状态,能耗可能只有正常工作状态下的千分之一,并且休眠时间一般占总运行时间的大部分,有时正常工作的时间还不到 1%,因此,可达到很高的节能效果。在低耗电待机模式下,2 节 5 号干电池可支持 1 个节点工作 6~24 个月甚至更长。相比较,蓝牙能工作数周、Wi-Fi 可工作数小时。

3.7.2.2　低成本

蓝牙技术尽管有许多优点,但其售价一直居高不下,ZigBee 通过大幅简化协议(不到蓝牙的 1/10),降低了对通信控制器的要求,按预测分析,以 8051 的 8 位微控制器测算,全功能的主节点需要 32KB 代码,子功能节点少至 4KB 代码,而且 ZigBee 免协议专利费。每块芯片的价格大约为 2 美元。

对工业、家庭自动化控制和工业遥测遥控领域而言,蓝牙技术显得太复杂,功耗大,距离近,而工业自动化现场要求无线数据传输必须是高可靠的,并能抵抗工业现场的各种电磁干扰。因此,许多蓝牙 SIG 成员也参加了 IEEE802.15.4 小组,负责制定 ZigBee 的物理层和媒体介质访问层。

3.7.2.3　低速率

ZigBee 采用直接序列扩频(DSSS)在工业、科学、医疗(ISM)频段,2.4 GHz(全球)、915 MHz(美国)和 868 MHz(欧洲),各自信道带宽不同,分别为 5MHz,2MHz 和 0.6MHz,相应有 16 个、10 个和 1 个信道,分别提供 250 kbps、40kbps 和 20kbps 的数据吞吐率,满足低速率传输数据的应用需求。调制方式都用了调相技术,但 868MHZ 和 915MHZ 频段采用的是二进制相移键控(BPSK),而 2.4GHZ 频段采用的是偏移四相相移键控(OQPSK)。

ZigBee 除信道竞争应答和重传等消耗,能真正被利用的速率可能不足 100Kb/P,而且还可能被邻近多个节点和同一个节点的多个应用所瓜分。因此不适合做视频传输之类的事情,更适合传感和控制。

3.7.2.4　近距离

ZigBee 传输范围一般介于 10 ~ 100m 之间,在增加 RF 发射功率后,亦可增加到 1 ~ 3km,这指的是相邻节点间的距离。如果通过路由和节点间通信的接力,传输距离将更远。

3.7.2.5　短时延

ZigBee 的响应速度较快,一般从睡眠转入工作状态只需 15 毫秒,节点连接进入网络只需 30 毫秒,进一步节省了电能。相比较,蓝牙需要 3 ~ 10 秒、Wi - Fi 需要 3 秒。

3.7.2.6　高容量

ZigBee 可采用星状、片状(簇树形)和网状网络结构,由一个主节点管理若干子节点,最多一个主节点可管理 254 个子节点;同时主节点还可由上一层网络节点管理,最多可组成 65 000 个节点的大网,有效解决了蓝牙组网规模太小的问题。ZigBee 在路由方面支持可靠性很高的动态网状路由,可以布置范围很广的网络,并支持多播和广播特性,支持更丰富的应用。

3.7.2.7　高安全

ZigBee 提供了三级安全模式,包括无安全设定、使用接入控制清单(ACL)防止非法获取数据以及采用高级加密标准(AES128)的对称密码,以灵活确定其安全属性。

3.7.2.8　工作可靠

ZigBee 在物理层采用了扩频技术,能够在一定程度上抵抗干扰;MAC 应用层(APS 部分)有应答重传功能,提高了可靠性;MAC 层的载波监听多址/冲突避免(CSMA/CA)机制和完全握手协议,使节点发送前先监听信道,可以起到避开干扰的作用。当 ZigBee 网络受到外界干扰无法正常工作时,整个网络可以动态地切换到另一个工作信道上。

3.7.3　ZigBee 自组织网通信方式

网状网通信实际上就是多通道通信,在实际工业现场,由于各种原因,往往并不能保证每一个无线通道都能够始终畅通,就像城市交通因堵车等原因发生中断时,可以通过其他道路到达目的地一样。而这一点对工业现场控制而言非常重要。

ZigBee 网络模块只要彼此间在网络模块的通信范围内,通过彼此自动寻找,很快就可以形成一个互联互通的 ZigBee 网络,而且随着网络模块的移动,彼此间的联络还可以通过重新寻找通信对象,确定彼此间的联络,对原有网络进行刷新,这就是自组织网。使用动态路由结合网状拓扑结构,就可以很好解决网络刷新问题,从而保证数据的可靠传输。

所谓动态路由是指网络中数据传输的路径并不是预先设定的,而是传输数据前,通过对网络当时可利用的所有路径进行搜索,分析它们的位置关系以及远近,然后选择其中的一条路径进行数据传输。

ZigBee 模块类似于移动网络基站。通信距离从标准的 75 米到几百米甚至几公里,ZigBee 可由多到 65 000 个无线数传模块组成一个无线数传网络平台,在整个网络范围内,每一个 ZigBee 网络数传模块之间可以相互通信。每个 ZigBee 网络节点不仅本身可以作为监控对象,例如其所连接的传感器直接进行数据采集和监控,还可以自动中转别的网络节点传过来的数据资料,成为连接物联网感知层无数感知节点的最好技术之一。

3.7.4 ZigBee 的应用前景

ZigBee 并不是用来与蓝牙技术或者其他已经存在的标准竞争,它的目标定位于现存的系统还不能满足其需求的特定市场,它有着广阔的应用前景。其应用领域主要包括:

● 家庭和楼宇网络:空调系统的温度控制、照明的自动控制、窗帘的自动控制、煤气计量控制、家用电器的远程控制等,每个家庭将拥有数百个 ZigBee 器件。

● 工业控制:各种监控器、传感器的自动化控制。

● 商业:智能销售终端、智慧型标签等。

● 公共场所:烟雾探测器、温湿度传感器等。

● 农业控制:如收集各种土壤信息和气候信息。

● 医疗:老人与行动不便者的紧急呼叫器和医疗传感器等。

随着技术发展,各种新型的应用会层出不穷,这也将改变我们的生活和工作方式。

目前市场上主要有 ZigBee 芯片和 ZigBee 模块两种产品。ZigBee 芯片实际上只是一个符合物理层标准的芯片,并没有包含 ZigBee 协议,需要用户根据单片机的结构和寄存器的设置并参照物理层部分的 IEEE802.15.4 协议和网络层部分的 ZigBee 协议自己去开发所有的软件部分,开发时间周期长,需要雄厚的人力和技术储备,可应用性和可操作性较差。

ZigBee 模块是已经包含了所有外围电路和完整协议栈的,经过了厂家的优化设计和老化测试,有一定的质量保证,能够立即投入使用的产品,省去 ZigBee 开发周期,能在推广项目上抢到先机。用户只需要将自己的数据通过串口发送到模块里,然后模块就会自动按照预先配置好的网络结构和网络中的目的地址节点进行收发通信了,接收模块会进行数据校验,如数据无误即通过串口送出。优秀可靠的 ZigBee 模块在硬件上设计紧凑,体积小,通信距离从 100 米 ~ 1 200 米不等,支持标准接口和用户的产品相对接;软件上包含了完整的 ZigBee 协议栈、方便的配置管理软件,使用起来简单快捷。典型 ZigBee 模块参数见表 3 – 5 所示。

表 3 – 5　典型 ZigBee 模块

ZigBee 模块	DIGI XBee 模块	上海数传 DT8836AA
工作频率(Hz)	2.4G	2.4G
可用频段数(个)	16	16
无线速率(Kbps)	250	1000
发射功率(dBm)	0	不详
接收灵敏度(dBm)	−92	不详
发射电流(mA)	45	35
接收电流(mA)	50	不详
休眠电流(uA)	<10	5
工作电压范围(V)	2.8 ~ 3.4	1.8 ~ 3.6
工作温度范围(℃)	−40 ~ 80	−40 ~ 80
无 PA 室内通信距离(m)	30	不详
无 PA 室外通信距离(m)	100	100

将 ZigBee 进行现场应用必须有清晰的定位,根据功耗的高低、数据量的大小、距离远近选择相应模块。

ZigBee 读写器(如图 3 – 5 所示)的发展也很迅速。ZigBee 读写器是短距离、多点、多跳无线通信产品,能够简单、快速地增加无线通信的能力。一般产品具有有效识别距离远(可达 1 500 米)、可识别高速运动模块(速度可达 200 公里/小时)、同时识别多个模块、性能稳定、工作可靠、环境适应性好(如防水、防雷、防冲击等)、信号传输能力强、使用寿命长、抗干扰性强、支持多种接口、可采用全方向识别和定向识别方式等优势,已广泛应用于门禁、考勤、会议签到、高速公路、油站、停车场、公交等收费系统等各种领域,随着物联网的发展必将得到大力发展。

3.8　其他无线通信技术

3.8.1　UWB(Ultra Wideband)

UWB 是一种无载波通信技术,就是一种不用载波,而采用时间间隔极短(小于1ns)的脉冲进行通信的方式,也称做脉冲无线电(Impulse Radio)、时域(Time Domain)或无载波(Carrier Free)通信。UWB 技术最初是作为军用雷达技术开

图3-5　**ZigBee 读写器**

发的,早期主要用于雷达技术领域。2002 年 2 月,美国联邦通信委员会(FCC)批准了 UWB 技术用于民用。

UWB 技术具有以下特点:信号持续时间极短,为纳秒、亚纳秒级脉冲,信号占空比极低(1% ~0.1%),故有很好的多径免疫力;频谱相当宽,达 GHz 量级,且功率谱密度低,故 UWB 信号对其他系统干扰小、抗截获能力强。

UWB 信号为极窄脉冲的序列,故有非常强的穿透能力,可以辨别出隐藏的物体或墙体后运动着的物体,能实现雷达、定位、通信三种功能的结合,适合军用战术通信。

由于 UWB 技术的种种优点,使其成为无线个人网络 WPAN (Wireless Personal Area Network)的主要技术之一。

UWB 的主要不足是发射功率过小,限制了其传输距离,仅在 10 米以内,UWB 可以发挥出数百 Mbps 的传输性能,对于远距离应用 ZigBee、蓝牙或 Home RF 无线 PAN 的性能将强于 UWB,把 UWB 看做 IEEE802.11b、蓝牙等技术的替代者可能更为适合。

由于 IEEE802.15.3a 工作组没能形成最终的 UWB 标准,而 2002 年成立的旨在引领 UWB 商业化市场,促进世界范围内 UWB 的快速使用的 WiMEdia 联盟(WiMedia Alliance,简称 WMA)保持、加强和发展了相关技术标准。2010 年 1 月 6 日发布了 WiMedia 通用无线电平台规范 1.5 版。1.5 版的重要升级使 UWB 技术的速度从目前的 480Mbps 提高到 1024Mbps,将视频流媒体以及其他一些需要千兆位级性能的应用作为该技术的应用目标。

3.8.2　HomeRF

HomeRF 无线标准是由 HomeRF 工作组开发的开放性行业标准,目的是在家庭范围内,使计算机与其他电子设备之间实现无线通信。

HomeRF 由微软、英特尔、惠普、摩托罗拉和康柏等公司提出,是无绳电话技术(数字式增强型无绳电话, Digital Enhanced Cordless TelephONS, DECT)和无线局域网(WLAN)技术相互融合发展的产物。当进行数据通信时,采用 IEEE802.11 规范中的 TCP/IP 传输协议;当进行语音通信时,则采用数字增强型无绳通信标准。但是,该标准与 802.11b 不兼容,并占据了与 802.11b 和 Bluetooth 相同的 2.4GHz 频率段,所以在应用范围上会有很大的局限性,更多的是在家庭网络中使用。

HomeRF 使用开放的 2.4GHz 频段,数据传输速率达到 100Mbit/s 采用跳频扩频技术,跳频速率为 50 跳/秒,共有 75 个宽带为 1MHz 的跳频信道。HomeRF 基于共享无线接入协议(Shared Wireless Access Protocol, SWAP)。SWAP 使用 TDMA + CSMA/CA 方式,适合语音和数据业务。在进行语音通信时,它采用 DECT 标准,DECT 使用 TDMA 时分多址技术,适合于传送交互式语音和其他时间敏感性业务。在进行数据通信时它采用 IEEE802.11 的 CSMA/CA, CSMA/CA 适合于传送高速分组数据。HomeRF 的最大功率为 100mw,有效范围为 50 米。调制方式分为 2FSK 和 4FSK 两种,在 2FSK 方式下,最大的数据传输速率为 1Mbps;在 4FSK 方式下,速率可达 2Mbps。

HomeRF 的特点是:安全可靠、成本低廉、简单易行、不受墙壁和楼层的影响、传输交互式语音数据采用 TDMA 技术、传输高速数据分组则采用 CSMA/CA 技术、无线电干扰影响小、支持流媒体。HomeRF 与 UWB、蓝牙、Wi-Fi 技术主要参数见表 3-6 所示。

表 3-6　UWB、HomeRF、蓝牙和 Wi-Fi 的简单比较

	UWB	蓝牙	802.11a	HomeRF
速率(bps)	最高达 1G	<1M	54M	1~2M
距离(米)	<10	10	10~100	50
功率	1 毫瓦以下	1~100 毫瓦	1 瓦以上	1 瓦以下
应用范围	短距离、多媒体	家庭或办公室	电脑和 Internet 网关	电脑、电话及移动设备

3.8.3　IrDA 红外通信

IrDA 是 Infrared Data Association(红外线数据标准协会)的英文缩写,IrDA 红外接口是一种红外线无线传输协议以及基于该协议的无线传输接口。支持 IrDA 接口的数码相机,可以无线地向支持 IrDA 通信的其他设备,如笔记本电脑或打印机传输数码照片。

在红外通信技术发展早期,存在着多个红外通信标准,不同标准之间的红外设备不能进行红外通信。为了使各种红外设备能够互联互通,1993 年 6 月,由二十多个大厂商发起成立了红外数据协会(IrDA),专司制订和推进能共同使用的低成本红外数据互联标准。IrDA 统一了红外通信的标准,这就是目前仍被广泛使用的 IrDA 红外数据通信协议及规范。

由于标准的统一和应用的广泛,更多的公司开始开发和生产 IrDA 模块,技术的进步也使得 IrDA 模块的集成越来越高,体积也越来越小。IrDA1.0 可支持最高 115.2Kbps 的通信速率,而 IrDA1.1 可以支持的通信速率达到 4Mbps。

IrDA(红外数据协会)的宗旨是制订以合理的代价实现的标准和协议,以推动红外通信技术的发展。

IrDA 数据通信按发送速率分:SIR,MIR,FIR 和 VFIR。串行红外(SIR)的速率覆盖了 RS – 232 端口通常支持的速率(9600b/s ~ 115.2kb/s)。MIR 可支持 0.576Mb/s 和 1.152Mb/s 的速率;高速红外(FIR)通常用于 4Mb/s 的速率,有时也可用于高于 SIR 的所有速率。VFIR(超高速红外)16Mbps,红外通信的作用距离也将从 1 米扩展到几十米。

IrDA 提出了对工作距离、工作角度(视角)、光功率、数据速率不同品牌设备互联时抗干扰能力的建议。当前红外通信距离最长为 3 米,接收角度为 30 度 ~ 120 度。

IrDA 的局限性有两点:第一,IrDA 是一种视距传输技术,也就是说两个具有 IrDA 端口的设备之间如果传输数据,中间就不能有阻挡物,这在两个设备之间是容易实现的,但在多个电子设备间就必须彼此调整位置和角度等;第二,IrDA 设备中的核心部件——红外线 LED 不是一种十分耐用的器件。

案例 无线通信技术在图书馆中心应用

基于无线通信技术的图书馆自助服务

自 20 世纪中期数字图书馆进入人们的视野以来,图书馆的功能迅速由信息收集向信息服务转换,图书馆服务形式由原来的读者被动服务逐渐转向读者自助服务。所谓图书馆自助服务是指无需图书馆工作人员的参与,读者根据个人的特点、需求、爱好、研究重点和时间安排,灵活、能动地完成书目查询、藏书借阅、文献复印以及网络各种数据库资源的使用、下载等活动,从而实现自我服务的一种读者服务方式。20世纪末,随着无线通信技术融入数字图书馆,图书馆自助服务形式发生了实质性的变化,实现了人性化、数字化、智能化与传统图书馆的完美结合。

一、无线通信技术

无线通信是利用电磁波信号在自由空间中传播的特性进行信息交换的一种通信方式。传输的信息包括文本、语音、图像等。传输原理是:把文本、语音、图像等低频信号调制到无线电高频信号上,由天线将信号发射到空间(即无线通道),信号以电磁波的形式在空间传播。在接收端,由天线将空中的电磁波信号接收,再由接收设备将已调制的信号解调,还原成原始信息。由于无线通信的信道是空间,不像有线通信那样需要电缆、光纤等作为连接收发信号设备的信道,所以无线通信方式允许终端移动,这一特点为实现图书馆自助服务提供了有力的技术基础保障。

二、基于无线通信技术的图书馆自助服务模式

无线通信技术实现的图书馆自助服务包括馆内、馆外两种形式。无线射频识别技术即RFID技术与图书管理系统的结合,使图书管理首次步入智能化领域,由此开启了图书馆馆内自助服务的先河;利用无线接入技术实现的无线移动终端与图书管理系统的结合,使图书馆自助服务由馆内延伸到馆外,使图书馆自助服务变得更加易用和方便。

(一)馆内自助服务

RFID技术,是采用无线电波自动辨识对象的技术。其基本硬件组成包括电子标签、天线和阅读器。RFID系统的工作原理是:当电子标签进入由天线激活的RF区域时,天线的射频信号将激活标签,读写器发出一种调制信号,标签对调制信号解调,并把解调信号发回读写器,读写器再把读取的数据发送给PC机。PC机根据逻辑运算判断数据的合法性,针对不同的设定作出相应的处理和控制,发出指令信号控制执行机构动作。

RFID技术应用于图书馆管理中,可为读者阅读创建方便的自助环境。从20世纪90年代末开始,美国、澳大利亚、印度、荷兰、马来西亚、新加坡等10多个国家的多个图书馆相继采用了该项技术。在信息化高度发达的美国,已有约2%的图书馆装备了RFID系统;2006年,我国第一家RFID智能图书馆——集美大学诚毅学院图书馆建成并投入使用。这些图书馆将RFID技术运用到图书管理的全过程,使自助服务在图书馆馆内得到全面提升。

(二)馆内自助服务的内容

基于RFID技术的馆内自助服务包括:

1. 智能查找。因为读写器可以在一定范围内读取书中的标签信息,所以用户利用 RFID 手持读写器,对书架上的书进行扫描搜索,就能很快从浩如烟海的图书中准确地锁定方位。

2. 客户自检。客户不需要管理人员的帮助就能自行检测图书中的条目。自检过程通过一台触摸屏和一台收据打印机就可以完成,自检的同时,读者的基本信息和借阅的图书信息也被记录下来。

3. 安全检测。安装于图书借阅出口处的安检装置,能自动读取存储在标签中的相关信息,以确定图书是否被允许带出。当未办理完借出手续或禁止借出的图书在出门时,安检装置会报警,提醒管理人员及时阻止。

4. 自动还书。还书时,使用装有 RFID 读写器的还书箱,图书在此被归还的同时,其借出身份又被重新设置,以供其他用户借出。

基于 RFID 技术的图书馆自助服务还有很大的发展空间。目前,不少大型公司,如国外的 VTLS,IBM 等,国内的清华同方、深圳峰华科技等都已推出自己的高性能 RFID 图书管理系统。深圳图书馆开发研制的"城市街区 24 小时自助图书馆"就是充分利用 RFID 技术、互联网技术,实现图书馆遍布全城街区、24 小时全天候开放的完全自助服务系统。它走出了 RFID 技术实现的馆内自助服务模式,为我们创立了一种全新的图书馆服务模式。

三、馆外自助服务

(一)手机图书馆及其应用

手机图书馆的原意是朱海峰提出的无线图书馆,就是将无线通信网络和数字图书馆系统结合起来,利用高普及率的手机媒体平台延伸、拓展传统的图书馆服务,进行随时随地的信息服务,使图书馆自助服务真正由馆内延伸到馆外。迄今为止,日本、芬兰、英国、美国、韩国、新加坡等国都有一些图书馆在试验提供手机信息服务,其实现方式主要有短信息服务和无线上网服务两种。

(二)馆外自助服务的内容

短信息服务主要通过手机短信息发送指令的方式进行服务,信息内容以短小精练的文本为主,服务特色主要体现在信息的及时性和互动性,提供的自助服务主要有以下一些:

1. 图书查询——方便读者查询图书馆所藏图书的信息,为读者提供完善、方便的借阅服务。

2. 图书预约——为读者提供了能在第一时间借阅到图书的机会,做到不与图书擦肩而过。

3.新书定制——通过手机定制自己感兴趣的图书,充分利用图书馆资源为读者服务。

4.图书续借——及时续借到期图书,方便读者借阅。

5.参考咨询——方便读者和图书馆馆员或聘请的学科专家相互交流。

6.读者留言——方便读者对图书资源、馆员素质、图书馆管理系统等提出建设性意见等。

此外,手机短信息服务还包括图书借期到期提醒、办理读者证事务、新书信息公告、公共信息发布与搜集、邮件、论坛和博客等多种服务内容。

无线上网服务是手机、PDA(Ptxsonal Digital Assistant)等无线移动终端利用无线接入技术,实现移动终端与 Internet 的链接,为用户提供图形化的访问界面,用户可以更方便自由地进行大容量图书的查询和阅读。无线上网服务除了实现短信息的所有自助服务内容外,还能实现与图书馆相关期刊数据库的链接、图书的移动阅读等功能。

随着手机域名(.mobi)的开放和3G 移动通信技术的推出,一方面,无线通信速度越来越快,带宽不断增大;另一方面,手机、PDA 等终端设备的处理能力越来越强,存储容量越来越大,操作越来越方便,手机图书馆系统也必将随着无线通信技术的进步,由简单的文字短信服务,到图文并茂的信息服务,再到图像声音俱全的多媒体信息服务不断向前发展。

四、无线通信终端与数字图书馆的链接

数字图书馆是一套面向网络信息中心或图书馆的书籍管理、浏览和发布信息的系统,是一种位于网络的、虚拟的、比特架构的图书馆。它通过将海量资源、信息管理和网络发布系统的有机结合,不仅为馆内自助服务的实现提供便利条件,实现对馆内自助服务的有效管理,而且通过移动互联网可以使用户能超越时空的限制,随时随地地获取图书馆的资源信息。所以只有把馆内、馆外的无线通信终端与数字图书馆系统链接起来,才能实现真正意义上的图书馆馆内、馆外自助服务。

(一)馆内无线通信终端与数字图书馆的链接

简单地说,馆内无线通信终端就是 RFID 硬件设备。RFID 硬件设备与数字图书馆之间的链接耗费大且技术复杂。人们利用 RFID 中间件,解决了技术和成本两方面的问题。RFID 中间件具有对下屏蔽 RFID 硬件设备差异,对上屏蔽操作系统和数据库差异的特性;可提供安全性、高性能、高扩展性、可管理性等方面的可靠保障;可有效地驱动后端图书管理应用系统,形成统一、协调的运作过程;并且在 RFID 硬件设备与数字图书馆得以完好融合的同时,还能够保证两者的独立性和健全性。

（二）馆外无线通信终端与数字图书馆的链接

由于手机图书馆自助服务的实现方式有短信息服务和无线上网服务两种，所以，手机、PDA 等无线终端与数字图书馆的链接也有两种方式：一是通过中国移动、中国联通等电信部门实现的链接，通过专门的软件使数字图书馆与移动终端之间进行信息传送；另一种是通过无线互联网实现的链接，目前世界上大多数国家应用无线应用协议 WAP（Wireless Application Protocol）接入。

WAP 是一种向移动终端提供互联网内容和先进增值服务的全球统一的开放式协议标准，WAP 将无线移动终端设备与 Internet 紧密联系起来，提供了通过手机、PDA 等访问互联网的途径，使用户超越时空限制享受图书馆的馆外自助服务。

五、结语

基于无线通信技术的图书馆自助服务是一种集多种高新科技于一身的时代产物，它使读者在一个开放的环境下，直接面对信息资源，主观、能动地处理信息。既提高了文献信息资源的利用率，又满足了读者多样性、个性化的需求，体现了"读者第一，服务至上"的服务宗旨，是图书馆向人性化、数字化、智能化目标迈出的实质性的一大步。相信随着无线通信技术、计算机技术和互联网技术的不断发展，图书馆自助服务项目将不断扩大并逐步升级为更加高效、快捷的服务。

复习思考题

1.3G 通信技术标准有哪几个？4G 在 3G 基础上有哪些改进？

2.Wi－Fi 无线传输技术适用于哪些通信场合？

3.蓝牙的关键技术主要有哪些？

4.简述 ZigBee 通信技术的特点。

条形码与 RFID 自动识别技术

学习目标

- 了解条形码的发展历史及其优点
- 理解一维、二维条形码的基本概念、应用及二者的区别
- 了解常见一维、二维条形码码制
- 了解条形码的识别原理及其识读设备
- 掌握 RFID 技术的特点及其应用
- 理解 RFID 的基本分类
- 了解目前常见的智能卡应用系统

4.1　条形码技术

4.1.1　条形码的发展历史

条形码最早出现在 20 世纪 40 年代的美国,七八十年代后,尤其是相应的计算机技术、自动识别设备、印刷技术、电子商务和现代物流技术的发展,使条形码技术在国际上得到了广泛的应用。我国于 20 世纪 70 年代末到 80 年代初开始研究,并在部分行业完善了条形码管理系统,如邮电、银行、连锁店、图书馆、交通运输及各大企事业单位等。

一维条形码自出现以来,得到了人们的普遍关注,发展十分迅速。条形码的使

用极大地提高了数据采集和信息处理的速度,提高了工作效率,并为管理的科学化和现代化作出了很大贡献。由于一维条形码信息容量有限,一维条形码仅仅是对"物品"的标识,而不是对"物品"的描述,故一维条形码的使用不得不依赖数据库的存在。在没有数据库和不便联网的地方,一维条形码的使用受到了较大的限制,有时甚至变得毫无意义。另外,用一维条形码来表示汉字,显得十分不方便,且效率很低。但因为一维条形码本身的特点——信息含量低,所以人们又不得不为一维条形码建立相应的数据库去描述它所对应的对象的信息特征,但这必须要有后台的计算机网络和相应的软件才可以实现。

现代高新技术的发展,迫切要求用条形码在有限的几何空间内表示更多的信息,从而满足千变万化的信息表示的需要。这种需求主要表现在:①希望收纳更多的信息;②希望印刷在更小的空间里。第一种需求是针对以往一维条形码只表示物品 ID 代码(识别商品号码、部品号码等)的特性,希望条形码表示物品的属性信息,即商品号码、特性、履历、单据内容等信息,实现信息传递。第二种需求是希望缩小条形码的大小,满足在小型物品上的应用。

二维条形码正是为了解决一维条形码无法解决的问题而诞生的。二维条形码是由一维条形码发展而来的信息录入工具。一维条形码只在一个方向存有信息,而二维条形码在横竖两个方向(二维)都拥有信息。与一维条形码相比,二维条形码在数据容量、数据种类、数据密度、数据修复能力这些方面具有显著突出的优点,所以可以用它表示数据文件(包括汉字文件)、图像等。

目前,根据二维条形码实现原理、结构形状的差异,可分为堆积式或层排式二维条形码(Stacked Bar Code)和棋盘式或矩阵式二维条形码(Dot Matrix Bar Code)两大类型。

4.1.1.1 堆积式或层排式二维条形码

堆积式二维条形码的编码原理建立在一维条形码基础之上,将多个一维条形码在纵向堆叠而产生。它在编码设计、校验原理、识读方式等方面继承了一维条形码的特点,识读设备、条形码印刷与一维条形码技术兼容。但由于行数的增加,行的鉴定、译码算法和软件与一维条形码不完全相同。有代表性的堆积式二维条形码有 49 码、PDF417 码、16K 码等。

4.1.1.2 棋盘式或矩阵式二维条形码

矩阵式二维条形码的组成形式是:矩阵式二维条形码是在一个矩形空间通过黑、白像素在矩阵中的不同分布进行编码。在矩阵相应元素位置上,用点(方点、圆点或其他形状)的出现表示二进制"1",点的不出现表示二进制的"0",点的排列组合确定了矩阵码所代表的意义。矩阵式二维条形码是建立在计算机图像处理技术、组合编码原理等基础上的一种新型图形符号自动识读处理码制。有代表性的是 Maxi Code,QR Code,Data Matrix 等。

常见的条形码码样如图 4 – 1 所示。

图 4 –1　几种条形码的码样

4.1.2　条形码技术的优点

条形码是迄今为止最经济、实用的一种自动识别技术。条形码技术具有以下几个方面的优点。

4.1.2.1　输入速度快

与键盘输入相比,条形码输入的速度是键盘输入的 5 倍,并且能实现"即时数据输入"。

4.1.2.2　可靠性高

键盘输入数据的出错率为 1%,光学字符识别技术的出错率为万分之一,而条形码技术的误码率低于百万分之一。

4.1.2.3　采集信息量大

利用传统的一维条形码一次可采集几十位字符的信息,二维条形码更可以携带数千个字符的信息,并有一定的自动纠错能力。

4.1.2.4 灵活实用

条形码标识既可以作为一种识别手段单独使用,也可以和有关识别设备组成一个系统实现自动化识别,还可以和其他控制设备连接起来实现自动化管理。

由于条形码标签易于制作,对设备和材料没有特殊要求,当然材料可以按条形码不同应用场合使用不同的材质,识别条形码设备操作容易,不需要特殊培训,且设备也相对便宜。条形码技术在许多行业和领域中得到了大规模的应用。

4.2 一维条形码

4.2.1 一维条形码简介

条形码种类很多,其中一维条形码包括 39 码(标准 39 码)、Code bar 码(库德巴码)、25 码(标准 25 码)、ITF25 码(交叉 25 码)、UPC - A 码、UPC - E 码、EAN - 13 码(EAN - 13 国际商品条形码)、EAN - 8 码(EAN - 8 国际商品条形码)、11 码、93 码、ISBN 码、ISSN 码、128 码(包括 EAN128 码)、EMS 39 码(EMS 专用的 39 码)等。

通常一个完整的条形码是由两侧静空区、起始码、资料码、检查码、终止码组成。以一维条形码而言,其排列方式如下。

4.2.1.1 静空区

位于条形码两侧无任何符号及资讯的白色区域,主要用来提示扫描器准备扫描。

4.2.1.2 起始码

条形码符号的第一位字码,用来标识一个条形码符号的开始,扫描器确认此字码存在后开始处理扫描脉冲。

4.2.1.3 资料码

位于起始码后面的字码,用来标识一个条形码符号的具体数值,允许双向扫描。

4.2.1.4 检查码

用来判定此次阅读是否有效的字码,通常是一种算术运算的结果,扫描器读入条形码进行解码时,先对读入的各字码进行运算,如运算结果与检查码相同,则判定此次阅读有效。目前,国际广泛使用的条形码种类有 EAN 码、UPC 码(商品条形码,用于在世界范围内唯一标识一种商品。在超市中最常见的就是 EAN 码和 UPC 码)、39码(可表示数字和字母,在管理领域应用最广)、ITF25 码(在物流管理中应用较多)、库德巴码(多用于医疗、图书领域)、93 码、128 码等。其中,EAN 码是当今世界上广为使用的商品条形码,已成为电子数据交换(EDI)的基础;UPC 码主要为美国和加拿大使用;在各类条形码应用系统中,39 码因其可采用数字与字母共同组成的方式而在各行业内部管理上被广泛使用;在血库、图书馆的业务中,库德巴码被广泛使用。

一维条形码只是在一个方向(一般是水平方向)表达信息,而在垂直方向则不表达任何信息,其一定的高度通常是为了便于阅读器的对准阅读。

一维条形码的应用可以提高信息录入的速度,减少差错率,但是一维条形码也存在一些不足之处:数据容量较小;30 个字符左右;只能包含字母和数字;条形码尺寸相对较大(空间利用率较低);条形码遭到损坏后便不能被阅读。

4.2.2 条形码的码制

条形码码制是指条形码中条和空的排列规则,规则不同,相应的条形码就不同。

4.2.2.1 EAN 码

EAN 码的全名为欧洲商品条形码(European Article Number),目前 EAN 码是国际物品编码协会(International Article Numbering Association)制定的一种商品用条形码,通用于全世界。EAN 码符号有标准版(EAN - 13)和缩短版(EAN - 8)两种,我国的通用商品条形码与其等效。日常购买的商品包装上所印的条形码一般就是 EAN 码(见商品条形码)。

此外,目前国际认可的书籍代号与期刊号的条形码,也都是由 EAN 变身而来的。书籍的国际认可代号称为国际标准书号(International Standard Book Number,ISBN),期刊的国际认可代号则称为国际标准期刊号(International Standard Serial Number,ISSN),原本 ISBN 与 ISSN 的条形码编号申请是独立于国家 EAN 编号系统的,不过 1991 年国际标准书号总部为提倡图书与期刊条形码化,函告各出版社,其出版品的 ISBN 与 ISSN 可并入 EAN 系统,不必再向该国 EAN 负责机构申请条形码编号,也不需要再付任何费用。

ISBN 由一组冠有"ISBN"代号(978)的 10 位数码所组成,用以识别出版品所属国别地区或语言、出版机构、书名、版本及装订方式。制作条形码时,EAN 码中图书类的代码是 978,亦即只要将 EAN 的国家代码部分改为 978,再重新计算检查码,即为 ISBN 码,其余处理均相同。简单来说,ISBN 与 EAN 的对应关系为:978 + ISBN 前 9 码 + EAN 检查码。

每组 ISSN 系由 8 位数字构成,分前后两段,每段 4 位数,段与段间以一短横(hyphen)相连接,其中后段的最末一数字为检查号,如 ISSN 0211 - 9153。制作条形码时,将 ISBN 码中的"978"部分更改为"977"即为 ISSN 码。ISSN 与 EAN 的对应关系为:977 + ISSN 前 7 码 + 00 + EAN 检查码。

4.2.2.2 UPC 码

UPC 码是美国统一代码委员会制定的一种商品用条形码,UPC 码(Universal Product Code)是最早大规模应用的条形码,其特性是一种长度固定、连续性的条形码。目前主要在美国和加拿大使用,在美国进口的商品上可以看到。由于其应用范围广泛,故又被称为万用条形码。UPC 码仅可用来表示数字,故其字码集为数字 0~9。UPC 码共有 A,B,C,D,E 等 5 种版本,各版本的 UPC 码格式与应用对象不同,如表 4 - 1 所示。

表 4 - 1　UPC 码的各种版本

版本	应用对象	格式
UPC - A	通用商品	SXXXXX XXXXXC
UPC - B	医药卫生	SXXXXX XXXXXC
UPC - C	产业部门	XSXXXXX XXXXXCX
UPC - D	仓库批发	SXXXXX XXXXXCXX
UPC - E	商品缩短码	XXXXXX

注:S 为系统码;X 为资料码;C 为检查码。

4.2.2.3　39 码

39 码是一种可表示数字、字母等信息的条形码,主要用于工业、图书及票证的自动化管理,目前使用极为广泛。39 码是 1974 年发展出来的条形码系统,是一种可供使用者双向扫描的分散式条形码,也就是说相邻两资料码之间,必须包含一个不具有任何意义的空白(或细白,其逻辑值为 0),且其具有支援字母数字的能力,故应用较一般一维条形码广泛。目前主要用于工业产品、商业资料及医院用的保健资料,它的最大优点是码数没有强制的限定,可用大写英文字母码,且检查码可忽略不计。

39 码由起始安全空间、起始码、资料码、可忽略不计的检查码、终止安全空间及终止码所构成,综合来说,39 码具有以下特性:

(1)条形码的长度没有限制,可随着需求作弹性调整。但在规划长度的大小时,应考虑条形码阅读机所能允许的范围,避免扫描时无法读取完整的资料。

(2)起始码和终止码必须固定为“ * ”字元。

(3)允许条形码扫描器进行双向的扫描处理。

(4)由于 39 码具有自我检查能力,故检查码可有可无,不一定要设定。

(5)条形码占用的空间较大。

(6)可表示的资料包含有:0 ~ 9 的数字,A ~ Z 的英文字母,以及“ + ”、“ – ”、“ * ”、“/”、“%”、“ $ ”、“.”等特殊符号,再加上空白元“”,共计 44 组编码,并可组合出 128 个 ASCII 码的字元符号。

4.2.2.4 128 码

128 码可表示 ASCII 0 到 ASCII 127 共计 128 个 ASCII 字符。为目前国内企业内部自定义码制,可以根据需要确定条形码的长度和信息。128 码具有下列特性:

(1)具有 A、B、C 三种不同的编码类型,可提供标准 ASCII 中 128 个字元的编码使用。

(2)允许双向扫描处理。

(3)可自行决定是否要加上检查码。

(4)条形码长度可自由调整,但包括起始码和终止码在内,不可超过 232 个字元。

128 码有三种不同类型的编码方式,而选择何种编码方式,则决定于起始码的内容。起始码如表 4 – 2 所示。

表 4 – 2

编码类别	逻辑形态	相对值
A	11010000100	103
B	11010010000	104
C	11010011100	105

无论采用 A,B,C 何种编码方式,128 码的终止码均为固定的一种形态,其逻辑形态皆为 1100011101011。

目前我国所推行的 128 码是 EAN – 128 码,EAN – 128 码是根据 EAN/UCC –

128 码定义标准将资料转变成条形码符号,并采用 128 码逻辑,具有完整性、紧密性、连接性及高可靠度的特性。辨识范围涵盖生产过程中一些补充性质且易变动的资讯,如生产日期、批号、计量等。可应用于货运栈版标签、携带式资料库、连续性资料段、流通配送标签等。其效益有:

(1)变动性产品资讯的条形码化。

(2)国际流通的共通协议标准。

(3)产品运送较佳的品质管理。

(4)更有效的控制生产及配销。

(5)提供更安全可靠的供给线。

4.2.2.5　库德巴码

库德巴码可表示数字和字母信息,主要用于医疗卫生、图书情报、物资等领域的自动识别。

4.2.2.6　93 码

93 码是一种类似于 39 码的条形码,它的密度较高,能够替代 39 码。

4.2.2.7　25 码

25 码只应用于包装、运输以及国际航空系统的机票顺序编号等。

4.2.3　条形码符号结构及构成

4.2.3.1　条形码符号结构

条形码符号结构次序依次为:静区(前空白区)、起始符、数据符、中间分隔符(如 EAN/UPC 码中)、校验符(如 EAN/UPC 码中)、终止符、静区(后空白区)。图 4－2 代表了以 39 条形码符号表示的"1A"示例,而"1"、"A"和起始符/终止符(以字符"＊"表示)的条与空图形表示均可从 39 条形码字符集中查出。

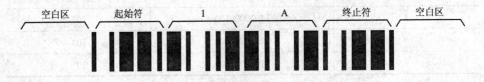

图 4－2　表示"1A"的 39 条形码符号示例

(1)静区。静区即空白区,指条形码符号左右两端外侧与空的反射率相同的限定区域,它能使阅读器进入准备阅读的状态,当两个条形码符号相距距离较近或条形码符号与包装上其他字符或图形符号相距较近时,静区则有助于对它们加以区分,静区的宽度通常应不小于6mm(或10倍模块宽度)。

(2)起始/终止符。起始/终止符指位于条形码符号开始和结束的若干条与空,标志条形码的开始和结束,同时提供了码制识别信息和阅读方向的信息。

(3)数据符。数据符是位于条形码符号中间的条、空结构,它包含条形码所表达的特定信息。

4.2.3.2 条形码符号构成与相关参数

(1)模块。构成条形码的基本单位是模块,模块是指条形码中最窄的条或空,模块的宽度通常以毫米或密耳(mil,千分之一英寸)为单位。构成条形码的一个条或空称为一个单元,一个单元包含的模块数由编码方式决定。有些码制中,如EAN/UPC码,所有单元由一个或多个模块组成;而另一些码制,如39码中,所有单元只有两种宽度,即宽单元和窄单元,其中的窄单元即为一个模块。

(2)密度(Density)。条形码的密度指单位长度中的条形码所表示的字符个数。对于一种码制而言,密度主要由模块的尺寸决定,模块尺寸越小,密度越大,所以密度值通常以模块尺寸的值来表示(如5mil)。通常7.5mil以下的条形码称为高密度条形码,15mil以上的条形码称为低密度条形码,条形码密度越高,要求条形码识读设备的性能(如分辨率)也越高。高密度的条形码通常用于标识小的物体,如精密电子元件;低密度条形码一般应用于远距离阅读的场合,如仓库管理。

(3)宽窄比。对于只有两种宽度单元的码制,宽单元与窄单元的比值称为宽窄比,一般为2∶1~3∶1(常用的有2∶1和3∶1)。宽窄比较大时,阅读设备更容易分辨宽单元和窄单元,因此比较容易阅读。

(4)对比度(PCS)。对比度是条形码符号的光学指标,PCS值越大则条形码的光学特性越好。

$$PCS = (RL - RD)/RL \times 100\% (RL:条的反射率, RD:空的反射率)。$$

4.2.4 条形码识别系统

4.2.4.1 条形码识别系统组成

为了阅读出条形码所代表的信息,需要一套条形码识别系统,它由条形码扫描器(阅读器)、放大整形电路、译码接口电路和计算机系统等部分组成。

4.2.4.2 条形码的识读原理

条形码识读原理如图4-3所示。由于不同颜色的物体反射的可见光的波长不同,所以当条形码扫描器光源发出的光经光阑(图中未标示)及透镜 1 照射到黑白相间的条形码符号上时,反射光经透镜 2 聚焦后,照射到光电转换器上,光电转换器将接收到与白条和黑条相对应的强弱不同的反射光信号,并转换成相应的电信号输出到放大整形电路。条形码符号中条和空的宽度不同,相应的电信号持续时间长短也不同。由光电转换器输出的与条形码的条和空相应的电信号一般仅 10mV 左右,不能直接使用,因而先要将光电转换器输出的电信号送放大器放大。放大后的电信号仍然是一个模拟电信号,为了避免由条形码中的疵点和污点导致错误信号,在放大电路后需加一整形电路,把模拟信号转换成数字信号,如图 4-4 所示,再经过译码接口电路进行码制的鉴别与处理,最后进入计算机系统中进行准确的判读。

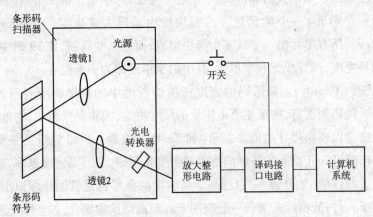

图 4-3　条形码识读原理

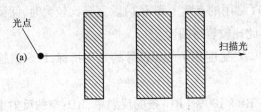

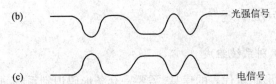

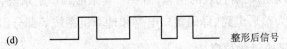

图 4-4　条形码识读信号的转换与整形

整形电路的脉冲数字信号经译码器译成数字、字符信息。它通过识别起始、终止字符来判别出条形码符号的码制及扫描方向;通过测量脉冲数字电信号 0,1 的数目来判别出条和空的数目。通过测量 0,1 信号持续的时间来判别条和空的宽度,从而得到被辨读的条形码符号的条和空的数目及相应的宽度和所用码制,根据码制所对应的编码规则,便可将条形符号换成相应的数字、字符信息,通过译码接口电路送到计算机系统进行数据处理,从而完成条形码辨读的全过程。

4.2.5　条形码识读设备

4.2.5.1　条形码扫描器

为了阅读出条形码所代表的信息,需要一套条形码识别系统,它由条形码扫描器、放大整形电路、译码接口电路和计算机系统等部分组成。

条形码扫描设备从原理上可分为光笔、CCD（Charge Coupled Device,电荷耦合器件）和激光扫描器三类,从形式上有手持式和固定式扫描器两种。

(1)按扫描原理分类有以下几种。

• 光笔扫描器:采用光笔手动扫描,光笔必须与被扫描阅读的条形码接触,用手动形成扫描才能达到读取数据的目的。光笔扫描器的优点是成本低、耗电低、耐用,适合数据采集,可读较长的条形码符号;其缺点是光笔对条形码有一定的破坏性,随着条形码应用的推广,目前已逐渐被 CCD 取代。

• CCD 扫描器:CCD 扫描器是采用发光二极管光源的识读设备。它将发光二极管发出的光照射到被阅读的条形码上,将反射回的光聚焦到 CCD 上,达到读取数据的目的。CCD 扫描器操作方便,易于使用,只要在有效景深范围内,光源照射到条形码符号即可自动完成扫描,对于表面不平的物品、软质的物品均能方便地进行识读,因此性能可靠,使用寿命长。与其他条形码扫描设备相比,具有耗电少、体积小、价格便宜等优点,但其阅读条形码符号的长度受扫描器器件尺寸的限制,扫描景深长度不如激光扫描器。目前,已有厂家针对 CCD 扫描器的不足,开发出长距离 CCD 扫描器,扫描距离可达 40cm。

• 激光扫描器(Laser Scanner):激光扫描器是一种远距离条形码阅读设备。激光扫描器的扫描方式有单线扫描、光栅式扫描和全角度扫描三种方式。手持式激光扫描器属单线扫描,其景深较大,扫描首读率和精度较高,扫描宽度不受设备开口宽度的限制;卧式激光扫描器为全角扫描器,其操作方便,操作者可双手对物品进行操作,只要条形码符号面向扫描器,不管其方向如何,均能实现自动扫描,超级市场大多采用这种设备。

(2)按使用方式分类有以下几种。

- 手持式:包括CCD,激光枪、光笔、数据采集终端。
- 台式:包括CCD,激光平台。
- 卡槽式:包括考勤卡钟、卡片阅读器。
- 其他。

4.2.5.2 便携式数据采集器

根据数据采集器的使用用途的不同,大体上可分为两类:在线式数据采集器和便携式数据采集器。在线式数据采集器又可分为台式和连线式,它们大部分直接由交流电源供电,一般是非独立使用的,在采集器与计算机之间由电缆连接传输数据,不能脱机使用。这种扫描器向计算机传输数据的方式一般有两种:一种是键盘仿真;另一种是通过通信口向计算机传输数据。对于前者无需单独供电,其动力由计算机内部引出;后者则需要单独供电。由于在线式数据采集器在使用范围和用途上造成了一些限制,使其不能应用在需要脱机使用的场合,如库存盘点、大件物品的扫描等。为了弥补在线式数据采集器的不足,便携式数据采集器应运而生。

便携式数据采集器是为适应一些现场数据采集设计的,适合于脱机使用的场合。几乎所有的便携式数据采集器都有一定的编程能力,再配上应用程序便可成为功能很强的专用设备,从而可以满足不同场合的应用需要。越来越多的物流企业将目光投向便携式数据采集器,国内已经有一些物流企业将便携式数据采集器用于仓库管理、运输管理以及物品的跟踪实施。便携式数据采集器受益于电子技术的发展而不断向小型化、微型化、智能化方向发展。

便携式数据采集器的应用不仅可节省时间、减少工作量、降低管理费用、有效改善库存结构,而且在物流企业建立数据采集系统,使用便携式数据采集器也是十分可行的。便携式数据采集器的优点如下:

(1)实行难度小。物流企业只需在原有的 MIS(管理信息系统)基础上购买便携式数据采集器即可。随着科学技术的发展,便携式数据采集器的功能日益完善,一般系统均附带应用软件,以便于使用者与原系统连接,不会使企业的作业和原系统的运行产生漏洞。可以说,便携式数据采集器的使用是对原系统在库存(盘点)方面的有益补充。

(2)设备安装方便,操作简单,适用性强。既不需增加场地,又不受时间、空间的限制,灵巧实用,便于实现库存(盘点)和物品跟踪管理的实时化。

（3）设备投资不高，但取得效果显著。可提高工作效率，节省工作时间，减少人工工作量，降低各种管理费用，及时改善库存结构等。最重要的是使用便携式数据采集器可以缩短盘点周期和每次盘点所用时间，真正实现不停业盘点，将现场管理的失误减少至最低水平。

（4）目前，国内、外有不少可以借鉴的成功实例，便携式数据采集器管理、技术的发展比较成熟。市面上的各类便携式数据采集器的应用软件实用性强，易操作，稳定性好，有效地提高了盘点数据的准确性、数据通信的可靠性，解决了人工盘点速度慢、易出错的弊端。

（5）购买、维护方便。国外一些专业公司纷纷踏足国内商业领域、物流领域的高新技术市场，这无疑为物流企业提供了诸多方便：购买方便、维护方便、升级方便、享受售后服务方便。

（6）便携式数据采集器不断向小型化、智能化、多功能化发展。企业购买设备后，操作人员可以很快掌握使用，无需专门培养或聘请此方面的专业人士。

4.3　二维条形码

4.3.1　二维条形码简介

二维条形码除了具有一维条形码的优点外，同时还有信息量大、可靠性高、保密、防伪性强等优点。在水平和垂直方向的二维空间存储信息的条形码，称为二维条形码（2 – Dimensional Bar Code）。目前二维条形码主要有 PDF417 码、49 码、16K 码、Data Matrix 码、Maxi 码等，与一维条形码一样，二维条形码也有许多不同的编码方法或称码制。就这些码制的编码原理而言，通常可分为两种类型。

线性堆叠式二维条形码的编码原理是建立在一维条形码的基础上，将一维条形码的高度截短，再依需要堆成多行，其在编码设计、检查原理、识读方式等方面都继承了一维条形码的特点，但由于行数增加，对行的辨别、解码算法及软件则与一维条形码有所不同。较具代表性的堆叠式二维条形码有 PDF417 码、16K 码和 49码等。

矩阵式二维条形码是以矩阵的形式组成，在矩阵相应元素位置上，用点（Dot）的出现表示二进制的"1"，不出现表示二进制的"0"，点的排列组合确定了矩阵码所代表的意义。其中点可以是方点、圆点或其他形状的点。矩阵码是建立在计算机图像处理技术、组合编码原理等基础上的图形符号自动辨识的码制。具有代表性的矩阵式二维条形码有 Data matrix 码、Maxi 码、QR 码和 Aztec 码等。

Data Matrix 码主要用于电子行业小零件的标识,如 Intel 的奔腾处理器的背面就印制了这种码。

Maxi 码是由美国联合包裹服务(UPS)公司研制的,用于包裹的分拣和跟踪。

QR 码是由日本 Denso 公司研制的,可有效表示中国汉字和日本汉字。

Aztec 码是由美国韦林(Welch Allyn)公司推出的,最多可容纳 3 832 个数字或 3 067 个字母字符或 1 914 个字节的数据。

4.3.2 二维条形码术语定义

● 堆叠式二维条形码(2D Stacked Code):堆叠式二维条形码是一种多层符号(Multi – Row Symbology),通常是将一维条形码的高度截短再层叠起来表示资料。

● 矩阵式二维条形码(2D Matrix Code):矩阵式二维条形码是一种由中心点到与中心点固定距离的多边形单元所组成的图形,用来表示资料及其他与符号相关的功能。

● 资料字元(Data Character):用于表示特定资料的 ASCII 字元集的一个字母、数字或特殊符号等字元。

● 符号字元(Symbol Character):依条形码符号规则定义来表示资料的线条、空白组合形式。

资料字元与符号字元间不一定是一对一的关系。一般情况下,每个符号字元分配一个唯一的值。

● 代码集(Code Set):代码集是指将资料字元转化为符号字元值的方法。

● 字码(Codeword):字码是指符号字元的值,为原始资料转换为符号字元过程的一个中间值,一种条形码的字码数决定了该类条形码所有符号字元的数量。

● 字元自我检查(Character Self – Checking):字元自我检查是指在一个符号字元中出现单一的印刷错误时,扫描器不会将该符号字元解码成其他符号字元的特性。

● 错误纠正字元(Error Correction Character):用于错误侦测和错误纠正的符号字元,这些字元是由其他符号字元计算而得,二维条形码一般有多个错误纠正字元用于错误侦测以及错误纠正。有些线性扫描器有一个错误纠正字元用于侦测错误。

● E 错误纠正(Erasure Correction):E 错误是指在已知位置上因图像对比度不够或有大污点等原因造成该位置符号字元无法辨识,因此又称为拒读错误。通过错误纠正字元对 E 错误的恢复称为 E 错误纠正。对于每个 E 错误的纠正仅需一个错误纠正字元。

● T 错误纠正(Error Correction):T 错误是指因某种原因将一个符号字元识读为其他符号字元的错误,因此又称为替代错误。T 错误的位置以及该位置的正确值都是未知的,因此对每个 T 错误的纠正需要两个错误纠正字元,一个用于找出位置,另一个用于纠正错误。

● 错误侦测(Error Detection):一般是保留一些错误纠正字元用于错误侦测,这些字元被称为侦测字元,用以侦测出符号中不超出错误纠正容量的错误数量,从而保证符号不被读错。此外,也可利用软件来进行错误侦测。

4.3.3 二维条形码的码制

与一维条形码一样,二维条形码也有许多不同的编码方法,或称码制。下面主要介绍龙贝码、PDF417 码和 QR 码。

4.3.3.1 龙贝码

龙贝码(LPCode)是中国人的二维码,是具有国际领先水平的全新码制,拥有完全自主知识产权,属于二维矩阵码,由上海龙贝信息科技有限公司开发。

龙贝码与国际上现有的二维条形码相比,具有更高的信息密度、更强的加密功能,可以对所有汉字进行编码,适用于各种类型的识读器,最多可使用多达 32 种语言系统,具有多向编码/译码功能,有极强的抗畸变性能,可对任意大小及长宽比的二维条形码进行编码和译码。

在二维条形码的很多实际应用中,因为允许打印的空间非常有限,所以不仅要求二维条形码有更高的信息密度及信息容量,而且要求二维条形码的外形长宽比可调,可以改变二维条形码的外形,以适应不同场合的需要。

最常用的二维条形码是二维矩阵码,二维矩阵码在编码原理和编码形式上都与一维条形码及堆栈码有着本质性的区别。二维矩阵码的信息密度和信息容量也都远大于一维条形码及堆栈码。但不幸的是,由于纠错编码算法对二维矩阵码编码信息在编码区域中的分配有严格的特殊要求和限制,尤其是在二维条形码内还有很多不同性质的功能图形符号(Function Pattern),这就更增加了编码信息在编码区域中分配的难度。

不改革传统的固定模式的编码信息在编码区域中的分配方法,要任意调节二维条形码的外形长宽比是不可能的,所以目前国际上所有的二维矩阵码基本上全都是正方形,而且只提供有限的几种不同大小的模式供用户使用,这样大大地限制了二维矩阵码的应用范围。

龙贝码与其他二维条形码相比,具有最大的信息密度,被称为袖珍数据库(Pocket DataBase,PDB)。与常用的两种二维条形码——PDF417码和QR码相比,在相同的条形码面积和纠错能力下,信息容量分别是PDF417码和QR码的17.2倍和2.26倍。

龙贝码提出了一种全新的通用的对编码信息在编码区域中分配的算法。不仅能最佳地符合纠错编码算法对矩阵码编码信息在编码区域中分配的特殊要求,大幅度地简化了编码/译码程序,而且首次实现了二维矩阵码对外形比例的任意设定。龙贝码可以对任意大小及长宽比的二维条形码进行编码和译码。因此龙贝码在尺寸、形状上有极大的灵活性。

龙贝码码内可以存储24位或更高位的全天然彩色照片。

- 条形码面积:$4.0cm \times 1.5cm = 6.0cm^2$。
- 照片性质:24位全天然彩色照片。
- 照片尺寸:128×128 像素 = 16 384 像素。
- 照片信息量:$24 \times 16\ 384 = 393\ 216$(二进制位)。
- 信息密度:393 216/6.0 = 65 536.00(二进制位)。

龙贝码的底层核心源代码可以由客户自行设计,为客户减少了隐含的风险。

龙贝码不仅具备了现有二维条形码信息容量大、制作成本低、保密防伪性强、译码可靠性高、修正错误能力强等优点,更取得以下七项技术的突破:

(1)多向性编码和译码功能。龙贝码具有多向性编码和译码功能,没有专门的方向符和定位符,这不仅能够实现全方位识读,降低对那些衰退样本译码的出错率,还大大提高了龙贝码的数据密度。龙贝码码样如图4-5所示。

图4-5 龙贝码码样

(2)全方位同步信息二维条形码系统。龙贝码本身就能提供非常强的同步信息,是面向各种类型条形码识读设备的一种先进的二维矩阵码。它不仅适用于二维 CCD 识读器,而且它能更方便、更可靠地适用各种类型的、廉价的采用一维 CCD 的条形码识读器,甚至能适用于无任何机械式或电子同步控制系统的简易卡槽式或笔式识读器。这样可以大大降低设备的成本,提高识读器的工作可靠性。

由于龙贝码采用了全方位同步信息的特殊方式,故可以有效地解决现有二维条形码抗畸变能力差的问题。这些全方位同步信息可以有效地用来指导对各种类型畸变的校正和图像的恢复,如图 4 – 6 所示。

a)具有高抗畸变能力和完美的图像恢复功能

b)透视畸变   c)扫描速度变化畸变

图 4 – 6 龙贝码的畸变与校正

(3)多重信息加密功能。

①特殊掩模加密。龙贝码有 8960 二进制数位的特殊掩模加密,大大加强了二维条形码的加密能力。

②分离信息加密。龙贝码提供了一种分离信息加密的手段,它可以根据特殊的要求,把编码信息分离存放在条形码和识读器内,只有当分离存放的信息可以完整对应和结合,才可以进行解码。这样只有用这种专用的识读器才能解读这种特殊的龙贝码。该项功能特别适用于如护照、驾驶证等特定用途的专用领域。

③不同等级加密。一个龙贝码可以允许同时对不同的信息组以不同的等级进行加密。比如,护照上的姓名、性别、护照号等加密等级比较低,这是公开的信息,各国海关都能读。另一些特殊信息如持证人背景身份、既往历史、各种其他附加信息等要有更高的加密等级,要在更高的授权许可条件下才能允许查阅。中国人护照上的如持证人政治身份、宗教信仰情况、出入境记录等方面的资料,中国政府只允许中国海关在特殊授权下识读,而在常规检查时不能识读。在其他国家签证上

的一些特殊信息同样要在取得授权的条件下才能读取,以便各国政府实现有效的出入境监控。

④允许用户自行可靠地进行加密。龙贝码为用户提供了产生特殊掩膜加密码的工具及对不同的信息组用不同的等级进行加密的手段。为了提高用户自行加密的透明度及可信赖度,特殊掩膜加密码和所有的加密手段对用户全部都是敞开的,用户可用任何手段对特殊掩膜加密码生成、验证、修改及加工,以确保任何国家和部门加密的绝对安全性。一旦用户对龙贝码进行了自行加密,任何人都无法解密,包括龙贝码系统的设计人员。

(4)多种及多重语言系统。龙贝码是面向世界的一种通用的二维条形码。它可采用多种不同语种进行编码,设计了可使用多达32种文字语言的互译系统。龙贝码不仅可以用多种语言进行编码,而且可以用多重语言进行编码。所谓用多重语言进行编码就是在同一个龙贝码内允许同时用两种以上语言文字进行编码。龙贝码是以英文或中文为常驻语言,同时还可以任选和使用一种其他语言。

对于一些使用单一语种的国家,如中国可用英语—汉语、德国可用英语—德语、日本可用英语—日语等。对一些英语国家,如美国可用英语—西班牙语、加拿大可用英语—法语等。这个功能尤其在公民护照和签证上的应用有重要价值。

(5)数据的结构化压缩和编码。龙贝码采用了一种特殊的数据压缩模式,可对多种类型、不同长度的数据进行结构化压缩和编码,它有机地把目前最流行的结构化数据库与二维条形码融为一体,使龙贝码的数据密度极高,成为一种比袖珍数据文件(Pocket Data File,PDF)功能更强的袖珍数据库(Pocket Data Base,PDB)。

(6)可变的码形长宽比。龙贝码提出了一种全新的通用的对信息在编码区域中合理分配的算法。该算法不仅能更好地适合纠错编码算法对矩阵码编码信息在编码区域中分配的特殊要求,大幅度地简化了编码/译码程序,而且实现了二维矩阵码对外形比例的任意设定。龙贝码可以对任意大小及长宽比的二维条形码进行编码和译码。

(7)零剩余位、零剩余码字。龙贝码采用一种被称为"浮动 Reed – Solomon (RS)算法"的纠错算法。浮动 Reed – Solomon(RS)算法可以自动将所有的剩余码字用于纠错,大大提高了龙贝码的纠错能力。把剩余位用于提高识别方向的能力,使龙贝码真正实现了零剩余位和零剩余码字,编码区域百分之百被充分利用。

4.3.3.2　PDF417 码

PDF417 码是由留美华人王寅敬(音)博士发明的。PDF 是取英文 Portable Data File 三个单词的首字母的缩写,意为"便携数据文件"。因为组成条形码的每一符号字符都是由 4 个条和 4 个空构成,如果将组成条形码的最窄条或空称为一个模块,则上述的 4 个条和 4 个空的总模块数一定为 17,所以将其称为 417 码或 PDF417 码。图 4-7 是 PDF417 码示例。

右层
指示符 终止带

层

图 4-7 PDF417

(1)PDF417 码的特点。

①信息容量大。PDF417 码除可以表示字母、数字、ASCII 字符外,还能表达二进制数。

为了使编码更加紧凑,提高信息密度,PDF417 码在编码时有 3 种格式:

- 扩展的字母数字压缩格式。它可容纳 1 850 个字符。
- 二进制/ASCII 格式。它可容纳 1 108 个字节。
- 数字压缩格式。它可容纳 2 710 个数字。

②错误纠正能力。一维条形码通常具有校验功能以防止错读,一旦条形码发生污损将被拒读。而二维条形码不仅能防止错误,而且能纠正错误,即使条形码部分损坏,也能将正确的信息还原出来。

③容易制作且成本很低,印制要求不高。普通打印设备均可打印,传真件也能阅读。

利用现有的点阵、激光、喷墨、热敏/热转印、制卡机等打印技术,即可在纸张、卡片、PVC,甚至金属表面上印出 PDF417 码。

④可用多种阅读设备阅读。PDF417 码可用带光栅的激光阅读器、线性及面扫描的图像式阅读器阅读。

⑤尺寸可调,以适应不同的打印空间。

⑥码制公开已形成国际标准,我国已制定了 PDF417 码的国标。

⑦编码范围广。PDF417 码可以将照片、指纹、掌纹、签字、声音、文字等凡可数字化的信息进行编码。

⑧保密、防伪性能好。PDF417 码具有多重防伪特性,它可以采用密码防伪、软件加密及利用所包含的信息如指纹、照片等进行防伪,因此具有极强的保密防伪性能。

⑨译码可靠性高。普通条形码的译码错误率约为百万分之二左右,而 PDF417 码的误码率不超过千万分之一,译码可靠性极高。

(2)PDF417 码的纠错功能。二维条形码的纠错功能是通过将部分信息重复表示(冗余)来实现的。比如,在 PDF417 码中,某一行除了包含本行的信息外,还有一些反映其他位置上的字符(错误纠正码)的信息。这样,即使当条形码的某部分遭到损坏,也可以通过存在于其他位置的错误纠正码将其信息还原出来。

PDF417 码的纠错能力依错误纠正码字数的不同按 0~8 分为 9 级,级别越高,纠正码字数越多,纠正能力越强,条形码也越大。当纠正等级为 8 时,即使条形码污损 50% 也能被正确读出。

PDF417 码还有如下几种变形的码制形式:

①PDF417 截短码:在相对"干净"的环境中,条形码损坏的可能性很小,则可将右边的行指示符省略并减少终止符。

②PDF417 微码:进一步缩减的 PDF 码。

③宏 PDF417 码:当文件内容太长,无法用一个 PDF417 码表示时,可用包含多个(1~99999 个)条形码分块的宏 PDF417 码来表示。

4.3.3.3　QR 码

QR(Quick RespONSe)码是日本 Denso 公司于 1994 年 9 月研制的一种矩阵二维码符号,全称为 Quick RespONSe Code,意思是快速响应码。它是目前日本主流的手机二维码技术标准,除可表示日语中假名和 ASCII 码字符集外,还可高效地表示汉字。由于该码的发明企业放弃其专利权而供任何人或机构任意使用,故现已成为目前全球使用面最广的一种二维码。图 4-8 是 QR 码示例。

图 4-8　QR 码

(1)QR 码的优点。与其他二维码相比,QR 码具有识读速度快、数据密度大、

占用空间小的优势,具体优点如下:

①超高速识读。每秒可以识读 30 个含有 100 个字符的 QR 码。在识读 QR 码时,整个码符中信息的读取是通过对符号的位置探测图形,用硬件来实现,因此,信息识读过程所需时间很短,具有超高速识读特点。其广泛应用于工业自动化生产线管理等领域。

②全方位识读。QR 码具有全方位(360°)识读的特点,这是 QR 码优于行排式二维条形码(如 PDF417 条形码)的另一主要特点,由于 PDF417 条形码是将一维条形码符号在行排高度上的截短来实现的,因此,它很难实现全方位识读,其识读方位角仅为 ±10°。

③数据密度大。同其他二维条形码相比,QR 码具有数据密度大的特点。一个 QR 码中可放入 1 817 个汉字、7 089 个数字、4 200 个英文字母。

④可靠性高。QR 具有 4 个等级的纠错功能,即使 QR 码图形破损或局部污染也能正确识读。QR 码抗弯曲的性能强,通过 QR 码中每隔一定的间隔配置校正图形,从码的外形来求得推测校正图形中心点与实际校正图形中心点的误差来修正各模块的中心距离,故识读可靠性高。

⑤可识读性强。即使将 QR 码贴在弯曲的物品上也能快速识读。一个 QR 码可以分割成 16 个 QR 码,可以一次性识读数个分割码,适应于印刷面积有限及细长空间印刷的需要。

⑥适用性强。微型 QR 码可以在 $1\,cm^2$ 的空间内放入 35 个数字或 9 个汉字或 21 个英文字母,适合对小型电路板中 ID 号码进行采集的需要。

⑦能够有效地表示中国汉字、日本字。QR 码用特定的数据压缩模式表示中国汉字和日本汉字,它仅用 13bit 可表示一个汉字,而其他二维码没有特定的汉字表示模式,因此仅用字节表示模式来表示汉字,在用字节模式表示汉字时,需用 16bit (二个字节)表示一个汉字,因此 QR 码比其他的二维条形码表示汉字的效率提高了 20%。

(2)QR 码字符。

①QR 码的编码字符集:

• 数字(数字 0~9);

• 字母型数据(字母 A~Z,9 个其他字符:space,$,% ,* ,+ ,- ,. ,/ ,:)。

• 8 位字节型数据。

• 日本字字符。

• 中国汉字字符(GB2312 对应的汉字和非汉字字符)。

②QR 码符号的基本特性:

• 符号规格有 21×21 模块(版本 1)、177×177 模块(版本 40)(每一规格:每边增加 4 个模块)。

• 数据类型与容量(指最大规格符号版本 40－L 级):

数字数据:7 089 个字符。

字母数据:4 296 个字符。

8 位字节数据:2 953 个字符。

中国汉字、日本字数据:1 817 个字符。

③数据表示方法:深色模块表示二进制"1",浅色模块表示二进制"0"。

④纠错能力:

• L 级:约可纠正 7% 的数据码字。

• M 级:约可纠正 15% 的数据码字。

• Q 级:约可纠正 25% 的数据码字。

• H 级:约可纠正 30% 的数据码字。

⑤结构链接(可选):可用 1～16 个 QR 码符号表示一组信息。

⑥掩模(固有):可使符号中深色与浅色模块的比例接近 1:1,使因相邻模块的排列造成译码困难的可能性降为最小。

目前市场上的大部分条形码打印机都支持 QR 码,其专有的汉字模式更加适合我国应用。因此,QR 码在我国具有良好的应用前景。

4.3.4　二维条形码的应用

4.3.4.1　物流运输行业的应用

典型的运输业务通常涉及供应商→货运代理→货运公司→客户等几个过程,在每个过程中都牵涉发货单据的处理。发货单据含有大量的信息,包括:发货人信息、收货人信息、货物清单、运输方式等。单据处理的前提是数据的录入,人工键盘录入的方式存在着效率低、差错率高的问题,已不能适应现代运输业的要求。二维条形码提供了一个很好的解决方案,将单据的内容编成一个二维条形码,打印在发货单据上,在运输业务的各个环节使用二维条形码阅读器扫描条形码,信息便录入到计算机管理系统中,既快速又准确。

在美国,虽然 EDI 应用革新了业务流程的核心部分,但不巧的是它却忽略了流程中的关键角色——货运公司。许多 EDI 报文对于货运商来说总是迟到,以至于因不能及时确认准确的装运单信息而影响了货物运输和客户单据的生成。

美国货运协会(ATA)因此提出了纸上 EDI 系统。发送方将 EDI 信息编成一张 PDF417 条形码标签提交给货运商,通过扫描条形码,信息立即传入货运商的计算机系统。这一切都发生在恰当的时间和恰当的地点,使得整个运输过程的效率大大提高。

4.3.4.2 身份识别卡的应用

美国国防部已经在军人身份卡上印制 PDF417 码。持卡人的姓名、军衔、照片和其他个人信息被编成一个 PDF417 码印在卡上,用于重要场所的进出管理及医院就诊管理。其优点是数据采集的实时性、低成本、卡片损坏(如遭枪击)也能阅读以及防伪性。

我国香港特别行政区的居民身份证也采用了 PDF417 码。其他如营业执照、驾驶执照、护照、我国城市的流动人口暂住证、医疗保险卡等也都是很好的应用方向。

4.3.4.3 文件和表格的应用

日本 Seimei 保险公司的每个经纪人在会见客户时都带着笔记本电脑。每张保单和协议都在电脑中制作并打印出来。当他们回到办公室后需要将保单数据手工输入到公司的主机中。为了提高数据录入的准确性和速度,他们在制作保单的同时将保单内容编成一个 PDF417 条形码,打印在单据上,这样他们就可以使用二维条形码阅读器扫描条形码将数据录入主机。

其他类似的应用还有:海关报关单、税务申报单、政府部门的各类申请表等。

4.3.4.4 资产跟踪

由于二维条形码具有信息可随载体移动等特点,因此,可用于进行资产跟踪。如,美国钢管公司在各地拥有不同种类的管道需要维护。为了跟踪每根管子,他们将管子的编号、位置编号、制造厂商、长度、等级、尺寸、厚度以及其他信息编成一个 PDF417 条形码,制成标签后贴在管子上。当管子移走或安装时,操作员扫描条形码标签,数据库信息得到及时更新。工厂可以采用二维条形码跟踪生产设备;医院和诊所也可以采用二维条形码标签跟踪设备、计算机及手术器械。

由于二维条形码这种新兴的自动识别技术有着其他自动识别技术无法比拟的优势,可以预见,二维条形码在我国有极高的推广价值。现已成功应用于火车票管理,以后将用于各类证件管理、报表管理、生产管理、物流管理等领域。

4.3.5　一维条形码与二维条形码的比较

　　一维条形码与二维条形码的差异可以从资料容量与密度、错误侦测能力及错误纠正能力、主要用途、数据库依赖性、识读设备等项目看出，两者的比较如表4-3所示。

表4-3　一维条形码与二维条形码的比较

项　目	一维条形码	二维条形码
数据密度与容量	密度低、容量小	密度高、容量大
错误侦测及自我纠正能力	可以用校验码进行错误侦测，但没有错误纠正能力	有错误检验及错误纠正功能，并可根据实际应用设置不同的安全等级
垂直方向的数据	不储存数据，垂直方向的高度是为了识读方便，并弥补印刷缺陷或局部损坏	携带资料，印刷缺陷或局部损坏等可以纠正，恢复数据
主要用途	用于对物品的标识	用于对物品的描述
数据库与网路依赖性	多数场合须依赖数据库及通信网络的存在	可不依赖数据库及通信网络的存在而单独应用
识读设备	可用线型扫描器识读，如光笔、线型CCD、激光枪	对于堆叠式可用线扫描器的多次扫描，或可用图像扫描仪识读。矩阵式则仅能用图像扫描仪识读

4.4　RFID 技术

4.4.1　RFID 技术的特点

　　RFID（ Radio Frequency Identification ）即射频识别技术，是一种非接触式的自动识别技术，通过无线射频方式进行非接触双向数据通信，对目标加以识别并获取相关数据。它的主要核心部件是电子标签，通过相距几厘米到几米距离内读写器发射的无线电波，可以读取电子标签内储存的信息，识别电子标签代表的物品、人和器具的身份。由于 RFID 标签的存储容量可以是 2^{96} 以上，它彻底抛弃了条形码的种种限制，使世界上的每一种商品都可以拥有独一无二的电子标签。

　　RFID 技术与其他自动识别技术相比有其突出的特点。表4-4是几种常见的自动识别技术的比较。

表 4 - 4　常见自动识别技术的比较

系统参数	条　码	光学字符	生物识别	语音识别	图像识别	磁卡	智能卡	射频识别
信息载体	纸或物质表面	物质表面	–	–	–	磁条	EEPROM	EEPROM
信息量	小	小	大	大	大	较小	大	大
数据密度	小	小	高	高	高	很高	很高	很高
读写性能	R	R	R	R	R	R/W	R/W	R/W
读取方式	CCD 或激光束扫描	光电转换	机器识读	机器识读	机器识读	电磁转换	电擦写	无线通信
读取距离	近	很近	直接接触	很近	很近	接触	接触	远
识别速度	低	低	很低	很低	很低	低	低	很快
通信速度	低	低	较低	低	低	快	快	很快
方向位置影响	很小	很小	–	–	–	单向	单向	没有影响
使用寿命	一次性	较短				短	长	很长
人工识读性	受约束	简单	不可	不可	不可	不可	不可	不可
保密性	无	无	无	好	好	一般	好	好
智能化	无	无	–	–	–	无	有	有
环境适应性	不好	不好	–	–	不好	一般	一般	很好
光遮盖	全部失效	全部失效	可能	–	全部失效	–		没有影响
国际标准	有	无	无	无	无	有	有	有
成本	最低	一般	较高	较高	较高	低	较高	较高
多标签同时识别	不能	不能	不能	不能	不能	不能	不能	能

射频识别技术以其独特的优势,逐渐地被广泛应用于生产、物流、交通、运输、医疗、防伪、跟踪、设备和资产管理等需要收集和处理数据的应用领域。随着大规模集成电路技术的进步以及生产规模的不断扩大,射频识别产品的成本将不断降低,其应用将越来越广泛。

4.4.2　RFID 系统的分类

根据射频识别系统的特征,可以将射频识别系统进行多种分类。如表4 - 5所示。

表4-5 射频识别系统的特征及其分类

系统特征	系统分类		
工作方式	全双工系统	半双工系统	时序系统
数据量	1比特系统	多比特系统	
可否编程	可编程系统	不可编程系统	
数据载体	1C	表面波	
运行情况	状态机系统	微处理器系统	
能量供应	有源系统	无源系统	
工作频率	低频系统	中高频系统	微波系统
数据传输	电感耦合系统	电磁方向散射耦合系统	
信息注入方式	集成电路固化式	现场有线改写式	现场无线改写式
读取信息手段	广播发射式	倍频式	反射调制式
作用距离	密耦合系统	遥耦合系统	远距离系统
系统特征	低档系统	中档系统	高档系统

射频识别系统按照其采用的频率不同可分为低频系统、中高频系统和微波三大类;根据标签内是否装有电池为其供电,又可将其分为有源系统和无源系统两大类;从标签内保存的信息注入的方式可将其分为集成电路固化式、现场有线改写式和现场无线改写式三大类;根据读取电子标签数据的技术实现手段,可将其分为广播发射式、倍频式和反射调制式三大类。

下面对这些分类进行简要介绍。

4.4.2.1 按照工作方式进行分类

按照射频识别系统的基本工作方式来划分,可以将射频识别系统分为全双工系统、半双工系统和时序系统。

(1)全双工系统。在全双工系统中,数据在读写器和电子标签之间的双向传输是同时进行的,并且从读写器到电子标签的能量传输是连续的,与传输的方向无关。其中,电子标签发送数据的频率是读写器频率的几分之一,即采用"分谐波",或是用一种完全独立的"非谐波频率"。

(2)半双工系统。在半双工系统中,从读写器到电子标签的数据传输和从电子标签到读写器的数据传输是交替进行的,并且从读写器到电子标签的能量传输是连续的,与传输的方向无关。

(3)时序系统。在时序系统中,从电子标签到读写器的数据传输是在电子标签的能量供应间歇时进行的,而从读写器到电子标签的能量传输总是在限定的时间间隔内进行。时序系统的缺点是在读写器发送间歇时,电子标签的能量供应中断,这就要求系统必须有足够大容量的辅助电容器或辅助电池对电子标签进行能量补偿。

4.4.2.2 按照电子标签的数据量进行分类

按照射频识别系统的数据量来划分,可以将射频识别系统分为 1 比特系统和多比特系统。

(1)1 比特系统。1 比特系统的数据量为 1bit。该系统中读写器能够发出两种状态的信号——"在电磁场中有电子标签"和"在电磁场中没有电子标签"。这对于实现简单的监控或信号发送功能是足够的。因为生产 1 比特电子标签不需要电子芯片,所以 1 比特电子标签的价格比较便宜,应用比较广泛,其主要应用在百货商场和商店中的商品防盗系统中。

(2)多比特系统。与 1 比特系统相对应的是多比特系统。该系统中电子标签的数据量通常在几个字节到几千个字节之间,电子标签的数据量主要由具体的应用来决定。

4.4.2.3 按照数据载体进行分类

(1)只读系统。在只读系统中,读写器只能读取电子标签内的数据,不能将数据写入到电子标签中。在只读系统中,电子标签中一般存储的是自身序列号,这是加工芯片时集成进去的,读写器不能改写电子标签内的信息。

(2)可读写系统。与只读系统相反,在可读写系统中,读写器可以改写电子标签内存储的信息,可以将数据动态写入电子标签内。

4.4.2.4 按照能量供应进行分类

(1)无源系统。在无源系统内,无源标签自己没有电源。因此,无源系统内标签所需的工作能量需要从读写器发出的射频波束中获取,经过整流、存储后提供电子标签所需的工作电压。与有源标签相比,无源标签具有成本低、不需要维护、使用寿命长等特点。缺点是读写器要发射更大的射频功率,识别距离相对较近。然而,日前的集成电路设计技术能使所需工作电压进一步降低至 1V 甚至 0.42V,这使得无源 RFID 系统可以达到 20m 以上的识别距离。这在不同的无线电规则限制情况下,可以满足大部分实际应用系统的需要。

(2)有源系统。在有源系统内,有源电子标签通常都内装有电池,为电子标签的工作提供全部或部分能量,一般具有较远的阅读距离,不足之处是电池的寿命有限(3~10年);无源电子标签内无电池,它接收到读写器(读出装置)发出的微波信号后,将部分微波能量转化为直流电供自己工作,一般可做到免维护。相比有源系统,无源系统在阅读距离及适应物体运动速度方面略有限制。有源标签本身带有微型电池,由于不需要射频供电,其识别距离更远,读写器需要的功率较小。

4.4.2.5 按照工作频率进行分类

(1)低频系统。低频系统的工作频率一般为30~300kHz。低频系统典型的工作频率为125kHz、133kHz,基于这些频点的射频识别系统一般都有相应的国际标准。其基本特点是标签的成本较低、标签内保存的数据量较少、阅读距离较短(无源情况,典型阅读距离为10cm)、电子标签外形多样(卡状、环状、纽扣状、笔状)、阅读天线方向性不强等。

(2)中高频系统。中高频系统的工作频率一般为3MHz~30MHz。中高频系统典型的工作频率为13.56MHz。中高频系统在这些频段上也有众多的国际标准予以支持。中高频系统的基本特点是电子标签及读写器成本均较高,标签内保存的数据量较大,阅读距离较远(可达几米至十几米),适应物体高速运动,性能好,外形一般为卡状,阅读天线及电子标签天线均有较强的方向性。

(3)超高频和微波系统。超高频和微波系统简称为微波系统,微波系统的工作频率一般为300MHz~3GHz或大于3GHz。其典型工作频率为:433.92MHz,862(902)MHz~928MHz,2.45GHz和5.8GHz。

4.4.2.6 按照耦合类型进行分类

(1)电感耦合系统。在电感耦合系统中,读写器和电子标签之间的射频信号的实现为变压器模型,通过空间高频交变磁场实现耦合,其依据的是电磁感应定律,如图4-9所示。

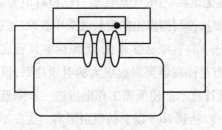

图4-9 电感耦合

电感耦合方式一般适用于中、低频工作的近距离射频识别系统。电感耦合系统典型的工作频率为 125kHz,225kHz 和 13.56MHz。其识别距离小于 1m,典型作用距离为 10～20cm。

(2)电磁反向散射耦合系统。在电磁反向散射耦合系统中,读写器和电子标签之间的射频信号的实现为雷达原理模型,发射出去的电磁波,碰到目标后被反射,同时携带回目标信息,其依据的是电磁波的空间传输规律,如图 4－10 所示。

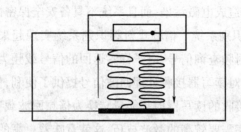

图 4－10　电磁耦合

电磁反向散射耦合系统一般适用于高频、微波工作的远距离射频识别系统。电磁反向散射耦合系统典型的工作频率为 433MHz,915MHz,2.45GHz 和 5.8GHz。其识别距离大于 1m,典型作用距离为 3～10m。

4.4.2.7　按照信息注入方式进行分类

按照电子标签内保存的信息的注入方式,可将射频识别系统划分为集成固化式、现场有线改写式和现场无线改写式三大类。

(1)集成固化式射频识别系统。集成固化式射频识别系统的电子标签内的信息一般在集成电路生产时即将信息以 ROM 工艺模式注入,其保存的信息是一成不变的。

(2)现场有线改写式射频识别系统。现场有线改写式射频识别系统的电子标签一般将电子标签保存的信息写入其内部的 E2 存储区中,改写时需要专用的编程器或写入器,改写过程中必须为其供电。

(3)现场无线改写式射频识别系统。现场无线改写式射频识别系统的电子标签一般适用于有源类电子标签,具有特定的改写指令,电子标签内保存的信息也位于其中的 E2 存储区。

一般情况下改写电子标签数据所需时间远大于读取标签数据所需时间。通常,改写所需时间为秒级,阅读时间为毫秒级。

4.4.2.8 按照技术实现手段进行分类

在射频识别系统中,按照读写器读取电子标签内存储数据的技术实现手段,可将射频识别系统划分为广播发射式、倍频式和反射调制式三大类。

(1)广播发射式射频识别系统。广播发射式射频识别系统实现起来最简单。电子标签必须采用有源方式工作,并实时将其储存的标识信息向外广播,读写器相当于一个只收不发的接收机。这种系统的缺点是电子标签必须不停地向外发射信息,既费电,又对环境造成电磁污染,而且系统不具备安全保密性。

(2)倍频式射频识别系统。倍频式射频识别系统实现起来有一定难度。一般情况下,读写器发出射频查询信号,电子标签返回的信号载频为读写器发出射频的倍频。这种工作模式对读写器接收处理回波信号提供了便利,但是,对无源电子标签来说,电子标签将接收的读写器射频能量转换为倍频回波载频时,其能量转换效率较低,提高转换效率需要较高的微波技巧,这就意味着更高的电子标签成本。同时这种系统工作须占用两个工作频点,一般较难获得无线电频率管理委员会的产品应用许可。

(3)反射调制式射频识别系统。反射调制式射频识别系统实现起来要解决同频收发问题。系统工作时,读写器发出微波查询(能量)信号,电子标签(无源)将部分接收到的微波查询能量信号整流为直流电供电子标签内的电路工作,另一部分微波能量信号被电子标签内保存的数据信息调制(ASK)后反射回读写器。读写器接收到反射回的幅度调制信号后,从中解出电子标签所保存的标识数据信息。系统工作过程中,读写器发出微波信号与接收反射回的幅度调制信号是同时进行的。反射回的信号强度较发射信号要弱得多,因此技术实现上的难点在于同频接收。

4.4.2.9 按照频率和作用距离进行分类

在射频识别系统中,读写器和电子标签的作用距离(读写器和电子标签能够可靠交换数据的距离)可以用于划分系统。根据作用距离,可以将射频识别系统划分为三类:密耦合系统、遥耦合系统和远距离系统。

(1)密耦合系统。密耦合系统也被称为紧密耦合系统,具有很小的作用距离,典型的范围是 0~0.01cm。

密耦合系统工作时,必须把电子标签插入到读写器中,或者将电子标签放置在读写器为此设定的表面上。

密耦合系统利用电子标签和读写器天线无功近场区之间的电感耦合构成的无

接触空间信息传输射频通道进行工作。密耦合系统可以用介于直流和 30MHz 交流之间的任意频率进行工作。电子标签和读写器之间的紧密耦合能够提供较大的能量,甚至可以为电流消耗较大的微处理器供电。密耦合系统通常用于对安全性要求较高,但是不要求作用距离的设备中。

(2)遥耦合系统。遥耦合系统的作用距离最大可以达到 1m。所有的遥耦合系统中,读写器和电子标签之间都是电感(磁)耦合的。因此,遥耦合系统也可被称为电感无线电装置。所有应用的射频识别系统中 90% ~ 95% 为电感(磁)耦合射频识别系统。

遥耦合系统利用电子标签和读写器天线无功近场区之间的电感耦合构成的无接触空间信息传输射频通道进行工作。从电子标签到读写器的距离来说,通过电感耦合传输的能量很小,所以遥耦合系统中往往只是使用只读电子标签。使用微处理器电子标签的高档系统也属于遥耦合系统的范围之内。

遥耦合系统的发射频率,可以使用 135kHz 以下的频率,也可以是 6.75MHz,13.56MHz 以及 27.125MHz 频率。

(3)远距离系统。远距离系统的典型工作范围是 1m ~ 10m,某些系统的作用距离甚至更远。遥耦合系统利用微波范围内的电磁波进行工作,发射频率通常采用 2.45GHz,有些系统也使用 915MHz,5.85GHz 和 24.125GHz。由于远距离系统利用电子标签和读写器天线辐射远场区之间的电磁耦合所构成的无接触空间信息传输射频通道进行工作,当使用微型芯片工作时,如果要对电子标签提供足够的能量,就必须添加一个辅助电池。这个辅助电池并不是为电子标签和读写器之间的数据传输提供能量,而只是为微型芯片提供能量,以便读/写存储数据。

4.4.2.10 按照系统特征进行分类

如果按照数据载体的存储能力、处理速度、作用距离和密码功能等进行分类,可以将射频识别系统分为低档系统、中档系统和高档系统。

(1)低档系统。低档系统通常是指那些带有只读标签的射频识别系统。这意味着电子标签内的信息只能读取,而不能改写。只读标签内的数据通常只由唯一的串行多字节数据组成。在系统工作的过程中,只要将只读标签放入到读写器的作用范围内,只读标签就开始连续发送自身序列号。

通过读写器来启动只读标签是不可能的。只有从电子标签到读写器的单向数据流在传输。因此,只读系统中,在读写器的工作范围内,只能有一个电子标签。

这是因为,如果有多个电子标签的话,它们同时发送数据必然会导致数据发生碰撞,从而读写器不能识别电子标签内的数据。

尽管有很多限制,只读系统还是有许多用途的,特别适合于只需读出一个确定数字的情况。另外,由于只读标签的功能简单,芯片面积很小,因此,芯片的功耗很小,成本低。

只读系统主要工作在小于135kHz 或在 2.45GHz 的频率范围内,因芯片的功耗很小,工作距离比较大。

(2)中档系统。中档系统通常是那些带有可写数据存储器的射频识别系统。其存储量的变化范围介于 16B ~ 6KB 之间。在此范围内,系统类型多样。

中档系统主要工作在135kHz,13.56MHz,27.125MHz 和 2.45GHz 频率。

(3)高档系统。高档系统通常是指那些带有密码功能(即有验证和数据流密码)的射频识别系统。微处理器系统也属于高档系统。使用微处理器可以实现密码学和验证的复杂算法。

高档系统主要工作在 13.56MHz 频率。因为电感耦合的射频识别系统电子标签的时钟频率是从读写器的发送频率派生出来的,所以当发射频率为 135kHz 时,使用的时钟频率为发射频率的 100 倍。因此,再复杂的验证和数据流密码算法都能以合理的时间来实现。

高档系统一般使用存储容量从几个字节到 16KB 的 EEPROM。

4.4.3 RFID 系统的选择

在射频识别系统中,读写器与电子标签之间的通信方式通常有电磁耦合、电磁感应和微波三种形式,不同的通信方式适合于不同的工作频率和电子标签类型,直接影响着系统的识别距离、环境适应性等特征。表 4 - 6 分别给出了几种通信方式对应的系统特征,供使用者选择系统时参考。

表 4 - 6　几种通信方式对应的系统特征

通信方式	环境适应性			识别距离	标签类型
	污染	磁场	高温		
电磁耦合	强	中	中	2 ~ 10mm	无源或有源
电磁感应	强	差	中	2mm ~ 1m	无源
微波	强	中	中	0 ~ 3m 或更远	有源

4.5 智能卡技术

4.5.1 智能卡的概念

智能卡的名称来源于英文名词"Smart Card",又称集成电路卡,即 IC 卡(Integrated Circuit Card)。它将一个集成电路芯片镶嵌于塑料基片中,封装成卡的形式,其外形与覆盖磁条的磁卡相似。

IC 卡的概念是 20 世纪 70 年代初提出来的,法国布尔(BULL)公司于 1976 年首先创造出 IC 卡产品,并将这项技术应用到金融、交通、医疗、身份证明等多个行业,它将微电子技术和计算机技术结合在一起,提高了人们生活和工作的现代化程度。

IC 卡芯片具有写入数据和存储数据的能力,IC 卡存储器中的内容根据需要可以有条件地供外部读取,或供内部信息处理和判定之用。根据卡中所镶嵌的集成电路的不同可以分成三类:①存储器卡。卡中的集成电路为 EEPROM。②逻辑加密卡。卡中的集成电路具有加密逻辑和 EEPROM。③CPU 卡。卡中的集成电路包括中央处理器 CPU、EEPROM、随机存储器 RAM 以及固化在只读存储器 ROM 中的片内操作系统 COS(Chip Operating System)。

智能卡具有良好的人机界面、强大的读写能力、足够的安全技术、大容量的存储能力和方便的携带性等,其在金融、医疗、交通、安全等许多领域作为数据载体、交易媒介和安全工具得到了广泛的应用。智能卡的应用领域正在不断扩大,一些大容量、高数据传输速率、内嵌电源和使用接口、内嵌生物特征识别传感器以及实时、可下载的智能卡成为人们研究和关注的热点。但是,智能卡的资源有限,设计的初衷是作为一个被动的认证设备,数据只能单向流动,小额消费时不能实现双向支付,只能在有专用读写设备的场合使用等,这些均限制了智能卡的应用和发展。

4.5.2 现有的智能卡应用系统

现有的智能卡应用系统是一个分布式计算机系统,它由智能卡、终端(如 PIN-pads、PC 读卡机、读写器 IFD、电子 POS 机、销售点终端 EFT – POS、ATM 等)、网络和主机系统组成,通常可分为管理层、接口层、应用层三层。

4.5.2.1 管理层

管理层通常由服务器、PC 机等组成的主机系统构成。在后台管理系统控制下,负责对整个系统实施监视、控制和维护(如发卡、身份认证、充值、数据处理和挂失或失效登录等)。

4.5.2.2 接口层

接口层由读写设备(接口设备、应用设备)和通信网络构成,负责智能卡和主机系统之间的信息传输,包括卡的读写、电源供给和与主机系统的通信,是智能卡和主机系统之间交互的界面。

4.5.2.3 应用层

应用层由智能卡构成,便于用户使用。在这种应用体系结构下,智能卡通过接口层与主机系统进行通信。

4.5.3 基于蓝牙技术的智能卡应用系统

基于蓝牙技术的智能卡应用系统由蓝牙智能卡(Bluetooth Smart Card,BSC)、蓝牙无线接入点(BLAP)、网络和主机系统组成。

BSC 可以直接接入网络,进行在线的交易处理;也可以通过 BLAP 接入网络进行在线的交易处理。其中,BLAP 是基于蓝牙的 LAN 访问协议,是一些集中和大量交易场合的交易接入设备,用于连接 BSC 和公共网络。BSC 通过 BLAP 和主机系统相连,完成集中、在线的交易。BLAP 一端通过网口(RJ45)与公共网络相连;另一端通过蓝牙与 BSC 相连,实现两者之间的信息流通和共享。

蓝牙智能卡将蓝牙技术和现有的智能卡技术相结合,硬件主要包括蓝牙部分(蓝牙模块、天线、放大模块)、MCU、加密协议处理器、存储器、接口电路和其他辅助电路(液晶显示、软键盘和电源)等。

其中,加密协议处理器、存储器和 MCU 等完成普通智能卡、读写器的功能,蓝牙部分将已经按照蓝牙协议规定的数据格式转换好的 R-APDU(响应—应用协议数据单元)或 CAPDU(指令—应用协议数据单元)发送出去,接口便和主干网络相连或接入其他设备,进行交易并将备份交易数据送主机系统进行核对。持卡人通过 PIN 鉴别或生物鉴别技术确认对卡的使用权,交易双方利用卡的唯一编号或卡交易可以由任何一方蓝牙智能卡启动,此时启动交易的一方充当读写器的功能,另一方充当卡的功能,交易的认证过程和交易的结果可以直接显示出来,便于持卡人控制整个交易过程,交易的结果在双方智能卡中备份。

BLAP 的结构和蓝牙智能卡的体系结构是类似的,只是在接口和软件上功能更强大。其接口包括与公共电话网的接口和互联网接口、外部 LAN 接口、系统接口,还可包括 R232,USB,UART(通用异步收发器)和 I2C 等。通过这些接口,BLAP 可以和外界公共服务网络进行连接,进行数据通信;同时通过蓝牙部分可以和 BSC 建立无线连接,完成交易并管理和控制网络中的 BSC。

4.5.4　蓝牙智能卡交易模式

基于蓝牙技术的智能卡应用系统中 BSC 和 BLAP 的应用模式主要有三种:点对点的交易模式、集线器交易模式和无线接入点交易模式。按是否和主机系统进行实时信息交换可以分为离线交易模式和在线交易模式。

4.5.4.1　点对点交易模式

该模式是两个蓝牙智能卡持卡人在认证的基础上进行交易,这种方式不和主干网络直接相连,交易结束时两个智能卡存储交易数据一并进行预增减,然后定期和主干网相连与卡制造发行商进行核对,完成交易金额的增减。这种模式适宜于临时的、随机的、离线的小额交易。

4.5.4.2　集线器交易模式

该模式是蓝牙智能卡持卡人和集中交易方(如商家)通过各自的智能卡进行交易,这种交易方式下集中交易方的智能卡可以是联机的,也可是脱机的。商家的智能卡可以是 BLAP。在传输数据时,蓝牙技术支持 433.9Kb/s 对称全双工或 723.2/57.6Kb/s 的非对称双工通信,可以满足这种要求。在这种模式下,交易可以是离线的,也可以是在线的。

4.5.4.3　无线接入点交易模式

当持卡人的蓝牙智能卡通过一个蓝牙接入点接入外部网络进行信息交换、用户通过外部网络和银行或商家的主机系统进行信息交换时使用这种模式。

4.5.5　交易流程

在叙述具体的交易流程之前,先做如下约定:交易流程中用非对称加密算法和 Hash 算法进行 BSC 之间的鉴别,P_x 和 S_x 表示 X 的公钥和私钥,EK(Data)和 DK(Data)表示对数据的加密和解密,Hash(Data)表示求 Data 的 Hash 值。

认证中心(CA)使用 SCA 签发卡制造发行商证书 I_C(PM、PCA、(())) SME Hash PCA,卡制造发行商使用 SM 签发 BSC 证书 BSC_C(PM、PB、(()) S B E Hash P M);BSC 和卡制造发行商、BSC 之间通信时使用 3 − DES 算法,D 为生成的随机数,T 为时间戳。

4.5.5.1　在线交易流程

在线交易时,卡制造发行商可以联机实现对持卡人的智能卡和集中交易方的智能卡进行鉴别,实时实现金额的增减,整个交易流程由认证阶段、授权交易阶段组成,包括卡对持卡人的认证、卡之间的相互鉴别、金额增减、数字签名等。此时出售的一方处于卖方模式,购买的一方处于买方模式。

(1)认证阶段:认证阶段包括智能卡对持卡人和操作员的认证、卡制造发行商对持卡人和集中交易方的鉴别、持卡人对集中交易方的鉴别。蓝牙智能卡对持卡人的认证,是通过 PIN 认证来完成的;蓝牙智能卡之间的相互认证、卡制造发行商对 BSC 的认证都是通过验证证书中的发证机关的签名来实现的。

(2)授权交易阶段:包括持卡人授权智能卡交易金额输入、余额校验、金额增减、智能卡数字签名、卡制造发行商保存签名和结果。

4.5.5.2　离线交易流程

离线交易模式 BSC 不和主干网络直接相连,交易结束,两个智能卡存储交易数据,并进行预增减,然后定期和主干网相连,并与卡制造发行商进行核对,完成交易金额的增减,由认证阶段和授权交易阶段组成,具体的流程和在线交易时是类似的。

4.5.6　蓝牙智能卡的优势

采用蓝牙技术实现新型的智能卡应用系统,和现有智能卡应用系统相比,具有以下优点:

(1)将应用层和接口层适当结合,减少了应用系统的功能要素,有利于提高系统安全性。

(2)智能卡的计算环境得到改变,有限资源不再是制约智能卡安全和应用的主要因素。

(3)交易各方在交易中所处的交易地位和交易方式是相同的,交易行为是主动的、双向的,因而可以实现随时随地交易,实现交易的电子现金化。

(4)智能卡的应用不再受专有设备的限制,有利于拓展智能卡的应用领域。

案例　RFID 技术的应用

射频识别技术被广泛应用于工业自动化、商业自动化、交通运输控制管理、防伪、防盗等众多领域,下面主要介绍其在自动识别、防盗、防伪中的应用。

案例 1:RFID 技术在汽车维修环节的应用
——以中国台湾裕隆日产汽车公司为例

裕隆日产汽车股份有限公司成立于 2003 年 10 月,是中国台湾裕隆集团与日本日产(Nissan)公司的合资企业,专注于 Nissan 品牌的经营,负责日本日产(Nissan)公司在中国台湾除制造外的汽车全价值链活动(包括设计、研发、采购、营销等活动),并与日产(Nissan)公司共同发展中国内地事业,还参与日产公司 R&D 国际分工。

2004 年 6 月,裕隆日产汽车公司宣布将应用 RFID 技术于汽车维修服务业务,利用 IBM 公司 RFID 解决方案建立 RFID 汽车动态保修系统,2005 年 6 月,该系统在裕隆日产所属的一家汽车维修厂(位于台中市文心路)建成并正式投入运行。

RFID 汽车动态保修系统由两部分构成:一部分是汽车维修厂内的一台 PC 服务器,装载 IBM 公司 Websphere Edge Server 软件,还有 13 台读写器,分别设于大门、洗车、终检站等各区域的地底下,上面覆盖高强度玻璃纤维板,从而不致阻挡电波的穿透性,这些读取器可读取安装在日产汽车水箱下方具有个别序号的 RFID 标签;另一部分是设置在裕隆日产公司总部的 RFID 应用系统,由一台安装 IBM 公司 RFID 中介软件"Websphere Premise Server" 的 Unix 服务器构成,该服务器执行数据库软件 DB2、整合软件 MQ Series、管理软件 Tivoli,同时还与裕隆日产的经销管理系统相连接并统称为 SmartDMS 系统。

当车辆进入维修厂时,位于大门口的 RFID 读写器读取车载 RFID 标签中的序号信息,厂内的 PC 服务器由 IBM Websphere Edge Server 软件接收该信息,通过网络把该信息送至 SmartDMS 系统,查出该车主的相关信息,如车主姓名、保险信息、车号、以往维修记录、预约细节及个人偏好等,然后 SmartDMS 系统再将这些信息快速回传到维修厂,厂内维修人员立刻打印出这些内容,预先了解车主及车辆的情况,从而为顾客提供个性化服务。如,针对喜欢自己带机油的客户,保修人员可以询问本次维修是否同往常一样不用维修厂的机油等,这可使车主不必重新说明自己的偏好,从而有助于巩固客户关系。如果车辆还未装载 RFID 标签,维修人员经车主同意后,将分配给该车的序号写入 RFID 标签并将其安装在车辆水箱下方,同时,裕隆日产公司总部的 SmartDMS 系统把该序号与该车辆的各种信息对接,以备查询。维修结束时,维修人员会将此次维修记录录入 PC 服务器并传送至 Smart-DMS 系统,为下次维修提供方便(见图 4-11)。RFID 汽车动态保修系统有效提升了裕隆日产汽车维修业务的营运效率。

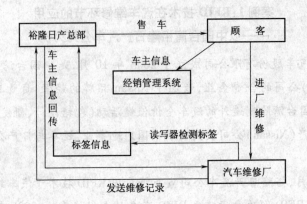

图 4-11　RFID 汽车动态保修系统运作流程

另外,RFID 汽车动态保修系统还可为车主提供最新维修状态信息。一个完整维修过程约为 50 分钟,这段时间内,有的车主会到附近喝咖啡,有的车主会留在维修厂内等待。过去,维修进度都标注在"动态管制看板"上,如车主要了解维修进度,就得跑进维修厂内"动态管制看板"前去看,比对车牌号码才能得知爱车目前的维修进度,而现在的 RFID 汽车动态保修系统把汽车维修进度随时显示在客户休息室内的电子广告牌上,维修进度可在宽阔明亮的休息室内一目了然,从而有效提升了顾客满意度。

运用 RFID 技术后,裕隆日产汽车维修业务的效率提高了,RFID 系统整合客户数据的功能,进一步提升了个性化服务水平,提高了客户满意度,由此,凸显出裕隆日产和其他竞争者的差异化优势。

未来汽车生产过程中,如能在关键和重要零件上附装 RFID 标签,那么借助手持式读写器就可获取这些零件的制造日期、生命周期和其他相关资料,据此,维修人员可向消费者提出维修或更换零件等针对性建议,同时提供部分替代零件供客户选择,以有效降低维修成本。

案例 2:RFID 在防盗、提醒与报警的应用

近年来,婴幼儿、贵重物品、汽车等都是入室抢劫、偷窃防范的重点对象。许多公司就利用 RFID 的特殊标识与可跟踪功能,开发出一系列的防盗应用。

(1)技术原理

这类应用均采用主动式 RFID 标签和接收器,可先设定报警距离,如近程为十

几米、远程为几十米,一旦两者间距离超出设定范围时系统就会警报。这样,只需将 RFID 标签放在需要失窃防范的对象上,就能起作用。目前,已能将 RFID 制成隐形标签,挂上后不易被人发觉,这样就能有效防止盗窃者事先破坏系统。

(2)典型应用

这类系统的部分典型应用如下:

①婴幼儿防盗。国外推出一种婴幼儿睡衣,这些衣服包含了隐形 RFID 标签,家中父母亲可将 RFID 设备放在门口和窗户上,一旦穿着内置 RFID 标签衣服的孩子离开 10m 以上距离时,系统就立即发出警报,还能与公安机关、警铃及强光灯等联动,既能提醒家人,还能震慑作案者。

②儿童防走失。家长在节假日携儿童去繁华场所如游乐场、超市、公园、火车站等地时,用于防止儿童在人群中走失。

③要件提醒。人们常常会将手机、钥匙、提包等每天出行的必备品忘记携带,采用本系统就能起到及时提醒的作用。

④商场防盗。近年来,各类商场、超市、书店、图书馆、音像店、电子市场、资料馆等,以及各种货柜式和敞开式自选商场中各类商品均有不同数量的失窃,有些地方的情况还颇为严重,而监控录像往往适用于事后追溯,且许多商品案值较小,商家也不会频频向警方求助,从而给商家造成了较大损失。采用 RFID 技术防盗,可对几乎每件商品进行防护,且仅需在客户通关结账后采用专用设备取消 RFID 标签的报警功能,还能与电子结算平台结合。

(3)典型案例

据报道,2010 年元旦凌晨,美国芝加哥郊区一家银行遭到武装匪徒抢劫,金库内 2 亿美元失窃。然而不到 2 小时,抢劫银行的 3 名嫌犯就落网了。芝加哥警方迅速破案的原因是芝加哥各大银行与重大资产设施中均安装了新型的资产跟踪定位保安技术,具体说就是在银行金库中的现钞内均藏有薄如包装纸条的、以 RFID 技术为基础的全球定位芯片,一旦成捆现钞无缘无故移动位置,芯片就会立即发出信号,通知负责银行安全的警察署,并同时动态精确地报出成捆现钞所在位置。芝加哥警方就是根据伪装成钞票包装纸条的定位仪芯片发出的方位信息,迅速而准确无误地抓住了武装抢劫银行的嫌犯。

复习思考题

1. 解释移动电话通信系统 2G,3G,4G 的概念。

2. 请介绍条形码符号结构组成。

3. 一维条形码与二维条形码有何区别?

4. 同其他自动识别技术相比,RFID 技术有何特点?

5. 请介绍 RFID 按照工作频率的分类结果。

6. 请介绍常见的智能卡应用系统的组成。

5

无线传感器网络

学习目标

- 了解无线传感器网络的概念、特点及其应用与发展
- 理解传感网的体系结构,了解传感网的关键技术
- 了解传感网节点部署要求、传感网覆盖方式
- 了解传感网 MAC 协议类型、常见协议及其特点
- 了解传感网路由协议类型及其常见的路由协议
- 了解无线传感器网络的安全问题,掌握无线传感器网络安全防御措施
- 掌握无线传感器网络系统设计与开发要求

　　无线传感网(WSN)是集信息采集、数据传输、信息处理于一体的综合智能信息系统,具有广阔的应用前景,是目前非常活跃的一个领域。传感网技术涉及计算机、电子学、传感器技术、机械、生物学、航天、医疗卫生、农业、军事国防等众多领域。该技术的广泛应用是一种必然趋势,它的发展应用将会给人类社会带来极大的变革。

5.1　传感网概述

　　随着半导体技术、微机电系统技术、无线通信和数字电子技术的进步和日益成熟,出现了具有感知能力、计算能力和通信能力的微型传感器。1988 年,韦泽提出

了"Ubiquitous Computing(缩写为 Ubicomp 或 UC)"的思想,即常讲的"普适计算",促使计算、通信和传感器等 3 项技术相结合,产生了传感网。

5.1.1 传感网的基本组成

传感网与普通的 Ad Hoc 网络的不同之处,在于前者以收集和处理信息为目的,后者以通信为目的。传感网集中了传感器技术、嵌入式计算技术和无线通信技术,能协作地感知、收集和测控各种环境下的感知对象,通过对感知信息的协作式数据处理,获得感知对象的准确信息,然后通过 Ad Hoc 方式传送给需要这些信息的观察者,即用户。协作地感知、采集、处理、发布感知信息是传感网的基本功能。

由传感网的描述可知,传感网包含有传感器、感知对象和观察者 3 个基本要素。通常情况下,一个典型的传感网基本组成结构如图 5 − 1 所示。它由分布式传感器节点、汇聚节点、互联网和远程用户管理节点构成。

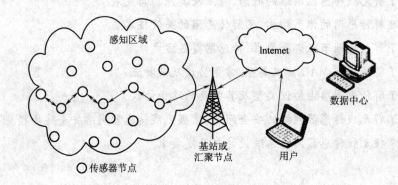

图 5 −1　传感网基本组成结构

大量传感器节点散布在感知区域内部或附近,这些节点都可以采集数据,并利用自组织多跳路由(Multi − hop)无线方式构成网络,把数据传送到汇聚节点;同时汇聚节点也可以将数据信息发送给各节点。汇聚节点直接与互联网或卫星通信网络以有线或无线方式相连,实现与管理节点(即用户)之间的相互通信。管理节点对传感网进行配置和管理,发布测控任务以及收集监测数据。

5.1.1.1　传感器节点

传感器节点是一个微型化的嵌入式系统,它构成传感网的基础层支持平台。典型的传感器节点由负责数据采集的感知模块、数据处理和存储模块、无线通信模块以及为节点供电的电源供给模块 4 个部分组成,图 5 − 2 是传感器节点硬件基本组成示意图。其中,感知模块由传感器、A/D 转换器组成,负责感知监控对象的信息;能源供给单元负责供给节点工作所需的能量,一般为小体积的电池;无线通信模块完成节点间的交互通信工作,一般为无线电收发装置;数据处理模块包括存储器和微处理器等部分,负责控制整个传感器节点的操作,并存储和处理本身采集的数据以及其他节点发来的数据。同时,有些节点上还装配有能源再生装置、移动或执行机构、定位系统及复杂信号处理(包括声音、图像、数据处理及数据融合)等扩展设备以获得更完善的功能。

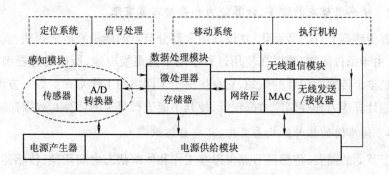

图 5 – 2　传感器节点硬件基本组成

由于具体的应用背景不同,目前国内外出现了多种传感网节点的硬件平台。典型的节点包括美国 CrossBow 公司开发的 Mote 系列节点。Mica2,MicaZ 和 Mica2Dot,以及 Infineon 公司开发的 EYES 传感器节点等。各平台最主要的区别是采用了不同的处理器、无线通信协议以及与应用相关的不同传感器。常用的处理器有 Intel Strong ARM,Texas Instrument MSP430 和 Atmel Atmega,常用的无线通信协议有 802. 11b,802. 15. 4/ZigBee 和 Bluetooth 等。与应用相关的传感器有光传感器、热传感器、压力传感器以及湿度传感器等。虽然具体应用不同,传感器节点的设计也不尽相同,但其基本结构是一样的。

5.1.1.2　汇聚节点

汇聚节点的处理能力、存储能力和通信能力比传感器节点更强,它连接着传感网与互联网等,实现了两种协议栈协议之间的转换,同时发布管理节点的监测任务,并将收集到的数据转发到外部网络上。汇聚节点既可以是一个具有增强功能的传感器节点,有足够的能量提供给更多的内存与计算资源,也可以是没有监测功能仅带有无线通信接口的特定网关设备。

5.1.2　传感网的特点

传感网作为一种新型的智能网络系统,具有极其广阔的应用前景。同传统网络相比,传感网具有许多显著的特点。

5.1.2.1 传感器节点数目大,密度高,采用空间位置寻址

在一个传感网中,为了保证网络的可用性和生存能力,可能有成千上万个节点,节点的密度很高。正是由于传感器节点数目大,而且网络中一般不支持任意两个节点之间的点对点通信,以及每个节点不存在唯一的标识,因而在进行数据传输时采用空间位置寻址方式。

5.1.2.2 传感器节点的能量、计算能力和存储容量有限

随着传感器节点的微型化,在设计中大部分节点的能量靠电池提供,其能量有限,而且由于条件限制,难以在使用过程中给节点更换电池,所以传感器节点的能量限制是整个传感网设计的瓶颈,它直接决定了网络的工作寿命。另一方面,传感器节点的计算能力和存储能力都较低,使其不能进行复杂的计算和数据存储。

5.1.2.3 传感网的拓扑结构易变化,具有自组织能力

由于节能的需要,传感器节点可以在工作和休眠状态之间切换;传感器节点随时可能由于各种原因发生故障而失效,或者有新的传感器节点添加到网络中。这些情况的发生都使得传感网的拓扑结构在使用中很容易发生变化。此外,如果节点具备移动能力,也必定会带来网络的拓扑变化。由于网络的拓扑结构易变化,传感网必须具有自组织、自配置的能力,能够对由于环境、电能耗尽等因素造成的传感器节点改变网络拓扑的情况作出相应的反应,以保证网络的正常工作。

5.1.2.4 传感网具有自动管理和高度协作性

在传感网中,数据处理由节点自身完成,这样做的目的是减少无线链路中传送的数据量,只有与其他节点相关的信息才在链路中传送。以数据为中心的特性是传感网的又一个特点,由于节点不是预先计划的,而且节点位置也不是预先确定的,这样就有一些节点由于发生较多错误或者不能执行指定任务而被中止运行。为了在网络中监视目标对象,配置冗余节点是必要的,节点之间可以通信和协作、共享数据,这样可以保证获得被监视对象比较全面的数据。对用户来说,向所有位于观测区内的传感器发送一个数据请求,然后将采集的数据送到指定节点处理,可以通过用一个多播路由协议把消息送到相关节点的方式实现,这需要一个唯一的地址表。用户不需要知道每个传感器的具体身份号,所以可以用以数据为中心的组网方式。

5.1.2.5 传感器节点具有数据融合能力

在传感网中,由于传感器节点数目大,很多节点会采集到具有相同类型的数

据。因而,通常要求其中的一些节点具有数据融合能力,即对来自多个传感器节点的数据进行融合,再送给信息处理中心。数据融合可以减少冗余数据,从而可以减少在传送数据过程中的能量消耗,延长网络寿命。

5.1.2.6 传感网是以数据为中心的网络

传感网是任务型的网络,脱离传感网谈论传感器节点没有任何意义。传感网中的节点采用节点编号标识,是否需要节点编号唯一取决于网络通信协议的设计。由于传感器节点随机部署,构成的传感网与节点编号之间的关系是完全动态的,表现为节点编号与节点位置没有必然联系。用户使用传感网查询事件时,直接将所关心的事件通告网络,而不是通告给某个确定编号的节点,网络在获得指定事件的信息后汇报给用户。这种以数据本身作为查询或传输线索的思想更接近于自然语言交流习惯,所以通常说传感网是一个以数据为中心的网络。

5.1.2.7 传感网存在诸多安全威胁

由于传感网节点本身的资源(如计算能力、存储能力、通信能力和电量供应能力)十分有限,并且节点通常部署在无人值守的野外区域,使用不安全的无线链路进行数据传输,因此传感网很容易受到多种类型的攻击,如选择性转发攻击、采集点漏洞攻击、伪造身份攻击、虫洞攻击、Hello 消息广播攻击、黑洞攻击、伪造确认消息攻击以及伪造、篡改和重放路由攻击等。

除了上述特点之外,与无线 Mesh 网络相比,传感网的业务量较小,而无线 Mesh 网络业务量较大,主要是互联网业务(包括多媒体业务)。传感网移动性较强,因而能源问题是传感网的主要问题,而无线 Mesh 网络是固定的,即使移动,其移动性也很小,所以可以直接由电网供电,其节点能量不受限制。

传感网是无线 Ad Hoc 网络的一种典型应用,虽然它具有无线自组织特征,但与传统的 Ad Hoc 网络相比,又有许多不同,它们之间的主要区别为:在网络规模方面,传感网包含的节点数量比 Ad Hoc 网络大几个数量级;在分布密度方面,传感网节点的分布密度很大;由于能量限制和环境因素,传感网节点易损坏、易出故障;由于节点的移动和损坏,传感网的拓扑结构频繁变化;在通信方式方面,传感网节点主要使用广播通信,而 Ad-hoc 节点采用点对点通信;传感网节点能量、计算能力和存储能力受限;由于传感网节点数量的原因,节点没有统一的标识;传感网以数据为中心。

5.1.3 传感网的应用与发展

5.1.3.1 传感网的应用

传感网被认为是 21 世纪最重要的技术之一。2003 年 2 月,美国《技术评论》杂志评出对世界产生深远影响的十大新兴技术,传感网被列为第一。科学家预言无线传感器将引发新的信息革命,2003 年 8 月 25 日出版的美国《商业周刊》杂志在其"未来技术专版"中发表文章指出,效用计算、传感网、塑料电子学和仿生人体器官是全球未来的四大高科技产业,它们将引发新的产业浪潮。由于传感网具有不需要预先铺设网络设施、快速自动组网、传感器节点体积小等特点,使得它在军事、环境、工业、医疗等方面有着广阔的应用前景。

(1)军事应用。传感网可用来建立一个集命令、控制、通信、计算、智能、监视、侦察和定位于一体的战场指挥系统。传感网是由密集型、低成本、随机分布的节点组成的,自组织性和容错能力使其不会因为某些节点在恶意攻击中损坏而导致整个系统的崩溃,这一点是传统传感技术所无法比拟的。也正是这一点,使传感网非常适合应用于恶劣的战场环境,包括侦察敌情,监控兵力、装备和物资,判断生物化学攻击等多方面用途;使用声音、压力等传感器可侦探敌方阵地动静、人员、车辆行动情况,实现战场实时监督、战场损失评估等。

(2)环境监测。随着人们对于环境问题的关注程度越来越高,需要采集的环境数据也越来越多,无线传感器网络的出现为随机性地研究数据获取提供了便利,并且还可以避免传统数据收集方式给环境带来的侵入式破坏。例如,英特尔研究实验室研究人员曾经将 32 个小型传感器接入互联网,以读出缅因州"大鸭岛"上的气候,用来评价一种海燕巢的条件。无线传感器网络还可以应用于森林火险监测,传感器节点被随机密布在森林之中,当发生火灾时,这些传感器会通过协同合作在很短的时间内将火源的具体地点、火势的大小等信息传给终端用户。另外,传感网在监视农作物灌溉、土壤空气情况,牲畜、家禽的环境状况,大面积的地表监测,气象和地理研究,洪水监测以及跟踪鸟类、小型动物和昆虫,以及对种群复杂度进行研究等方面都有较大的应用空间。

(3)工业应用。在工业安全方面,传感网可应用于有毒、放射性的场合,它的自组织算法和多跳路由传输可以保证数据有更高的可靠性。在设备管理方面,传感网可用于监测材料的疲劳状况、进行机械的故障诊断、实现设备的智能维护等,如英特尔正在对工厂中的一个无线网络进行测试,该网络由 40 台机器上的 210 个传感器组成,这样组成的监控系统将可以大大改善工厂的运作条件,大幅降低检查设备的成本,同时由于可以提前发现问题,因此将能够缩短停机时间,提高效率,并延长设备的使用寿命。传感网采用分布式算法和近距离定位技术,对于机器人的控制和引导将发挥重要作用。传感网可实现家居环境、工作环境智能化。例如,嵌入家电和家具中的传感器与执行机构组成的无线网络与互联网连接在一起,将会为人们提供更加舒适、方便和人性化的智能家居和办公环境。

(4)医疗应用。无线传感器网络在医疗、护理领域也可以大展身手。罗彻斯特大学的科学家使用无线传感器创建了一个智能医疗房间,使用微尘来测量居住者的生理征兆(血压、脉搏和呼吸)、睡觉姿势以及每天 24 小时的活动状况。英特尔公司也推出了无线传感器网络的家庭护理技术。该技术是作为探讨应对老龄化社会的技术项目 Center for Aging Services Technologies(CAST)的一个环节开发的。该系统通过在鞋、家具、家用电器和治疗设备中嵌入半导体传感器,帮助老年人、阿尔茨海默病患者以及残障人士的家庭生活。如果在住院病人或老人身上安装特殊用途的传感器节点,医生就可以随时了解被监护病人或老人的情况,进行远程监控,掌握他们的身体状况,如实时掌握血压、血糖、脉搏等情况,一旦发生危急情况可在第一时间实施救助;也可实现在人体内植入人工视网膜(由传感器阵列组成),让盲人重见光明。所以,传感网将为未来的远程医疗提供更加方便、快捷的技术实现手段。

(5)物流领域应用。传感网在物流领域也有广泛的应用。传感网可用在货物的供应链管理中,帮助定位货品的存放位置、货品的状态、销售状况等。每个集装箱内的大量传感器节点可以自组织成一个无线网络,集装箱内的每个节点可以和集装箱上的节点相联系。通过装载在节点上的温湿度、加速度传感器等,记录集装箱是否被打开过,是否过热、受潮或者撞击。传感网也可以对车辆、集装箱等多个运动的个体进行有效的状态监控和位置定位。传感器节点还可以用于车辆的跟踪:将各节点收集到的有关车辆的信息传给汇聚节点(基站),经过基站处理获得车辆的具体位置。

综上所述,尽管无线传感器技术目前仍处于初步应用阶段,但已经展示出了非凡的应用价值,随着相关技术的发展和推进,传感器技术一定会得到更广泛的应用。

5.1.3.2 传感网的研究与发展

由于巨大的科学意义和商业、军事应用价值,传感网已经引起许多国家学术界、军事部门和工业界的极大关注。传感网的研究可以追溯到 1978 年由美国国防部高级计划署(DARPA)资助的在卡耐基—梅隆大学(Carnegie – Mellon University)

举行的"分布式传感网论坛",但直到 20 世纪 90 年代才真正进入研究热潮。

迄今为止,人们已经开发出一些实际可用的传感器节点平台和面向传感网的操作系统。比较具有代表性的传感器节点包括 UeB 大学和 Crossbow 公司联合开发的 Mica A 系列节点,UeB 大学 BWRC 研究中心开发的 Pico Radio 传感器节点,加州大学开发的 MecaMK－2 节点,Intel 公司开发的 Intel Mote 节点等。而传感网操作系统中比较著名的操作系统有 UeB 大学开发的 TinyOS 系统,科罗拉多州立大学开发的 MANTIS 系统等。

传感网的主要特点是资源受限,每个传感器节点的能量、处理能力、存储能力都非常有限,而且由于对传感器节点的成本要求,导致节点的可靠性也不是很高,这些都给传感网的应用发展带来极大的挑战。鉴于传感网的特点以及相关要求,与传感网相关的一些技术难题还有待进一步研究和认识。图 5－3 是对传感网研究的主要内容及其发展方向进行的概括性归纳。

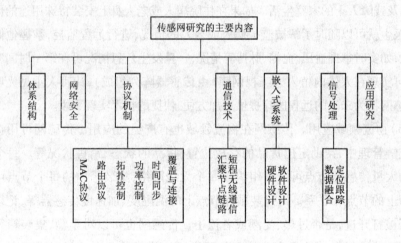

图 5－3　传感网研究内容及其发展方向

5.2　传感网的体系结构

作为一种自组织通信网络,传感网的基本组成单位是感知节点和汇聚节点(或基站节点)。尽管传统通信网络技术中已成熟的解决方案可以借鉴到传感网技术中来,但由于传感网是能量受限制的自组织网络,加上其工作环境和条件与传统网络有非常大的不同,所以设计网络时要考虑更多的对传感网有影响的因素,尤其是传感网的协议体系结构、拓扑结构以及协议标准。

5.2.1 传感网协议体系结构

网络协议体系结构是网络的协议分层以及网络协议的集合,是对网络及其部件所应完成功能的定义和描述。对传感网来说,其网络体系结构不同于传统的计算机网络和通信网络。图5-4是传感网协议体系结构示意图,该网络体系结构由分层的网络通信协议模块、传感器网络管理模块以及应用支撑服务模块3部分组成。分层的网络通信协议模块类似于 TCP/IP 协议体系结构;传感器网络管理模块主要是对传感器节点自身的管理以及用户对传感器网络的管理;应用支撑服务模块是在分层协议和网络管理模块的基础上,为传感器网络提供应用支撑技术。

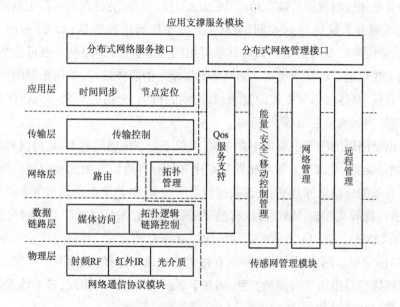

图5-4 传感网协议体系结构

5.2.1.1 分层的网络通信协议

传感网通信协议由物理层、数据链路层、网络层、传输层和应用层组成。

(1)物理层。物理层解决简单而又健壮的调制、发送、接收技术问题,包括信道的区分和选择,无线信号的监测、调制/解调,信号的发送与接收。该层直接影响电路的复杂度和能耗,主要任务是以相对较低的成本和功耗,克服无线传输媒体的传输损伤,给出能够获得较大链路容量的传感器节点网络。

传感网采用的传输媒体主要有无线电、红外线和光波等。其中,无线电是主流传输媒体。物理层还涉及频段的选择、节能的编码、调制算法的设计、天线的选择、抗干扰及功率控制等。在频段选择方面,ISM 频段由于无须注册、具有大范围可选频段、没有特定标准等优点被人们普遍采用。目前,国外已研制出的无线传感器有很多已采用 ISM 频段,如美国无线传感器制造商(Crossbow)的产品大都采用 433 MHz 和 915 MHz 频段,而蓝牙技术、ZigBee 技术(还包括 868 MHz、915 MHz 物理层,基于直接序列扩频技术)都可以采用 2.4 GHz 频段。

目前,对传感网物理层的研究比较薄弱,还有很多问题有待解决,如简单低能耗的传感网的超带宽和通带宽调制机制设计问题,微小低能耗和低费用的无线电收发器的硬件设计问题等。

(2)数据链路层。数据链路层负责数据成帧、帧检测、媒体访问和差错控制,主要任务是加强物理层传输原始比特的功能,使之对网络显现为一条无差错链路。该层又可细分为媒体访问控制(MAC)子层和逻辑链路控制(LLC)子层。其中 MAC 子层规定了不同的用户如何共享可用的信道资源,即控制节点可公平、有效地访问无线信道。LLC 子层负责向网络提供统一的服务接口,采用不同的 MAC 方法屏蔽底层,具体包括数据流的复用、数据帧的检测、分组的转发/确认、优先级排队、差错控制和流量控制等。

数据链路层的内容主要集中在 MAC 协议方面。传感网的 MAC 协议旨在为资源(特别是能量)受限的大量传感器节点建立具有自组织能力的多跳通信链路,实现公平有效的通信资源共享,处理数据包之间的碰撞,其重点是如何节省能量。目前,传感网比较典型的 MAC 协议有基于随机竞争的 MAC 协议、基于时分复用的 MAC 协议和基于 CDMA 方式的信道分配协议等。

(3)网络层。网络层协议主要负责路由的生成与选择,包括网络互联、拥塞控制等。网络层路由协议有多种类型,如基于平面结构的路由协议、基于地理位置的路由协议、分级结构路由协议等。

①基于平面结构的路由协议。泛洪技术是一种适用于传感网的最简单、最直接的路由算法,接收到消息的节点以广播形式转发分组,无须建立和维护网络拓扑结构。但这种路由算法存在重叠(Overlap)、闭塞(Implosion)及盲目使用资源等缺陷。为了克服这些缺点,人们提出了一些新的算法,如以数据为中心的自适应路由协议(SPIN)、定向扩散协议等。

②基于地理位置的路由协议。这类协议假定每个节点都知道自己的地理位置以及目标节点的地理位置。

③分级结构路由协议。比较典型的分级结构路由协议是由 MIT 学者海因策尔曼(Heinzelman)等人设计的分簇的低功耗自适应集群构架(LEACH)。该协议包括

周期性的簇建立阶段和稳定的数据通信阶段。在簇建立阶段,相邻节点动态地形成簇,而且节点以等概率随机选择方式成为簇头。在数据通信阶段,簇内节点把数据发给簇头,簇头进行数据融合并把结果发送给汇聚节点。通过随机地选择簇头节点,将整个网络的能量分配到每个节点中,从而大大延长了系统的生命周期。LEACH 协议的特点是分层和数据融合,其中分层有利于网络的扩展性,数据融合则能够减少通信量。

(4)传输层。传输层负责数据流的传输控制,帮助维护传感网应用所需的数据流,提供可靠的、开销合理的数据传输服务。

(5)应用层。应用层协议基于检测任务,包括节点部署、动态管理、信息处理等,因此需开发和使用不同的应用层软件。

5.2.1.2 传感网管理技术

(1)能量管理。在传感网中,电源能量是各个节点最宝贵的资源。为了使传感网的使用时间尽可能长,必须合理、有效地利用能量。例如,传感器节点在接收到其中一个相邻节点的一条消息后,可以关闭接收机,这样可以避免接收重复的消息。当一个传感器节点的剩余能量较低时,可以向其相邻的节点广播,通知它们自己剩余能量较低,不能参与路由功能,而将剩余能量,用于感知任务。传感网的能量管理部分控制节点对能量的使用,目前需要考虑的功耗问题有:

①微控制器的操作模式(工作模式、低功耗模式、休眠模式及工作频率减慢等),无线传输芯片的工作模式(休眠、空闲、接收、发射等)。

②从一种操作模式转换到另外一种操作模式的转换时间及功耗。

③整体系统工作的功耗映射关系及低功耗网络协议设计。

④无线调制解调器的接收灵敏度和最大输出功率。

⑤附加品质因素,如发射前端的温漂和频率稳定度、接收信号场指示(RSSI)信号的标准。

(2)拓扑管理。在传感网中,为了节约能量,某些节点在某些时刻会进入休眠状态,导致网络的拓扑结构不断变化。为了使网络能够正常运行,必须进行拓扑管理。拓扑管理的主要作用是节约能量,制定节点休眠策略,保持网络畅通,提高系统扩展性,保证数据有效传输。

(3)QoS 服务支持。QoS 服务支持是网络与用户之间以及网络上相互通信的用户之间关于数据传输与共享的质量约定。为满足用户要求,传感网必须能够为用户提供足够的资源,以用户可以接受的性能指标工作。

（4）网络管理。网络管理是对网络上的设备及传输系统进行有效的监视、控制、诊断和测试而采用的技术和方法。网络管理包括故障管理、计费管理、配置管理、性能管理和安全管理。

（5）网络安全。传感网多用于军事、商业领域，安全性是其重要的内容。由于传感网中节点随机部署以及网络拓扑的动态性和信道的不稳定性，使传统的安全机制无法使用。因此，需要设计新型的网络安全机制，可借鉴扩频通信、接入/鉴权、数字水印、数据加密等技术。

目前，传感网安全主要集中在密钥管理、身份认证和数据加密、攻击检测与抵御、安全路由协议和隐私等方面。

（6）移动控制。移动控制管理用于检测和记录传感器节点的移动状况，维护到汇聚节点的路由，并使传感器节点能够跟踪它的邻居。当传感器节点获知其相邻传感器节点后，能够平衡其能量和任务。

（7）远程管理。对于某些应用环境，传感网处于人类不容易访问的环境，为了对传感网进行管理，采用远程管理是十分必要的。通过远程管理，可以修正系统的缺陷，升级系统，关闭子系统，监控环境的变化等，使传感网工作更有效。

5.2.1.3 传感网应用支撑技术

传感网的应用支撑技术为用户提供各种具体的应用支持，包括时间同步、节点定位，以及向用户提供协同应用服务接口等中间件技术。

（1）时间同步。在传感网中，每个节点都有自己的时钟。由于不同节点晶体振荡器的频率误差以及环境干扰，即使在某个时刻所有节点都达到了时间同步，此后也会逐渐出现偏差。传感网的通信协议和应用要求各节点间的时钟必须保持同步。多个传感器节点相互配合工作，确定节点休眠也要求时钟同步。时间同步机制是传感网的关键机制。

（2）节点定位。在传感网中，位置信息对于传感网应用至关重要，没有位置信息的数据几乎没有意义。节点定位是指确定传感网中每个节点的相对位置或绝对位置。节点定位在军事侦察、环境检测、紧急救援等应用中尤其重要，是传感网的关键技术之一。目前人们提出了两类传感器节点定位方法：基于测量距离的定位方法和与测量距离无关的定位方法。

基于测量距离的定位方法首先使用测距技术，测量相邻节点间的实际距离或方位，然后使用三角计算、三边计算、多边计算、模式识别、极大似然估计等方法进行定位。

与测量距离无关的定位方法主要有 APIT 算法、质心算法、DV - Hop 算法、Amorphous算法等。

(3)分布式协同应用服务接口。传感网的应用多种多样,为了适应不同的应用环境,人们提出了各种应用层协议。该研究领域目前比较活跃,已提出的协议有任务安排和数据分发协议(TADAP)、传感器查询和数据分发协议(SQDDP)等。

(4)分布式网络管理接口。分布式网络管理接口主要指传感器管理协议(SMP),它将数据传输到应用层。

5.2.2 传感网拓扑结构

传感网的网络拓扑结构是组织传感网节点的组网技术,有多种形态和组网方式。从其组网形态和方式来看,有集中式、分布式和混合式。传感网的集中式结构类似移动通信的蜂窝结构,集中管理;分布式结构类似于 Ad Hoc 网络结构,可自组织网络接入连接,分布式管理;混合式结构是集中式与分布式结构的组合。如果按照节点功能及结构层次来分,传感网通常可分为平面网络结构、分级网络结构、混合网络结构以及 Mesh 网络结构。传感器节点经多跳转发,通过基站、汇聚节点或网关接入网络,在网络的任务管理节点对感应信息进行管理、分类和处理,再把感知信息送给用户使用。研究和开发有效、实用的传感网结构,对构建高性能的传感网十分重要,因为网络的拓扑结构严重影响着传感网通信协议(如 MAC 协议和路由协议)设计的复杂度和性能的发挥。下面根据节点功能及结构层次分别加以介绍。

5.2.2.1 平面网络结构

平面网络结构是传感网中最简单的一种拓扑结构,所有节点为对等结构,具有完全一致的功能特性,如图 5 - 5 所示,也就是说每个节点均包含相同的 MAC、路由、管理和安全等协议。这种网络拓扑结构简单,易维护,具有较好的健壮性,事实上就是一种 Ad Hoc 网络结构形式。由于没有中心管理节点,故采用自组织协同算法形成网络,其组网算法比较复杂。

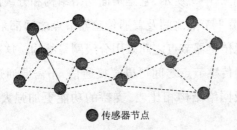

●传感器节点

图 5 - 5 传感器平面网络结构

5.2.2.2 分级网络结构

分级网络结构(也叫层次网络结构)如图 5-6 所示,它是传感网平面网络结构的一种扩展,网络分为上层和下层两部分:上层为骨干节点,下层为一般传感器节点。通常,网络可能存在一个或多个骨干节点,骨干节点之间或一般传感器节点之间采用的是平面网络结构,具有汇聚功能的骨干节点和一般传感器节点之间采用的是分级网络结构。所有骨干节点为对等结构,骨干节点和一般传感器节点有不同的功能特性,也就是说每个骨干节点均包含相同的 MAC、路由、管理和安全等功能协议,而一般传感器节点可能没有路由、管理及汇聚处理等功能。这种分级网络通常以簇的形式存在,按功能分为簇首(具有汇聚功能的骨干节点,Cluster Head)和成员节点(一般传感器节点,Members)。这种网络拓扑结构扩展性好,便于集中管理,可以降低系统建设成本,提高网络覆盖率和可靠性,但是集中管理开销大,硬件成本高,一般传感器节点之间可能不能直接通信。

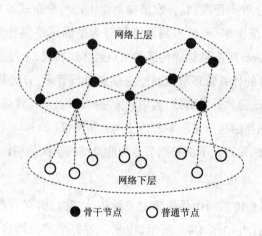

图 5-6 传感器分级网络结构

5.2.2.3 混合网络结构

混合网络结构如图 5-7 所示,它是平面网络结构和分级网络结构结合起来的混合拓扑结构,网络骨干节点之间及普通传感器节点之间都采用平面网络结构,而网络骨干节点和普通传感器节点之间采用分级网络结构。这种结构和分级网络结构不同的是它的普通传感节点之间可以直接通信,不需要通过汇聚节点来转发数据。这种结构同分级网络结构相比较,支持的功能更加强大,但所需的硬件成本更高。

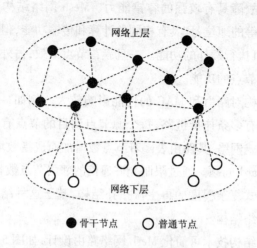

图 5 -7　传感网混合拓扑结构

5.2.2.4　Mesh 网络结构

　　Mesh 网络结构是一种新型的传感网拓扑结构,与前面的传统网络拓扑结构有一些结构和技术上的不同。从结构来看,Mesh 网络是规则分布的网络,它不同于完全连接的网络结构(如图 5 – 8 所示),通常只允许和节点最近的邻居通信(如图 5 – 9所示)。网络内部的节点一般都是相同的,因此 Mesh 网络也称为对等网。Mesh 网络是构建大规模传感网的一个很好的结构模型,特别是那些分布在一个地理区域的传感网,如人员或车辆安全监控系统。

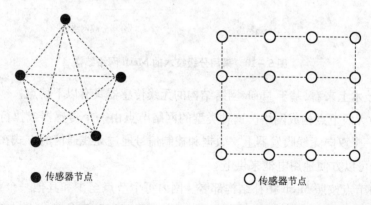

图 5 – 8　完全联通的网络结构　　　　图 5 – 9　传感网 Mesh 网络结构

　　尽管这里反映通信拓扑的是规则结构,然而节点实际的地理分布不必是规则的 Mesh 结构形态。由于通常 Mesh 网络结构节点之间存在多条路由路径,网络对于单点或单个链路故障具有较强的容错能力。Mesh 网络结构最大的优点就是尽管所有节点都是对等的地位,且具有相同的计算和传输功能,但某个节点可被指定为簇首节点,而且可执行额外的功能。一旦簇首节点失效,另外一个节点可以立刻补充并接管原簇首节点的功能。

不同的网络结构对路由和 MAC 的性能影响较大。例如,一个 N × M Mesh 网络结构的传感网拥有多条连接链路,每个源节点到目的节点有多条连接路径。对于完全连接的分布式网络,其路由表随着节点数增加而成指数增加,且路由设计复杂度是一个 NP – hard 问题。通过限制允许通信的邻居节点数目和通信路径,可以获得一个具有多项式复杂程度的再生流拓扑结构,基于这种结构的流线型协议本质上就是分级的网络结构。

采用分级网络结构技术可简化 Mesh 网络路由设计,如图 5 – 10 所示。由于其数据处理可以在每个分级的层次里面完成,因而比较适合于传感网的分级式信号处理和决策。

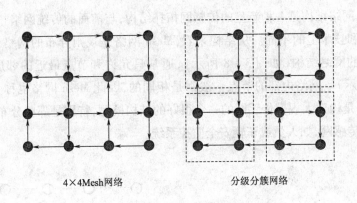

4×4Mesh网络   分级分簇网络

图 5 – 10 采用分级技术的 Mesh 网络结构

从技术上来看,基于 Mesh 网络结构的无线传感器具有以下特点:

(1)无线节点构成网络。这种类型的网络节点由一个传感器或执行器构成且连接到一个双向无线收发器上。数据和控制信号通过无线通信的方式在网络上传输,节点可以方便地用电池来供电。

(2)节点按照 Mesh 拓扑结构部署。网内每个节点至少和其他一个节点通信,这种方式可以实现比传统的集线式或星状拓扑更好的网络连通性。除此之外,Mesh 网络还有以下特征:自我形成,即当节点打开电源时,可以自动加入网络;自愈功能,即当节点离开网络时,其余节点可以自动重新路由它们的消息或信号到网络外部的节点,以确保存在更加可靠的通信路径。

(3)支持多条路由。来自一个节点的数据在其到达一个主机网关或控制器之前,可以通过其余节点转发,在不牺牲当前信道容量的情况下,扩展无线网络的范围是传感网设计和部署的一个重要目标。通过 Mesh 方式的网络连接,只需短距离通信链路,经受较少的干扰,因而可以为网络提供较高的吞吐量和频谱利用率。

(4)功耗限制和移动性取决于节点类型和应用的特点。通常基站或汇聚节点移动性较低,感知节点可能移动性较高。基站通常不受电源限制,而感知节点通常由电池供电。

(5)存在多种网络接入方式。可以通过星状、Mesh 等节点方式和其他网络集成。在传感网实际应用中,通常根据应用需求来灵活选择合适的网络拓扑结构。

5.3 传感网的关键技术

5.3.1 网络通信协议及功率控制

由于传感器节点的计算能力、存储能力、通信能力以及携带的能量都十分有限,每个节点只能获取局部网络的拓扑信息,其上运行的网络协议也不能太复杂。同时,传感器拓扑结构动态变化,网络资源也在不断变化,这些都对网络协议提出了更高的要求。传感网协议负责使各个独立的节点形成一个多跳的数据传输网络,目前研究的重点是网络层协议和数据链路层协议。网络层的路由协议决定监测信息的传输路径:数据链路层的介质访问控制用来构建底层的基础结构,控制传感器节点的通信过程和工作模式。

在传感网中,路由协议不仅关心单个节点的能量消耗,更关心整个网络能量的均衡消耗,这样才能延长整个网络的生存期。同时,传感网是以数据为中心的,这在路由协议中表现得最为突出,每个节点没有必要采用全网统一的编址,选择路径可以不用根据节点编址,更多的是根据感兴趣的数据建立数据源到汇聚节点之间的转发路径。

传感网的 MAC 协议首先要考虑节省能源和可扩展性,其次才考虑公平性、利用率和实时性等。在 MAC 层的能量浪费主要表现在空闲侦听、接收不必要的数据和碰撞重传等。为了减少能量的消耗,MAC 协议通常采用"侦听/休眠"交替的无线信道侦听机制,传感器节点在需要收发数据时才侦听无线信道,没有数据需要收发时就尽量进入休眠状态。由于传感网是应用相关的网络,应用需求不同时,网络协议往往需要根据应用类型或应用目标环境特征定制,没有任何一个协议能够高效适应所有不同的应用。

5.3.2 网络拓扑控制

对于传感网,网络拓扑控制具有特别重要的意义。通过拓扑控制自动生成良好的网络拓扑结构,能够提高路由协议和 MAC 协议的效率,可为数据融合、时间同步和节点定位等奠定基础,有利于节省节点的能量以延长网络的生存期。拓扑控制是传感网的核心技术之一。

目前,传感网拓扑控制的主要问题是在满足网络覆盖度和连通度的前提下,通过功率控制和骨干网节点选择,剔除节点之间不必要的无线通信链路,生成一个高效的数据转发网络拓扑结构。拓扑控制可以分为节点功率控制和层次型拓扑结构控制两个方面。功率控制机制调节网络中每个节点的发射功率,在满足网络连通度的前提下,减小节点的发送功率,均衡节点单跳可达的邻居数目;层次型的拓扑控制利用分簇机制,让一些节点作为簇头节点,由簇头节点形成一个处理并转发数据的骨干网,其他非骨干网节点可以暂时关闭通信模块,进入休眠状态以节省能量。除了传统的功率控制和层次型拓扑控制,人们还提出了启发式的节点唤醒和休眠机制。该机制能够使节点在没有事件发生时设置通信模块为休眠状态,而在有事件发生时及时自动醒来并唤醒邻居节点,形成数据转发的拓扑结构。这种机制重点在于解决节点在休眠状态和活动状态之间的转换问题,不能够独立地作为一种拓扑结构控制机制,而需要与其他拓扑控制算法配合使用。

5.3.3 网络安全技术

传感网作为任务型的网络,不仅要进行数据传输,还要进行数据采集和融合、任务协同控制等。如何保证任务执行的机密性、数据产生的可靠性、数据融合的高效性以及数据传输的安全性,是传感网安全需要全面考虑的问题。

为了保证任务的机密布置、任务执行结果的安全传递与融合,传感网需要实现一些最基本的安全机制:机密性、点到点的消息认证、完整性鉴别、新鲜性、认证广播和安全管理。除此之外,为了确保数据融合后数据源信息的保留,水印技术也成为传感网安全的研究内容。虽然在安全方面,传感网没有引入太多的内容,但传感网的特点决定了它的安全与传统网络安全在研究方法和计算手段上有很大不同。首先,传感网单元节点的各方面能力都不能与目前互联网的任何一种网络终端相比,所以必然存在算法计算强度和安全强度之间的权衡问题,如何通过更简单的算法实现尽量坚固的安全外壳是传感网安全的主要挑战;其次,有限的计算资源和能量资源往往需要系统的综合考虑,以减少系统代码的数量,如安全路由技术等;另外,传感网任务的协作特性和路由的局部特性使节点之间存在安全耦合,单个节点的安全泄漏必然威胁网络的安全,所以在考虑安全算法的时候要尽量减小这种耦合性。

5.3.4 时间同步技术

时间同步是传感网系统协同工作的一个关键机制。例如,测量移动车辆速度需要计算不同传感器检测事件时间差,通过波束阵列确定声源位置节点间时间同步。NTP 协议是互联网上广泛使用的网络时间协议,但它只适用于结构相对稳定、链路很少失败的有线网络系统;GPS 系统能够以纳秒级精度与世界标准时间 UTC 保持同步,但需要配置固定的高成本接收机,同时,在室内、森林或水下等有掩体的环境中,无法使用 GPS 系统。因此,它们都不适用于传感网。

目前人们已提出多个时间同步机制,其中 RBS,TINY/MINI - SYNC 和 TPSN 被认为是三个基本的同步机制。RBS 机制是基于接收者—接收者的时钟同步:一个节点广播时钟参考分组,广播域内的两个节点分别采用本地时钟记录参考分组的到达时间,通过交换记录时间来实现它们之间的时钟同步。TINY/MINI - SYNC 是简单的轻量级同步机制:假设节点的时钟漂移遵循线性变化,那么两个节点之间的时间偏移也是线性的,可通过交换时标分组来估计两个节点间的最优匹配偏移量。TPSN 采用层次结构实现整个网络节点的时间同步:所有节点按照层次结构进行逻辑分级,通过基于发送者—接收者的节点对方式,每个节点能够与上一级的某个节点进行同步,从而实现所有节点都与根节点的时间同步。

5.3.5 定位技术

位置信息是传感器节点采集数据中不可缺少的部分,没有位置信息的监测消息是毫无意义的。确定事件发生的位置或采集数据的节点位置是传感网最基本的功能之一。为了提供有效的位置信息,随机部署的传感器节点必须能够在布置后确定自身位置。

由于传感器节点存在资源有限、随机部署、通信易受环境干扰甚至节点失效等特点,定位机制必须满足自组织性、健壮性、能量高效、分布式计算等要求。根据节点位置是否确定,传感器节点分为信标节点和位置未知节点。信标节点的位置是已知的,位置未知节点需要根据少数信标节点,按照某种定位机制确定自身的位置。

在传感网定位过程中,通常会使用三边测量法、三角测量法或极大似然估计法确定节点位置。根据定位过程中是否实际测量节点间的距离或角度,传感网中的节点定位有基于距离的定位、距离无关的定位两种类型。

5.3.6　数据融合与管理

传感网是能量约束的网络,减少传输的数据量能够有效地节省能量,提高网络的生存期。因此,在各个传感器节点数据收集过程中,可利用节点的本地计算和存储能力、数据处理融合能力,去除冗余信息,从而达到节省能量的目的。由于传感器节点的易失效性,传感网也需要数据融合技术对多份数据进行综合,以提高信息的准确度。

5.3.6.1　数据融合技术

数据融合技术已经在目标跟踪、目标自动识别等领域得到了广泛应用。在应用层设计中,可以利用分布式数据库技术,对采集到的数据进行逐步筛选,达到融合的效果;在网络层中,很多路由协议均结合了数据融合机制,以减少数据传输量。

数据融合技术能够节省能量、提高信息准确度,但它是以牺牲其他性能为代价的。首先是延迟的代价。在数据传送过程中寻找易于进行数据融合的路由、进行数据融合操作、为融合而等待其他数据的到来,这三个方面都可能增加网络的平均延迟。其次是鲁棒性的代价。传感网相对于传统网络有更高的节点失效率和数据丢失率,数据融合可以大幅度降低数据的冗余性,但丢失相同的数据量可能损失更多的信息,相对而言也降低了网络的鲁棒性。

5.3.6.2　数据管理技术

从数据存储的角度来看,传感网可被视为一种分布式数据库。以数据库的方法在传感网中进行数据管理,可以将存储在网络中的数据逻辑视图与网络中的实现进行分离,使得传感网用户只需要关心数据查询的逻辑结构,无须关心实现细节。虽然对网络存储的数据进行抽象会在一定程度上影响执行效率,但可以增强传感网的易用性。

传感网的数据管理与传统的分布式数据库有很大差别。由于传感器节点能量受限且容易失效,因此数据管理系统必须在尽量减少能量消耗的同时提供有效的数据服务。同时,传感网中节点数量庞大,且节点产生的是无限的数据流,无法通过传统的分布式数据库数据管理技术进行分析处理。此外,对传感网数据的查询经常是连续的或随机抽样的,这也使得传统分布式数据库的数据管理技术不适用于传感网。

传感网数据管理系统的结构主要有集中式、半分布式、分布式以及层次式四种。目前大多数研究工作集中在半分布式结构。传感网中数据的存储采用网络外部存储、本地存储和以数据为中心的存储三种方式。相对于其他两种方式,以数据为中心的存储方式可以在通信效率和能量消耗两个方面获得折中。基于地理散列表的方法便是一种常用的以数据为中心的数据存储方式。传感网中,既可以为数据建立一维索引,也可以建立多维分布式索引(DIM)。

传感网的数据查询语言目前多采用类 SQL 的语言。查询操作可以按照集中式、分布式或流水线式进行设计。集中式查询由于传送了冗余数据而消耗额外的能量;分布式查询利用聚集技术可以显著降低通信开销;而流水线式聚集技术可以提高分布式查询的聚集正确性。传感网中,对连续查询的处理也是需要考虑的,利用自适应技术(CACQ)可以处理传感网节点上的单连续查询和多连续查询请求。

5.3.7 嵌入式操作系统

传感器节点是一个微型嵌入式系统,携带非常有限的硬件资源,需要操作系统节能高效地使用其有限的内存、处理器和通信模块,且能够对各种特定应用提供最大的支持。在面向传感网的操作系统的支持下,多个应用可以并发地使用系统的有限资源。

传感器节点有两个突出的特点:一个是并发性密集,即可能存在多个需要同时执行的逻辑控制,这需要操作系统能够有效地满足这种发生频繁、并发程度高、执行过程比较短的逻辑控制流程;另一个是传感器节点模块化程度很高,要求操作系统能够让应用程序对硬件进行控制,且保证在不影响整体开销的情况下,应用程序中的各个部分能够进行重新组合。针对上述这些特点,美国加州大学伯克利分校研发了 TinyOS 操作系统,在科研机构的研究中得到比较广泛的使用,但仍然存在不足之处。

5.4 传感网节点部署与覆盖

节点部署是传感网工作的基础,它直接关系到网络监测信息的准确性、完整性和时效性。节点部署涉及覆盖、连接和节约能量消耗等方面。

5.4.1 传感网节点部署

节点部署是通过一定的算法布置节点,优化已有网络资源,以期网络在未来应用中获得最大利用率或单个任务的最少能耗。节点部署是传感网进行工作的第一步,也是网络正常工作的基础,只有把传感器节点在目标区域布置好,才能进一步进行其他的工作和优化。

所谓节点部署,就是在指定的监测区域内,通过适当的方法布置传感网节点以满足某种特定需求。合理的节点部署不仅可以提高网络工作的效率、优化利用网络资源,还可以根据应用需求的变化改变活跃节点的数目,以动态调整网络的节点密度。此外,在某些节点发生故障或能量耗尽失效时,通过一定策略重新部署节点,可保证网络性能不受大的影响,使网络具有较强的鲁棒性。

设计传感网的节点部署方案时一般需要考虑以下问题:如何实现对监测区域的完全覆盖并保证整个网络的连通性;如何减少系统能耗,最大化延长网络寿命;当网络中有部分节点失效时,如何对网络进行重新部署。

5.4.2 传感网覆盖

如何利用节点完成对目的区域的检测或监控,是一个传感网覆盖问题。覆盖问题不仅反映了网络所能提供的"感知"服务质量,而且通过合理的覆盖控制还可以使网络空间资源得到优化,降低网络的成本和功耗,延长网络的寿命,使网络更好地完成环境感知、信息获取和有效传输的任务。

5.4.2.1 传感网覆盖影响因素

在不同的应用中,覆盖问题可以从不同的角度建模。以下是影响覆盖问题的一些因素:

(1)传感器节点部署方法。传感器节点部署通常有确定性部署和随机性部署两种方法。在一些友好的、容易接近的环境中可以选择确定性部署算法;而在一些军事领域的应用或者是在一些遥远的、荒凉的环境中只能选择随机部署算法。

(2)感知半径和通信半径。传感网中的节点是否拥有相同的或者是不同的感知半径。通信半径则与网络的连通性有着密切关系,可以和感知半径相等,也可以不相等。

(3)附加的需求。例如,基于能量效率的覆盖(Energy – efficiency Coverage)和连通的覆盖(Connected Coverage)。

(4)算法的特性。例如,集中式与分布式/局部化特性。

5.4.2.2 传感网覆盖方式

由于传感网是基于应用的网络,不同的应用具有不同的网络结构与特性。因此,传感网的覆盖也有着多种方式。

(1)确定性覆盖和随机覆盖。按照传感网节点不同的配置方式(即节点是否需要知道自身位置信息),可将传感网的覆盖分为确定性覆盖、随机覆盖两大类。

①确定性覆盖。如果传感网的状态相对固定或者环境已知,可根据先配置的节点位置确定网络拓扑情况或增加关键区域的传感器节点密度,这种情况被称为确定性覆盖。此时的覆盖控制问题是一种特殊的网络或路径规划问题。典型的确定性覆盖有确定性区域/点覆盖、基于网格(Gird)的目标覆盖和确定性网络路径/目标覆盖三种类型。

②随机覆盖。在许多自然环境中,由于网络情况不能预先确定且多数确定性覆盖模型会给网络带来对称性与周期性特征,从而掩盖了某些网络拓扑的实际特性,加上传感网自身拓扑变化复杂,导致采用确定性覆盖在实际应用中具有很大的局限性,不能适用于战场等危险或其他环境恶劣的场所。因此,需要节点随机分布在感知区域,具体分为随机节点覆盖和动态网络覆盖两类。随机节点覆盖是指,在感知节点随机分布且预先不知节点位置的条件下,网络完成对监测区域的覆盖任务。动态网络覆盖则是考虑一些特殊环境中部分感知节点具备一定运动能力的情况,这类网络可以动态完成相关覆盖任务,更具灵活性和实用性。

(2)区域覆盖、点覆盖和栅栏覆盖。按照传感网对覆盖区域的不同要求和不同应用,有区域覆盖、点覆盖、栅栏覆盖三种方式。

①区域覆盖(Area Coverage)。区域覆盖要求目标区域中的每一点至少被一个节点覆盖,同时保证网络内各节点间的连通性,并在满足覆盖和连通要求的前提下,尽可能减少所需节点数,使网络成本最小。在战场实时监控等应用中,就需要对目标区域内的每一个点进行监测。图 5 – 11 显示了传感网对给出的正方形区域进行覆盖的例子。

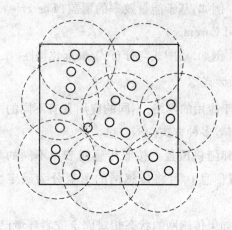

图 5 - 11　区域覆盖

②点覆盖(Point Coverage)。在点覆盖中,所关心的是覆盖目标区域中的一组点,它只需对目标区域内的有限个离散点进行监测,并确定覆盖这些点所需的最少节点数以及节点的位置。图 5 - 12 显示了一组随机分布的传感器覆盖一组观测点的例子。

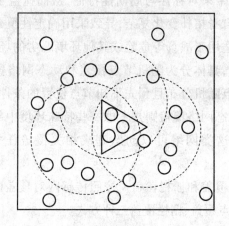

图 5 - 12　点覆盖

③栅栏覆盖(Barrier Coverage)。栅栏覆盖考虑的是当移动目标沿任意路径穿越传感网的部署区域时,网络检测到该移动目标的概率问题。该问题的意义在于:一方面可以确定最佳网络部署,使得目标检测概率最大;另一方面,当穿越对方的监控区域时,可以选择一条最安全的路径。目标穿越网络时被检测到的概率不但与目标运动路径相关,还与目标在网络中所处的时间相关。目标在网络中所处时

间越长,被检测到的概率越大。图 5 - 13 显示了一个一般的栅栏覆盖问题,路径的起点和终点是从区域的底部和顶部的边界线上选择的。

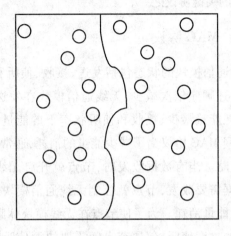

图 5 - 13　栅栏覆盖

5.4.3　连接与节能

5.4.3.1　连　接

连接问题(Connectivity Problem)考虑的是:节点间的连接情况能否保证采集的信息准确地传递给汇聚节点。

(1)纯连接(Pure Connectivity)。不论网络是否运行,都要保证网络任意两节点是连通的,这是网络运行的基础。

(2)路由连接(Routing Algorithm Based Connectivity)。这是指在网络运行时,按照某种特定的算法实现任意两点间的连接,是对纯连接的优化。不同的路由算法,对连接效果有不同的影响。

5.4.3.2　节　能

节能(Energy Efficiency Problem)主要考虑两个问题:一是网络部署时传感器节点消耗的能量要少;二是网络在使用过程中能量的平均消耗量最低。前者主要是减少部署时能量的消耗,后者主要从能量平衡的角度考虑延长网络寿命。

5.5　传感网 MAC 协议

在传感网中,媒体访问控制(Medium Access Control,MAC)协议决定无线信道的使用方式,在传感器节点之间分配有限的无线通信资源,用来构建传感网系统的底层基础结构,MAC 协议处于传感网协议的底层,对传感网的性能有较大影响,是保证传感网高效通信的关键协议之一。

5.5.1　基于竞争的 MAC 协议

传感器节点无线通信模块的状态包括发送、接收、侦听和休眠等。单位时间内消耗的能量按照上述顺序依次减少,无线通信模块在发送状态时消耗能量最多,在休眠状态时消耗能量最少,接收和侦听状态下的能量消耗小于发送状态。基于上述原因,传感网 MAC 协议为了减少能量的消耗,通常采用"侦听/休眠"交替的无线信道使用策略。当有数据收发时,节点就开启无线通信模块进行发送和侦听;如果没有数据需要收发,节点就控制无线通信模块进入休眠状态,从而减少空闲侦听造成的能量消耗。为了使节点在无线模块休眠时不错过发送给它的数据,或减少节点的过度侦听,邻居节点间需要协调侦听和休眠的周期,同时休眠或唤醒。基于竞争方式的 MAC 协议,采用按需使用信道的方式,通过竞争方式占用无线信道。

5.5.1.1　S – MAC 协议

S – MAC 协议是经典的基于竞争的传感网 MAC 协议,由南加州大学的韦业(Weiye)和加州大学洛杉矶分校的埃斯特林(Deboran Estrin)等人在分布式协调功能(DCF)的基础上改进而成的。由于传感网分布式的特点,网络生存期是设计协议时首要考虑的问题。S – MAC 协议的主要思想是引入周期性的休眠和侦听,让所有节点进行周期性的侦听和休眠,达到节约传感器节点能量的目的。由于采用了 802.11 的载波侦听机制,为了避免碰撞和串音,该协议借用并改进了网络分配向量(Network Allocation Vector,NAV)机制。S – MAC 协议的扩展性良好,能适应网络拓扑的变化,很适合传感网的应用环境。

5.5.1.2　T – MAC 协议

在 S – MAC 协议中,采用的是固定的休眠和监听周期,在网络负载较低的情况下,空闲侦听会消耗大量能量。T – MAC 协议则通过进一步缩短侦听时间来降低能耗。

T – MAC 协议是在 S – MAC 协议周期性侦听和休眠的基础上,根据流量动态调整侦听时间。如图 5 – 14 所示,节点在侦听时,如果侦听了 TA 时间都没有激活事件发生的话,说明该节点在这个侦听周期内不会有事件发生了,节点就进入休眠周期,直到下一个激活周期。

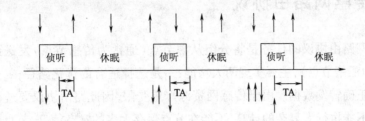

图 5 - 14 T - MAC 协议工作原理

T - MAC 协议在节能方面始终优于 S - MAC 协议,但它是以牺牲网络的时延和吞吐量为代价的。T - MAC 协议通过减少节点处于活动状态的时间比 S - MAC 协议节省了更多的能量,在负载可变的应用中这种优势更加明显。但是,提前结束活动周期带来了早睡问题,降低了网络的吞吐量。虽然提出了预请求发送和满缓冲区优先的方法,但带来了额外通信开销和网络冲突等问题。相对于 S - MAC,T - MAC协议的协议复杂度较高。

5.5.2 基于时分复用的 MAC 协议

时分复用是实现信道分配简单成熟的机制,蓝牙网络就采用了基于 TDMA 的 MAC 协议。在传感网中采用 TDMA 机制,就是为每个节点分配独立的用于数据发送和接收的时槽,而节点在其他空闲时槽内转入休眠状态。

TDMA 机制的一些特点非常适合传感网节省能量的需求:TDMA 机制没有竞争机制中的碰撞重传问题;数据传输时不需要过多的控制信息;节点在空闲时槽能够及时进入休眠状态。但 TDMA 机制需要节点之间比较严格的时间同步。时间同步是传感网的基本要求,多数传感网都使用了侦听/休眠的能量唤醒机制,利用时间同步来实现节点状态的自动转化,节点之间为了完成任务需要协同工作,这同样不可避免地需要时间的同步。

但 TDMA 机制在网络扩展性方面存在不足:难于调整时间帧的长度和时槽的分配;对于传感网的节点移动、节点失效等动态拓扑结构适应性较差;对于节点发送数据量的变化也不敏感。研究者利用 TDMA 机制的优点,针对 TDMA 机制的不足,结合具体的传感网应用,提出了多个基于 TDMA 的传感网 MAC 协议,主要包括基于分簇网络的 MAC 协议、DEANA 协议、TRAMA 协议和 DMAC 协议等。

5.6 传感网路由协议

传感网路由协议的任务是将分组从源节点(通常为传感节点)发送到目的节点(通常为汇聚节点),主要实现两大功能:一是选择适合的优化路径;二是沿着选定的路径正确转发数据。由于传感网资源严重受限,因此路由协议要遵循的设计原则包括不能执行太复杂的计算、不能在节点保存太多的状态信息、节点间不能交换太多的路由信息等。为了有效地完成上述任务,人们已经提出了很多种路由协议,大都利用了传感网的以下特点:①以数据为中心,传感器节点按照数据属性寻址,而不是 IP 寻址;②传感器节点监测到的数据往往被发送到汇聚节点;③原始监测数据中有大量冗余信息,路由协议可以合并数据、减少冗余性,从而降低带宽消耗和发射功耗;④能量优先,传感器节点的计算速度、存储空间、发射功率、电源能量有限,需要节约这些资源。

根据传感网结构,可以将路由协议分为基于平面结构、基于地理位置和基于分级结构三大类。基于平面结构的路由协议,所有节点通常都具有相同的功能和对等的角色;基于地理位置的路由协议,网络节点利用传感器节点的位置来路由数据;而基于分级结构的路由协议,节点通常扮演不同的角色。

5.6.1 基于平面结构的路由协议

在基于平面结构的路由协议中,逻辑视图是一个平面,节点的地位是平等的。这类路由协议的优点是不存在特殊节点,路由协议的鲁棒性较好,数据流量平均地分散在网络中;缺点是缺乏可扩展性,限制了网络的规模。基于平面结构的路由协议是最简单的路由形式,最有代表性的算法是泛洪 Flooding 算法、SPIN 算法和 DD 算法。

5.6.2 基于地理位置的路由协议

在传感网中,节点通常需要获取它的位置信息,这样采集的数据才有意义。如,在森林防火的应用中,消防人员不仅要知道森林中发生的火灾事件,而且还要知道火灾的具体位置。地理位置路由假设节点知道自己的地理位置信息,以及目的节点或者目的区域的地理位置,利用这些地理位置信息作为路由选择的依据,节点按照一定策略转发数据到目的节点。地理位置的精确度和代价相关,在不同的应用中会选择不同精确度的位置信息来实现数据的路由转发,典型的如 GEAR 路由协议等。

5.6.3　基于分级结构的路由协议

分级结构路由协议是与平面路由相对的概念,主要特点是出现了分簇的结构。在基于簇的路由协议中,网络被划分为大小不等的簇(Cluster)。所谓簇,就是具有某种关联的网络节点集合。每个簇由一个簇头(Cluster head)和多个簇内成员(Cluster member)组成。在分层的簇结构网络中,低一级网络的簇头是高一级网络的簇内成员,最高层的簇头与汇聚节点(Sink node)通信。这类算法将整个网络划分为相连的区域。

相对于平面结构中每一个点都是对等的,具有分簇结构的层次拓扑路由将节点分成若干个集合(簇),每一个簇有一个节点充当簇头,簇头节点负责管理簇内事务以及与其他簇进行数据交换。簇内其他节点仅仅与簇头节点进行数据交换,而与其他簇成员不发生联系。这样簇内成员组成一个低层次的节点集合,通过相应算法进行数据交换,所有簇头节点组成一个高层次的节点集合,各个簇头之间再通过相应算法进行数据交换。典型分簇式路由协议有 LEACH 协议、HEED 协议、PEGASIS 协议、TEEN 协议和 APTEEN 协议等。

分簇路由机制具有以下优点:

(1)成员节点大部分时间可以关闭通信模块(休眠),由簇头构成一个更上一层的连通网络来负责数据的长距离路由转发。这样既保证了原有覆盖范围内的数据通信,也在很大程度上节省了网络能量。

(2)簇头融合成员节点的数据之后再进行转发,减少了数据通信量。

(3)成员节点的功能比较简单,无须维护复杂的路由信息。这大大减少了网络中路由控制信息的数量,减少了通信量。

(4)分簇式的拓扑结构便于管理,有利于分布式算法的应用,可以对系统变化作出快速反应,具有较好的可扩展性,适合大规模网络。

5.7　传感网系统设计与开发

传感网具有很强的应用相关性,在不同应用要求下需要配套不同的网络模型、软件系统和硬件平台。可以说传感网是在特定应用背景下,以一定的网络模型规划的一组传感器节点的集合,而传感器节点是为传感网特别设计的微型计算机系统。

本节重点介绍传感器节点的硬件设计以及传感器网络操作系统。

5.7.1 传感网设计要求

由于传感网是在特定应用背景下,以一定的网络模型规划的一组传感器节点的集合,其节点设计需要考虑如下几个方面的基本要求。

5.7.1.1 微型化

传感器节点的体积应该足够小,以保证对目标各级系统本身的特性不会造成影响。在某些场合甚至需要目标系统能够小到不容易被人所察觉的程度,以完成一些特殊任务。在软件方面要求所有的软件模块都应该尽量精简,没有冗余代码。

5.7.1.2 扩展性和灵活性

传感器节点的外部接口规范统一,在需要添加新的硬件部件时可以在现有节点上直接添加,而无须重新开发。同时,节点可以按功能拆分成多个组件,组件之间通过标准接口自由组合。在不同的应用环境下,选择不同的组件自由配置系统,这样就不必为每个应用都开发一套全新的硬件系统了。软件的扩展性体现在节点上的软件不需要额外的设备就可以自动升级。软件模块组件化和可配置使所有的软件模块具有独立标准的模块接口,这样不同的应用可以根据自身的需要配置满足要求的最小系统。

5.7.1.3 稳定性和安全性

节点各个部件应能够在给定的外部环境变化范围内正常工作。软件模块要保证其逻辑上的正确性和完整性,在硬件出现问题的时候能够及时感知并采取积极的措施。另外,对于敏感数据要以密文形式存储和传送,并要有数据完整性保护,以防止外界因素造成数据修改。

5.7.1.4 低成本

低成本是传感器节点的基本要求。只有低成本才能大量地布置在有效区域中,表现出传感器网络的各种优点。

5.7.2 传感网核心部件的设计

无线传感器节点的体系结构由传感器模块、处理器模块、无线收发模块和能量供应模块四部分组成。作为一个完整的微型计算机系统,要求其组成部分的性能必须是协调和高效的,各个模块实现技术的选择需要根据实际的应用系统要求进行权衡和取舍。图 5 – 15 描述了构成传感器节点的各部件性能需求的依赖关系。

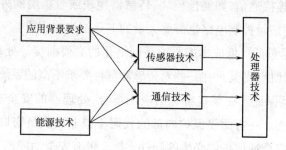

图 5 – 15　传感器节点各部件性能需求的依赖关系

应用背景对传感器的种类、精度和采样频率提出要求,同时对无线通信使用的频段、传输距离、数据收发速率提出要求;能源技术则对传感器技术和通信技术的能耗作出具体的约束,同时要求处理器本身必须是超低功耗的,并且支持休眠模式;传感器的选取、应用背景要求的采样频率以及通信技术的数据收发速率对处理器的处理能力、数据采样速度和精度以及能用 I/O 控制的数量提出具体要求;处理器的选择则由所有这些技术要求所制约。下面结合各模块,分析各个部分通常采用的设计技术,并给出一些可选的技术方案。

5.7.2.1　处理器模块

处理器模块是无线传感器节点计算的核心,所有的设备控制、任务调度、能量计算、功能协调、通信协议、数据整合和数据转储程序等都在这个模块的支持下完成,所以处理器的选择在传感器节点设计中至关重要。

传感器网络节点使用处理器应该满足如下要求:

(1)外形尽量小。处理器的尺寸往往决定了整个节点的尺寸。

(2)集成度尽量高。一般都选择片上系统(System on Chip,SoC)作为传感器节点的处理器。

(3)功耗低而且支持休眠模式。处理器功耗主要由工作电压、运行时钟、内部逻辑复杂度以及制作工艺决定。工作电压越高,运行时钟越快,功耗也越大。休眠模式直接关系到节点生命周期的长短。

(4)运行速度要尽量快。系统能够在最短的时间内完成必须完成的工作,从而快速进入休眠状态,节省系统能源。但同时速度快的处理器功耗也大,所以在考察处理器运行速度的时候需要细致权衡。

(5)要有足够的外部通用 I/O 端口和通信接口。目前选择的处理器虽然集成度很高,但仍然不可能包含无线传感器节点所需要的全部功能,处理器还必须和其他功能模块进行连接通信,如通信模块、传感器模块或者扩展的外部存储器模块。另外,各种模块的能量控制电路也需要大量的I/O端口来完成。

(6)成本要尽量低。低成本的要求是网络化的必要前提。处理器在传感器节点成本中占很大比例,尤其是在一些对传感器部件要求不高的系统中。

(7)有安全性保证。在某些特殊的应用场合,处理器的安全功能也是需要考虑的一个重要方面。一方面要保护内部的代码不被非法成员窃取,另一方面要能够为安全存储和安全通信提供必要的硬件支持。带有安全功能的处理器通常价格贵,而且功耗大,所以一般的安全算法使用软件实现。

嵌入式ARM处理器可能成为下一代传感器节点设计中的考虑对象。ARM系列处理器性能跨度比较大,低端系统价格便宜,可以替代单片机的应用,高端处理器可以达到Pentium处理器和其他专业多媒体处理器的水平,甚至可在很多并行系统中实现阵列处理。ARM处理器功耗低,处理速度快,集成度也相当高,而且地址空间非常大,可以扩展大容量的存储器。但在普通传感器节点中使用,其价格、功耗以及外围电路的复杂度还不够理想。随着技术的进步,ARM处理器将在这些方面有更加出色的表现。另外,对于需要大量内存、外存以及高数据吞吐率和处理能力的传感器网络汇聚节点(也称为基站节点),ARM处理器是非常理想的选择。

5.7.2.2　无线通信模块

传感网的数据通信协议包括物理层、链路层、网络层和应用层。鉴于传感网节点的资源和运算能力,一般不定义传输层。确实需要的话,可以在应用层中作适当的补充。目前各层次协议还没有不同的要求,所以即使要对各个层次的协议进行标准化,也不太可能为所有的应用统一使用相同的协议。一种比较合适的做法是,针对各种应用定义一组可行的通信协议。而传感网的硬件模块,主要关心无线通信协议中的物理层和MAC层技术。这两个层次基本决定了硬件模块的具体架构。

物理层需要考虑编码调制技术、通信频段等问题。编码调制技术影响占用频率带宽、通信速率、收发功率等一系列技术参数。比较常见的编码调制技术包括开关键控、幅移键控、频移键控、相移键控和各种扩频技术,如跳频扩频、直接序列扩频等。无线应用技术往往会选择几种作为其基本支持的调制方法。一般传感器网络为低功耗、低传输数据量、长期工作的无线网络,所以本身对于数据传输速率的要求并不高。不过提高速率可以减少数据收发的时间,更有利于节能,只是需要同时考虑提高网络传输速率对收发功率的影响,一般用单个字节的收发能耗来定义数据传输对能量的使用效率,单字节能耗越小越好。

链路层和其他网络的链路层一样,需要提供流量可控、传输可靠的点到点通信服务。在某些特殊应用中往往还需要提供必要的安全机制,如秘密信息的加密传输和关键信息的认证机制。

与其他网络不同,传感网本身对数据传输速率要求并不高,而对能否长期稳定工作要求很高。在这种情况下,节点在大部分的时间内是休眠的,所以要求链路层协议能够解决通信同步问题,即通信节点双方需要在通信时同时被唤醒。

目前广泛应用的无线通信技术非常多,而 GSM 和 CDMA 等技术更适合移动性很强的集中交换式网络(节点和基站之间只有一跳)。在传感器网络中,这些技术主要用于汇聚节点与互联网之间的互通。Zigbee,UWB 和蓝牙等短距离通信技术具有低复杂度、超低功耗和超低价格的特点,同时支持无线安全通信,通常可作为传感网理想的通信协议。

5.7.2.3 传感器模块

传感器的应用非常广泛,渗透在工业、医疗、军事和航天等各个领域,而传感网是通过网络技术为现有的传感器应用提供新的解决办法,所以传感网被称为未来三大高科技产业之一。传感网就是传感器的网络化,从而实现传感器节点采集数据的网络化处理,因而具有很多独特的优点:一是网络化处理可以减少单点测量可能造成的瞬态误差和单点环境激变造成的系统测量错误。二是网络化处理可以降低对传感器精度的要求。每个传感器节点精度不必太高,可以利用区域内多点的测量数据,通过统计学方法得到精度更高的数据。三是网络化使得数据的处理和统计容易自动完成,大大降低了管理方面的开销,提高了整个系统的执行效率。

传感器种类繁多,用于测量何种物理量和使用何种传感器,完全取决于应用系统。传感器一般由敏感元件和转换元件组成。

5.7.2.4 外围模块

除了上述设计中最重要的部分之外,要形成一个完整的无线传感器节点,达到扩展性、灵活性、高效性的要求,还需要一些外围支持系统,主要包括能源、外部存储器、模数转换和外部接口。

传感网一般都是布置在人烟稀少或危险的区域,所以其能源不可能来自于现在普遍使用的工业电能,而只能求助于自身的存储和自然界的给予。一般来说,目前使用的都是自身存储一定能量的化学电池。在实际应用系统中,可以根据目标环境选择特殊的能源供给方式。例如,在沙漠这种光照比较充足的地方可以采用太阳能电池,在地质活动频繁的地方可以通过地热资源或者震动资源来积蓄工作电能,在空旷多风的地方可以采用风力获取能量支持。不过从体积和应用的简易性上来看,化学电池还是传感网使用的主要能量载体。

对于低速率通信、低功耗运行、低频率使用的传感器节点来说,很多传输数据,包括自身采集的数据、从邻居节点获取的转发数据以及在一段时间内需要保存的各种路由信息,都需要一个可靠的地方来存储。所以一般传感器节点还会配备一些外部存储器。为了避免这些信息受系统偶然因素复位的影响,一般选择低压(3 V)操作、多次写、无限次读的非易失存储介质。配合有效的顺序读写机制,Flash 可以高效地在传感器节点使用,现在低容量 Flash 存储价格不高,接口和控制电路都非常简单,品种也非常多,唯一需要考虑的就是不同公司的 Flash 需要不同的驱动程序,不过大多比较简单,且可以在公司的产品资料中免费获得。

为了实现硬件扩展性和灵活性,无线传感器节点会根据功能将自己划分成多个模块,模块之间通过标准的接口互连。

5.7.3 传感网操作系统

传感网具有能量和计算能力受限、传感器节点数量大、分布范围广、网络动态性强以及网络中的数据量大等特征,这就决定了网络节点的操作系统应具有代码小、模块化、低功耗以及并发性等特点,常用的传感网操作系统主要有三种:一是 uC/OS-Ⅱ操作系统。uC/OS-Ⅱ操作系统是一种性能优良、源码公开且被广泛应用的免费嵌入式操作系统。它是一种结构小巧、具有可剥夺实时内核的实时操作系统,内核提供任务调度与管理、时间管理、任务间同步与通信、内存管理和中断服务等功能,具有可移植性、可裁减、可剥夺性、可确定性等特点。基于多任务的 uC/OS-Ⅱ采用基于优先级的调度算法,CPU 总是让处于就绪态的、优先级最高的任务运行,而且具有可剥夺型内核,使得任务级的响应时间得以优化,保证了良好的实时性。二是 MantisOS 操作系统。MantisOS 是一个多模型系统,提供多频率通信,适合多任务传感器节点,具备动态重新编程等特点。MantisOS 基于线程管理模型开发,提供丰富的线程控制 API(应用编程接口),例如,线程创建、设备管理、网络传输等。利用这些 API,便可组成功能强大的应用程序。目前,对 MantisOS 的研究理论很多,但都是针对 MantisOS 系统特性进行的研究,在具体应用上仍然没有产生一个详细的应用开发模型。三是 TinyOS 操作系统。TinyOS 是首个专门针对无线传感网的特点和需求而设计的操作系统,与其他常见的嵌入式操作系统相比具有以下三个显著特点:采用简单的先进先出的非抢占式任务调度策略;采用基于组件的程序模型;集成 ActiveMessage 通信协议。

案例　无线传感网的应用

案例 1:无线传感网络煤矿井下人员定位系统

煤矿安全生产事关人民群众的生命和国家财产安全,我国各级政府一贯高度重视煤矿企业的安全生产问题,但是由于基础薄弱,对井下人员管理模式落后等种种原因,煤矿企业的安全生产状况依然不容乐观。当矿井危险性事故发生时,及时掌握井下人员的分布情况,对于指挥抢险救灾、尽可能减少灾害损失和人员伤亡具有十分重要的意义,因此建立以灾害预防、事故救助、电子信息化管理为主要目标的井下人员定位系统势在必行。

近两年来,随着对无线传感网络的广泛应用,国内各高校及科研院所对基于无线传感网络的煤矿井下人员定位技术进行了深入的研究。基于 Zigbee 技术架构的无线传感网络具有自组织、低功耗、廉价、可快速部署和可扩张性强等优点,非常适合在特殊时刻、特殊环境中快速构建信息基础设施。Zigbee 作为一种低复杂度、低功耗、低数据速率、低成本的双向无线通信新技术,在煤矿安全生产中已有初步应用。采用 Zigbee 技术实现煤矿井下人员定位,可消除地面管理人员对井下作业人员的视野盲区,提高对井下作业人员的有效监控和调度,增强矿井灾害发生时井下作业人员的快速反应能力,以改善煤矿的安全生产和管理。

煤矿井下人员定位系统由三大部分组成:井上监控中心、井下定位基站、人员定位终端设备。井上监控中心通过 LAN 连接到井下中心站,井下中心站通过无线网络与井下各定位基站通信,定位基站与人员定位终端进行无线网络通信建立数据连接,架构底层的无线数据通信平台,系统结构示意图如图 5-16 所示。

井上管理人员在监控中心通过监控定位软件系统实现对井下人员分布情况的实时显示,及时准确掌握井下人员分布及作业情况,并可根据监测情况向井下人员发送预警信息。井上定位软件系统由以下几个子系统组成:人员定位子系统、井下环境监测子系统、地面预警系统、通信子系统以及数据库管理子系统。人员定位子系统通过收集井下各定位基站(信标节点) 获取井下人员定位终端与各信标节点的通信的信号强度(RSSI),采用质心算法计算井下人员与信标节点的距离,实现人员的定位,并在屏幕上显示其具体位置。井下环境监测子系统,通过采集井下定位基站的瓦斯、温度、湿度传感器的信息,实现对井下情况的监测。地面预警子

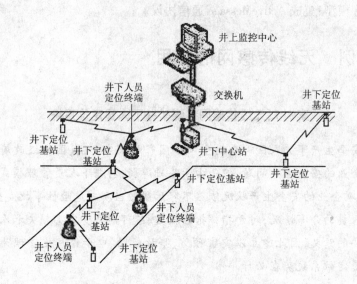

图5-16 煤矿井下人员定位系统示意图

系统根据采集的井下情况判断是否要作出预警处理,在监控中心显示出险位置的同时,根据出险位置将预警信息通过井下定位基站及时传递到井下人员定位终端设备进行预警提示,以便相关人员及时撤离,并采取相应的减灾处置。通信子系统实现监控中心与井下中心站的数据通信,并通过井下中心站可以实现对各个井下定位基站及井下人员定位终端的数据通信。数据库管理子系统实现对下井人员信息的管理、井下环境监测数据的管理、预警信息的管理,并提供系统综合数据的统计、查询、备份功能。

井下定位基站是一个完全功能设备(FFD),FFD 节点支持网络数据转发、数据融合和数据采集功能,可与其他 FFD 节点通信也可与 RFD 节点通信,负责构建井下无线通信网络,每2秒发送一次广播信息,与附件的人员定位终端设备建立无线通信链路,以实现人员定位。井下定位基站部署在矿井巷道及工作面,可视关系的节点之间间距200米以内,工作面附件的节点间距不超过50米。井下定位基站采用 JENNIC-5139 模块作为节点控制与通信的核心单元,其工作电压为3 V,无线通信时工作电流37mA,休眠状态电流为2.6 μA,模块内嵌 Zigbee 无线通信协议,支持无线传感网络通信,采用32 位的 RISC CPU,内部集成了96 KB RAM、192KB ROM、4 个12 位的 ADC,用于检测井下瓦斯和湿度,电压检测传感器实现系统电压的监测,环境温度检测由模块内的温度传感器实现,根据温度实现对瓦斯和湿度传感器检测参数的动态补偿,提高检测精度。2 个 UART 可在中心站构建

CAN 总线接口,作为备用的通信通道。JENNIC - 5139 功能强大,便于扩展。电源模块采用电池供电和外部辅助供电两套并存的供电模式,当没有外部辅助电源时,由电池供电,外接辅助电源时,由外部电源供电,同时为电池充电。井下定位基站的系统结构如图 5 - 17 所示。

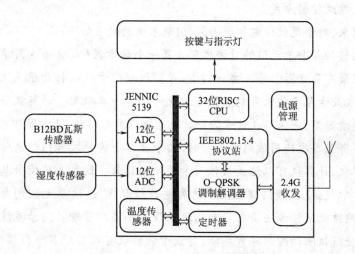

图 5 - 17　井下定位基站系统结构

人员定位终端设备是简单功能设备(RFD),安装在矿工安全帽上,发送当前矿工的位置信息,并提供声光报警功能。其核心模块也采用 JENNIC - 5139 实现,每一个终端采用电池供电,分配一个唯一的 ID 作为身份识别标识,通过与井下定位基站这些信标节点通信,确定人员所在位置。RFD 终端有一个按键可以发送求救信息,还有 LED 预警灯和蜂鸣预警器,在井上监控中心发出预警信号时,可以实现声光预警。

案例 2:无线通信技术在智能小区建设中的应用

1. 智能小区的现状及主系统控制方式

(1)智能小区的智能化现状。长期以来,智能化小区门禁系统、一卡通系统、周界防范系统、电子巡更系统、三表远抄系统、住户报警系统、停车场管理系统等均采用 RS485 总线联网,各系统都是独立存在,每个系统都要使用极大量总线,而且各系统间互相不连接,各用各的联网线。如果小区较大,则联网线就较长,网络重复布线,不能共用,不但造成投资较大,而且受雷电影响较严重,故障率较高。另外,此种联网方式受距离限制,最长线长仅为 1 000 米,对于大中型社区来说,满足不了需求,还不得不采用一些补救措施,直接的结果就是存在信号损失过大、不稳定等弊端。受网络的拓扑结构的限制(不能采用星型或网型结构),同时因为是有线连接,即使埋在地下,所受环境影响和雷电的影响也很严重。

(2)当前智能小区的主系统控制方式。在这里以门禁系统为例,说明当前智能小区的主系统控制方式。

一直以来,对于现代住宅智能小区,门禁系统的做法如下:

在每栋楼的每个单元门的对讲机里放置一个读卡器(或将读卡器单独放置),该读卡器里带有存储器。给业主一门卡,并授权该门卡可以打开该业主所居住单元的门锁,且此卡号已被保存到监控室放置的一台计算机里。计算机将该授权信息传递到读卡器里,并保存在读卡器中。业主持门卡开门时,读卡器即可判断此卡是否有效。并且每次使用该门卡开门时,读卡器都会将此次开门信息传给监控室放置的计算机,计算机可以记录每张门卡的使用记录。这种系统使金属钥匙被授权的智能卡取代,使机械门锁被读卡器和电控锁取代,通过单元控制电路加以控制,并通过网络化通信方法实行后台的权限设定和监控管理。门禁系统的优越性很明显,它使得权限的控制非常灵活,智能卡的授权可以实现多个门禁的一卡通,也可以限制卡的权限时段,或在人员变动或卡丢失的情况下调整或取消卡的权限,不必更换门锁。例如,对于物业管理人员及保安的权限可以设置得较高,可以一卡开多门,而对于保洁人员则可以限时进楼等,均由小区管理部门实行集中的授权管理。

RS485 总线将所有读卡器联网,总线要求将所要连接的设备一条线并联,星型连接一般不被允许。如果建设大型智能小区,则总线长度过长,易造成信号不稳定,损失过大。传统布线方式最大的弊端及难以解决的问题是雷击问题。即使线埋地下也很难避免遭受雷击破坏。如被破坏,就使一条线上的所有读卡器模块都被烧毁,毁坏一片,有的摄像机也会被烧毁,损失巨大,延误工期。

2. 无线传输在智能小区系统中的实现

(1)ZigBee 无线网络技术。ZigBee 是国际通用的新一代无线通信技术。名字来源于蜜蜂通过跳 ZigZag 形状的舞蹈来通知发现食物的信息。ZigBee 技术是一种新兴的短距离、低速率、低功耗的无线网络技术,主要用于近距离无线连接。采用 ZigBee 技术,是由其主要技术优势决定的:数据传输速率低,专注于低传输应用;功耗低,在休眠状态下耗电量仅仅只有 1LW,通信距离短的情况下工作状态的耗电为 30mW,在低耗电待机模式下,两节普通 5 号干电池可使用 6 个月到 2 年。这也是 ZigBee 技术的独特优势。成本低,ZigBee 数据传输速率低,协议简单,所以大大降低了成本,且免收专利费。网络容量大,每个 ZigBee 网络最多可支持 255 个设备。每个 ZigBee 网络最多可支持 65 000 个节点,也就是说每个 ZigBee 节点可以与数万节点相连接;时延短,通常时延都在 15 毫秒至 30 毫秒之间。有效范围小,有效覆盖范围 10~75 米之间,具体依据实际发射功率的大小和各种不同的应用模式而定;可以扩展到数百米,具体依据实际发射功率的大小和各种不同的应用模式而定,基本上能够覆盖普通的家庭或办公室环境。

(2)子系统功能的实现。以门禁系统为例,说明智能小区的无线传输的实现方式。门禁系统由主控设备、无线数据传输模块(简称无线模块)、管理 PC 机、智能卡、读卡器、电控门(锁)等组成。系统包括传感节点和网关节点。大量的节点(传感节点)部署在小区内,构成网络。采用 ZigBee 技术,在每栋楼或每个单元放置一个 ZigBee 模块,监控室再放一个 ZigBee 模块,形成星形网络及网型网络。这样,不仅节约总线成本,而且模块本身具有路由功能,提高了信号的稳定性,防雷性能好,避免了进一步的损失。

传感节点监测的数据,以接力的方式通过无线电波将数据从一个传感器传到另一个传感器,经过多级传输后路由到网关节点,最后可通过互联网(IP/TCP)或其他移动网络到达监控中心。因为有很多节点,所以有多个冗余的通信路径。若正在使用的路径中断,该网络将自动选择另一条路径维持正常通信。在无线网状网络中,当节点的数目很多时,新加入的节点能够与相邻节点进行通信。节点加入网络后,这些节点就会与目的节点之间生成路径,节点本身就能够建立路由。发送信息、接收信息后并进行转发,这个过程会在从初始节点到目的节点之间的各个节点之间逐个重复下去,直到信息到达目的节点。目的节点要向初始节点返回确认信息,表示信息已接收。

主控设备是门禁系统的中心部件,通过无线传输模块与计算机通信,下载用户卡号并上传读卡信息等。该系统无线数据传输设计在硬件方面分为单片机端和 PC 机端两部分。单片机主要完成数据的采集和处理,并且接收 PC 机传送过来的数据。该系统以 Visua IC 为前台开发工具,主要由智能卡管理、业主管理、消息管理等模块组成。系统的 PC 机可实现实时监控,系统后台数据库选用了 SQL Server。业主刷卡后,单片机端接收到用户信息,把这些信息存放在存储器中。发送端把存储器中的用户信息发出,接收端接收到信息时,并不是即时将信息接收,而是要考察网络状态,并将接收到的信息和发送方设备信息存储在存储器中。如网络空闲,并且发送方是有效的发送设备,那么接收方接收信息,向发送端返回信息,表示成功接收,并将这些信息再发送出去,直到送至目的控制器,同时发送端在接收到返回信息后将其存储器中相应的信息擦除。如果发送方是无效的发送设备,则接收方不接收信息。

3.结语

建筑市场蓬勃发展,智能小区层出不穷,只要需要智能建筑的地方,就会需要无线通信技术。ZigBee 是当前最适合无线传感器网络的无线通信技术。我们应针对 ZigBee 的特点,结合建筑市场,对智能小区作智能建筑的改革和创新,主要达到节省开支,提升抗干扰能力,同时减少雷电对智能化系统的破坏。相信凭借其主要的技术优势,采用 ZigBee 技术的无线网络将成为小区智能化的主要联网形式。

复习思考题

1.何为无线传感器网络?其有何特点?

2.简述传感网的定义。传感网由哪几部分组成?其节点由哪几部分组成?传感器网络有哪些特点?

3.传感网的协议体系结构包含哪几部分,分别实现哪些基本功能?

4.简述传感网的关键技术。

5.简述传感器网络的 MAC 协议类型及常见协议。

6.简述传感网 MAC 协议类型及其特点。

7.传感网的路由协议有哪些?与传统的 Ad hoc 路由协议有何不同。

8.简述传感网的安全威胁及其防御措施。

9.结合自己的认识,列举无线传感器网络的应用领域。

物联网的中间件技术

6.1　概述

中间件技术是物联网技术的核心和灵魂。

6.1.1　中间件的概念

目前,中间件尚无一个比较精确的定义。下面,从用途和性质两方面对中间件进行分析。

从用途方面来讲,中间件(MIDDLEWARE)是提供系统软件和应用软件之间连接的软件,以便于软件各部件之间的沟通,特别是应用软件对于系统软件的集中的逻辑,在现代信息技术应用框架,如 Web 服务、面向服务的体系结构中等应用比较广泛。如数据库、Apache 的 Tomcat, IBM 公司的 WebSphere, BEA 公司的 WebLogic 应用服务器以及 Kingdee 公司的 Apusic 等都属于中间件。

本质上,中间件是一种独立的系统软件或服务程序,分布式应用软件借助这种软件在不同的技术之间共享资源。中间件位于客户机/服务器的操作系统之上,管理计算机资源和网络通信,是连接两个独立应用程序或独立系统的软件。几个相互连接的系统,即使它们具有不同的接口,但通过中间件相互之间仍能交换信息。执行中间件的一个关键途径是信息传递,通过中间件,应用程序可以工作于多平台或 OS 环境。

总的来说,在软件领域,中间件与操作系统和数据库并列作为三足鼎立的"基础软件",是一类连接软件组件和应用的计算机软件,它包括一组服务,以便于运行在一台或多台机器上的多个软件通过网络进行交互。该技术所提供的互操作性,推动了一致分布式体系架构的演进。该架构通常用于支持分布式应用程序并简化其复杂度,它包括 Web 服务器、事务监控器和消息队列软件。

6.1.2　中间件的特点

中间件通常具有以下特点:

(1)满足大量应用的需要。

(2)运行于多种硬件和 OS 平台。

(3)支持分布式计算,提供跨网络、硬件和 OS 平台的透明性的应用或服务的交互功能。

(4)支持标准的协议。

(5)支持标准的接口。

中间件可以应用于以下情形,如连接公司 LAN 和早期系统、交换两个邮件系统间的信息、支持 Web 客户机与数据库服务器交换信息等。

由于标准接口对于可移植性和标准协议对于互操作性的重要性,中间件已成为许多标准化工作的主要部分。对于应用软件开发,中间件远比操作系统和网络服务更为重要,中间件提供的程序接口定义了一个相对稳定的高层应用环境,不管底层的计算机硬件和系统软件怎样更新换代,只要将中间件升级更新,并保持中间件对外的接口定义不变,应用软件几乎不需任何修改,从而保护了企业在应用软件开发和维护中的重大投资。所示对物联网的发展而言,中间件是必不可少的。

6.1.3　中间件的构成

物联网的中间件,处在阅读器和计算机 Internet 之间。该中间件可为企业应用提供一系列计算和数据处理功能,其主要任务是对阅读器读取的标签数据进行捕获、过滤、汇集、计算、数据校对、解调、数据传送、数据存储和任务管理,减少从阅读器传往工厂应用的数据量。同时,中间件还可提供与其他 RFID 支撑软件系统进行互操作等功能。此外,中间件还定义了阅读器和应用两个接口,其构成如图 6－1所示。

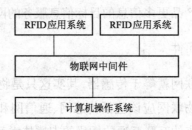

图 6－1　物联网中间件结构图

中间件,简单来讲可以说是由平台与通信组成。这也就限定了只有它用于分布式系统中时才能叫中间件,同时也把它与支撑软件和实用软件区分开来。中间件应该具备两个关键特征:首先要为上层的应用层服务,这是一个基本条件;此外,还必须连接到操作系统的层面,并且保持运行工作状态。

一般物联网中间件具有的模块有:读写器接口、事件管理器、应用程序接口、目标信息服务和对象名解析服务等。各个模块描述如下。

6.1.3.1　读写器接口

物联网中间件必须优先为各种形式的读写器提供集成功能。协议处理器确保中间件能够通过各种网络通信方案连接到 RFID 读写器,作为 RFID 标准化制定主体的 EPC global 组织负责制定并推广描述 RFID 读写器与其应用程序间通过普通接口来相互作用的规范。

6.1.3.2　事件管理器

事件管理器用来对来自于读写器接口的 RFID 事件数据进行过滤、聚合和排序操作,并且再通告数据与外部系统相关联的内容。

6.1.3.3　应用程序接口

应用程序接口使得应用程序系统能够控制读写器。服务器接收器接收应用程序系统指令,提供一些通信功能。

6.1.3.4　目标信息服务

目标信息服务由两部分组成:一个是目标存储库,用于存储与标签物体有关的信息并使之能用于以后查询;另一个提供由目标存储库管理的信息接口的服务引擎。

6.1.3.5 对象名解析服务

对象名解析服务是一种目录服务,它能使每个带标签产品分配的唯一编码,与一个或者多个拥有关于产品更多信息的目标信息服务的网络定位地址相匹配。

6.1.4 物联网与中间件

现在很多人觉得物联网就等于传感器,其实这只是物联网前端平台的传感网的一部分。一个完整的物联网应该包括传感网、通信网和智能应用,把传感网、通信网和智能应用连接起来的互联互通的桥梁的支撑技术就是中间件。要实现每个小的应用环境或系统的标准化以及它们之间的通信,就必须设置一个通用的平台和接口,这就是物联网中间件。

物联网的中间件技术基于众多商家的软件开发基础之上进行的二次开发,因此迫切需要建立统一的接口标准。围绕中间件,Apache 组织、IBM、Oracle(BEA)、微软各自发展出了较为完整的软件产品体系。中间件技术创建在对应用软件部分常用功能的抽象上,将常用且重要的过程调用、分布式组件、消息队列、事务、安全、联结器、商业流程、网络并发、HTTP 服务器、Web Service 等功能集于一身或者分别在不同品牌的不同产品中分别完成。一般认为,在商业中间件及信息化市场主要存在微软阵营、Java 阵营、开源阵营。阵营的区分主要体现在对下层操作系统的选择以及对上层组件标准的制订。目前主流商业操作系统主要有 Unix、Linux 以及微软视窗系列。微软阵营的主要技术提供商来自微软和机器商业伙伴,Java 阵营则来自 IBM,Sun,Oracle,BEA(已被 Oracle 收购),金蝶(Kingdee Apusic)及其合作伙伴,开源阵营则主要来自诸如 Apache,SourceForge 等组织的共享代码。

在物联网中采用中间件技术,以实现多个系统和多种技术之间的资源共享,最终组成一个资源丰富、功能强大的服务系统。目前,物联网中间件最主要的代表是 RFID 中间件,其他的还有嵌入式中间件、数字电视中间件、通用中间件、M2M 物联网中间件等。RFID 中间件扮演 RFID 标签和应用程序之间的中介角色,从应用程序端使用中间件所提供一组通用的应用程序接口(API),即能连到 RFID 读写器,读取 RFID 标签数据。这样一来,即使存储 RFID 标签数据的数据库软件或后端应用程序增加或改由其他软件取代,或者读写 RFID 读写器种类增加等情况发生时,应用端不需修改也能处理,省去多对多连接的维护复杂性问题。迄今,在物联网中间件中发展最好、使用最多的是 RFID 中间件,RFID 中间件主要有三大类发展阶段:应用程序中间件阶段(Application Middleware)、架构中间件(Infrastructure Middleware)、解决方案中间件阶段(Solution Middleware)。

6.2 中间件的分类(IDC 的分类)

中间件大致可分为六类:终端仿真/屏幕转换中间件、数据访问中间件、远程过程调用中间件、消息中间件、交易中间件和对象中间件。

中间件所包括的范围十分广泛,针对不同的应用需求涌现出多种各具特色的中间件产品。因此,在不同的角度或不同的层次上,对中间件的分类也会有所不同。由于中间件需要屏蔽分布环境中异构的操作系统和网络协议,它必须能够提供分布环境下的通信服务,我们将这种通信服务称之为平台。基于目的和实现机制的不同,可将平台分为以下主要几类:

- 远程过程调用中间件(Remote Procedure Call)。
- 面向消息的中间件(Message – Oriented Middleware)。
- 对象请求代理中间件(Object Request Brokers)。

它们可向上提供不同形式的通信服务,包括同步、排队、订阅发布、广播等,在这些基本的通信平台之上,可构筑各种框架,为应用程序提供不同领域内的服务,如事务处理监控器、分布数据访问、对象事务管理器 OTM 等。平台为上层应用屏蔽了异构平台的差异,而其上的框架又定义了相应领域内的应用的系统结构、标准的服务组件等,用户只需告诉框架所关心的事件,然后提供处理这些事件的代码。当事件发生时,框架则会调用用户的代码。用户代码不用调用框架,用户程序也不必关心框架结构、执行流程、对系统级 API 的调用等,所有这些由框架负责完成。因此,基于中间件开发的应用具有良好的可扩充性、易管理性、高可用性和可移植性。

6.3 中间件技术

物联网中间件处于物联网的集成服务器端和感知层、传输层的嵌入式设备中。嵌入式中间件是一些支持不同通信协议的模块和运行环境。中间件的特点是它固化了很多通用功能,但在具体应用中多半需要"二次开发"来实现个性化的行业业务需求,因此所有物联网中间件都要提供快速开发(RAD)工具。

物联网中间件所使用的关键技术主要有:Web 服务、嵌入式中间技术服务和万维物联网。

6.3.1　Web 服务

Web 服务(Web Services)就是一种可以通过 Web 描述、发布、定位和调用的模块化应用。它可以执行多种功能,从简单的请求到复杂的业务过程。一旦 Web 服务被部署,其他的应用程序或是 Web 服务就能够发现并且调用这个部署的服务。Web 服务向外界提供一个能够通过 Web 进行调用的 API(Application Programming Interface,应用程序编程接口),能够用编程的方法通过 Web 来调用这个应用程序。我们把调用这个 Web Services 的应用程序叫做客户。Web Services 通过简单对象访问协议(Simple Object Access Protocol,SOAP)来调用,这是一种轻量级的消息协议,它允许用任何语言编写的任何类型的对象在任何平台上相互通信。在 Web 服务中,采用 SOA(Service - Oriented Architecture)组件模型,它将应用程序的不同功能单元通过这些服务之间定义的接口和协议联系起来。前提是,这些接口需采用中立的方式进行定义,它独立于实现服务的硬件平台、操作系统和编程语言。这使得存在于各种这样的系统中的服务可以用一种统一和通用的方式进行交互。这种具有重量的接口定义的特征称为服务之间的松耦合。松耦合系统有两大优势:一是具有很高的灵活性;二是当组成整个应用程序的每个服务的内部结构和实现逐渐地发生改变时,它能够继续存在。

6.3.2　嵌入式中间技术服务

嵌入式系统是以应用为中心,以计算机技术为基础,并且软硬件可裁剪,适用于应用系统对功能、可靠性、成本、体积、功耗有严格要求的专用计算机系统。嵌入式中间件是在嵌入式应用程序和操作系统、硬件平台之间嵌入的一个中间层,通常定义成一组较为完整的、标准的应用程序接口。如,嵌入式 Web(见图 6-2),它有这样一些优点:统一的客户界面、平台独立性、高可扩展性、并行性与分布性。对 Web 服务器而言,在物理设备上是指存放那些供客户访问的信息资源的计算机或嵌入式系统;在软件上是指能够按照客户的请求将信息资源传送给客户的应用程序。对 Web 客户端而言,在物理设备上是指客户所使用的本地计算机或者嵌入式设备;在软件上是指能够接受 Web 服务器上的信息资源并展现给客户的应用程序。嵌入式 Web 服务器技术的核心是 http 协议引擎。嵌入式 Web 服务器通过 CGI 接口和数据动态显示技术,可以在 HTML 文件或表格中插入运行代码,供 RAM 读取/写入数据。

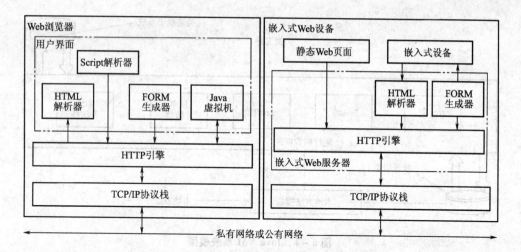

图 6 – 2   典型的嵌入式 Web 服务器系统模型

CGI 是通用网关接口（Common Gateway Interface）的缩写，它是 Web 服务器主机与外部扩展应用程序交互的一种标准接口。它提供了将参数传递给程序并将结果返回给浏览器的一种机制。CGI 的工作流程如图 6 – 3 所示。

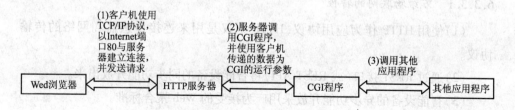

图 6 – 3   CGI 工作流程示意图

CGI 程序可通过两种调用方式来获取客户请求的内容：一是通过 URL 直接调用；二是通过交互式表单（Form）来调用。

除了利用 Web 实现中间件外，Java VM（Java 虚拟机）以其良好的跨平台特性成为物联网中间件的重要平台。见图 6 – 4。

每个 Java VM 都有两种机制：一个是装载具有适合名称的类（或是接口），叫做类装载子系统；另一个是负责执行包含已装载的类或接口中的指令，叫做运行引擎。

每个 Java VM 又包括方法区、Java 堆、Java 栈、程序计数器和本地方法栈这 5 个部分，这几个部分和类装载机制与运行引擎机制一起组成 Java VM 的体系结构。

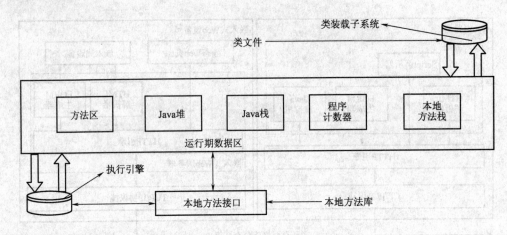

图 6 - 4　Java VM 系统模型

6.3.3　万维物联网

近几年来,随着物联网的兴起,越来越多的研究正在考虑将 Web 技术与物联网技术相结合。基于这样的思想就产生了万维物联网(Web of Things)的概念。

6.3.3.1　万维物联网的特性

(1)使用 HTTP 作为应用协议,HTTP 不仅是用来连接传感器和网络的传输协议。

(2)通过 REST 接口(或 REST API)将智能设备的同步功能开放出来。

(3)智能设备的异步功能开放采用广为接受的 Web 聚合标准。

(4)前端利用 Web 的呈现方式,提供直观、友好的用户体验。

(5)开放平台。

6.3.3.2　万维物联网的优势

通过万维物联网,可以为物联网应用带来众多便利,以下列举其几点优势:

(1)减少智能设备安装、整合、执行和维护开销。

(2)加快智能设备安装和移出速度。

(3)对智能设备可进行移动和临时安装。

(4)任何时刻、任何地点都可以提供实时信息服务。

(5)增强可视化、可预见、可预报和维护日程的能力。

(6)确保各类应用有效和高效率执行。

6.3.3.3 万维物联网的组成

万维物联网的基本框架由以下 3 部分组成(见图 6 - 5):

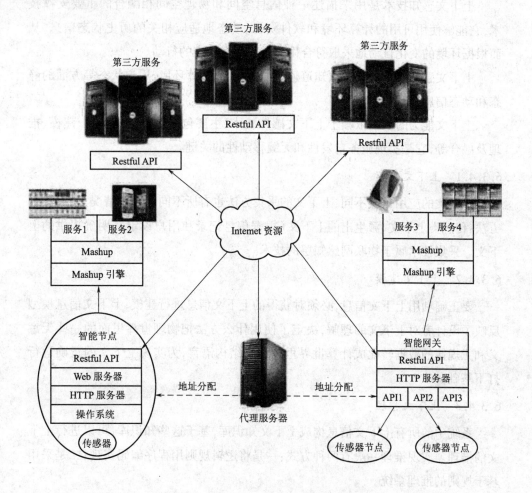

图 6 - 5 基于 REST 风格的万维物联网架构

(1)网络节点集成接口(Integration Interface of Network Node)。

(2)基于 REST 风格终端节点(Terminal Nodes Based on REST Style)对智能设备可进行移动和临时安装。

(3)网络 Mashup 功能(Web Mashup Function)增强可视化、可预见、可预报和维护日程的能力。

6.3.4 上下文感知技术

上下文感知技术是用来描述一种信息空间和物理空间相融合的重要支撑技术,它能够使用可用的计算环境和软件资源,动态地适应相关的历史状态信息,从而根据环境的变化自动地采取符合用户需要或者设定的行动。

上下文感知系统首先必须知道整个物理环境、计算环境、用户状态等方面的静态和动态信息,即上下文。

上下文能力的获取依赖于上下文感知技术,主要包括上下文的采集、建模、推理及融合等,它是实现服务自发性和无缝移动性的关键。

6.3.4.1 上下文采集

上下文的应用领域不同,上下文的采集方法也有所不同。通常情况下,有3种方法:传感类上下文、派生出的上下文(根据信息记录和用户设定)、明确提供的上下文。采集技术属于物联网感知层的技术。

6.3.4.2 上下文建模

要正确利用上下文信息,必须对获得的上下文信息进行建模,上下文信息模型反映了设计者对上下文的理解,决定了使用什么方法把物理世界里面的一些无意义和无规律的数据转化成计算世界里的逻辑结构语言,为实现上下文的正确运行打下基础。

6.3.4.3 上下文推理

系统中的所有上下文信息构成上下文知识库,基于这些知识库,可以进行上下文的推理。实现推理一般有两种方式:一是将逻辑规则用程序编码实现;二是采用基于规则的推理系统。

6.3.4.4 上下文融合

在上下文感知计算中,要获得连续的上下文的解决方法,必须联合相关的上下文服务从而聚集上下文信息,称为上下文融合。这种上下文的融合类似于目前已被广泛应用的传感器融合,其关键在于处理不同上下文服务边界之间的无缝融合。

6.3.5 OSGi 中间件技术

目前,市场上最值得我们研究和借鉴的主流集成中间件技术还是 OSGi(Open Service Gateway initiative)。OSGi Alliance 是一个由 Sun Microsystems、IBM、爱立

信等于 1999 年成立的开放软件标准化组织(最初名为 Connected Alliance)发布的,目标是建立家庭网关,并通过互联网向家庭网络提供各种服务,例如通过 Web 页面控制咖啡机等。2000 年发布 OSGi Service Platform V 1.0,2001 年发布 V 2.0,2003 年发布 V 3.0,2005 年发布 V 4.0,2007 年发布 V 4.1。后因 Eclipse V3.0 采用 OSGi,使得 OSGi 成功进入 Java 企业应用领域,并成为其中重要一员;同时 Eclipse 推出了 OSGi R4 RI:Equinox。

到今天,OSGi 已经从最开始定义为 Dynamic Module System For Java 发展成为 Universal Middleware,其目的是让 OSGi 脱离语言限制,成为所有语言的统一模型。

OSGi 中间件技术架构基于 Java(如图 6-6 所示)。

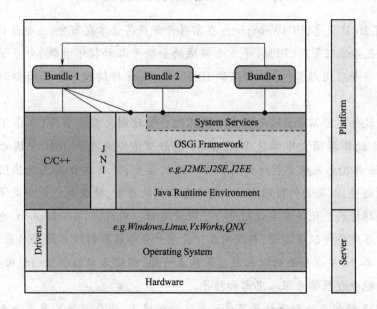

图 6-6 基于 Java 的 OSGi 中间件技术架构图

在此中间件技术中明确定义了什么是模块、模块之间的交互方式和支持模块化的部署。

OSGi 发展势头良好,其应用已涉及服务网关、汽车、移动电话、工业自动化、建筑物自动化、PDA 等许多物联网相关领域。诸多商家或企业的软件基于 OSGi 中间件基础之上,如:IBM 公司的 Websphere 和 RSA;BEA 的 microServices(其所有 BEA 的产品都基于 microServices 上),JBoss AS 5.0,Sun Glassfish V3,Eclipse;Apache 的 Struts 2;Spring 的 Spring - DM 和 Spring Application Platform,Simens,Nokia,BMW,Cisco,SAP,Oracle,IONA 等。而且最近推出的很多新产品都会写上

based on OSGi or run on OSGi。随着 EEG 发布 RFC 119，OSGi 在分布式应用领域占据一席之地；同时随着 EEG 发布 RFC 66 和 Spring Application Platform 为 OSGi 所作的改进，OSGi 也成为 Web 框架可选的底层平台之一；Sun 在 JavaOne 2008 上宣布：Java 7 也会支持 OSGi，这也意味着到 Java 7 流行之时，OSGi 会成为 Java 界的必备技能。

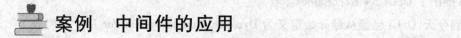

案例　中间件的应用

IBM：WebSphere 是云计算创新动力引擎

10 月 26 日获悉，IBMWebSphere 在京召开新产品媒体发布会，主要是针对云计算、SOA、业务流程管理（BPM）等重点领域的全新产品和技术升级，分享了在这些领域的市场和应用趋势，并再次强调 IBMWebSphere 持续投入和不断创新的坚实决心。

IBM 软件集团 WebSphere 开发与产品组合管理副总裁史密斯（Beth T. Smith）女士、IBM 软件集团大中华区 WebSphere 总经理徐刚先生和 IBM 中国开发中心 WebSphere 开发总经理童煜玲女士出席了此次盛会，并与参会嘉宾就热门技术和行业发展趋势，以及如何帮助企业制定业务性解决方案，使企业能更加灵活快捷地应对市场环境的变化等重要议题进行了深度对话。同时，IBMWebSphere 也宣布即将在全国各地举行巡展活动，与国内各行业用户分享最新的技术趋势与最佳实践，探讨云计算、SOA 在企业的深入应用等焦点问题，继续为中国企业的积极创新、成功转型和稳步成长带来深入思考和指导。

在 SOA 稳步落地和云计算高度被关注的环境下，业务敏捷性要求企业能够适应外界和内部的变化，提升创建新业务或改变老业务过程的系统能力。出色的 IT 架构，应该能够支持系统能力的建立和提升、信息整合、决策支持、流程重组，以上每一项对于 IT 技术都是很大的挑战。WebSphere 作为 IBM 重要的软件品牌始终关注行业热点技术趋势，例如云计算、SOA 及 BPM，并致力于通过完美的技术整合和领先的应用帮助优化企业的 IT 架构，为其提供整合、可扩展的系统以实现卓越性能，从而帮助企业增强敏捷力，建立高效的业务流程管理，并以云计算模式，高效实现服务交付转型，创造全新的业务模式。

WebSphere 坚持不懈地帮助客户实现创新、转型及成长，使其一直保持较高的中间件市场占有率。据 2011 年 IBM 第三季度财报，其云计算业务今年前三季收入已经在 2010 全年基础上实现了翻番,IBM 软件集团 WebSphere 该季度增长了 52%,这已经使其连续三季增长超过 50%,傲立 IBM 软件品牌家族。

1. WebSphere——云计算发展的动力引擎

过去十年里,IBM 的软件业务收入翻了一番,利润增加了两倍,2010 年收入超过 220 亿美元,利润超过 90 亿美元。这些成就使得 IBM 能够对"智慧的地球"、业务分析、云计算、智慧商务、业务整合和社交商务等新的增长领域进行投资,并从中脱颖而出。在云计算这种新型的计算模式下,WebSphere 作为中间件领域的领头军为云计算提供支撑,并为实现软硬件结合的拓展平台开发做出突出贡献。WebSphere 的众多产品为客户提供了应用运行环境的快速构建能力,计算资源的虚拟化与共享能力,应用运行环境的自动化及自优化管理能力,WebSphere 为虚拟化与云计算关键应用提供的完美结合,已在全球范围内有众多的成功案例和部署经验。

在云计算领域的平台及服务(PaaS)和软件及服务(SaaS)两个层次中,IBM 通过应用软件及虚拟软件的结合,提供客户新的企业级别解决方案,帮助建立内部与外部业务服务的整合。这些产品为客户提供了应用运行环境的快速构建能力,计算资源的虚拟化与共享能力,应用运行环境的自动化及自优化管理能力。

IBMWorkloadDeployer(IWD)V3.1:基于成熟的 WebSphere 中间件技术,能将企业的关键应用与虚拟化的资源池密切联结,可以在私有云中实现安全部署和管理应用环境,真正让企业实现 PaaS 平台即服务的云应用模式,享受资源使用效率的提升,并大幅减少关键应用资源管理的复杂度。

WebSphere_castIronCloudintegration:能够给企业提供一个专用且易于使用的云集成解决方案,通过简单的部署就能够满足对于云和企业内部应用集成的需求,有利于构建 SaaS 软件即服务的云应用模式,让云端的服务彼此更容易相互联结运用。

2. NEXTSOA:持续深化 SOA

如今 SOA 构架越来越被企业所重视和接受,IBM 通过 SOA 促进了服务流程的可用性,并将业务需求与 IT 功能在真正意义上结合起来,对所有的 IT 技术进行全方位的监控,对它的可用性、性能监管建立起统一的告警和实践管理平台,并从业务的角度来对一个企业核心的业务支撑平台、关键的业务流程进行监控。据 WinterGreenResearch 报告显示,IBM 作为 SOA 市场的领导者,其用户超过 1 万,市场份额超过 75%。同时,根据分析机构 Gartner 统计,全球市场在业务流程管理(BPM)方面的支出在 2010 年上升了 9.2%,而 IBM 被评为 BPM 市场的第一大供应商,其市场份额超出其他任何一家公司一倍之多。在过去的十年中,WebSphereBPM 凭借不断创新所带来的日趋完善的技术,使它在行业业务转型的拐点中始终扮演着重要角色。通过不断革新的技术和产品,BPM 正帮助越来越多的企业实现最有效的、最成熟的业务敏捷性,更多的企业可以通过采用新的商业模式吸引更多的新客户,并推动经济增长。

IBMWebSphere 在 SOA 和 BPM 领域的创新一直是不遗余力的,发展速度也令人叹为观止,近期推出众多应用增强版和新软件产品,包括:

IBMWebSphereMessageBroker(WMB)V8:为企业服务总线(ESB)提供了跨越异构 IT 环境中的连接和转化。

IBMWebSphereMQV7.1:帮助企业有效地利用现有的软硬件资产,在现有的资源中进行简单、迅速、可靠和安全的整合,面对挑战和增长需求有较强的可扩展性。

IBMWebSphereDataPowerServiceGatewayXG45:企业级 Web 服务的动态路由器,最有效地协助 IT 团队能够快速、灵活地提供应用集成,建立 SOA 服务间安全稳固的信息联结。

IBMWebSphereOperationalDecisionManagement(WODM)V7.5:为企业实现加速敏捷、应对市场需求,简单的可视化、业务决策管理的自动化以及确保业务系统所传递作用的正确性都成为 WODM 最明显的优势。

3. WebSphere 关注各层级市场可持续发展

区域拓展始终是 IBM 软件集团一大业务重点,WebSphere 计划从 11 月份开始,在全国开展大规模的战略巡展活动。其内容涵括云计算、SOA、BPM 等热门话题及 IBM 最新技术,分享成功案例,更加紧密了解区域市场的客户需求,有针对性地根据区域特点帮助客户寻找到最适合自己的解决方案,帮助客户在面对繁杂多变的市场时能够成功转型,高效敏捷地应对挑战。

IBM 软件集团 WebSphere 开发与产品组合管理副总裁史密斯女士多次强调:"IBM 能够帮助客户基于他们现有的业务技术资源来推动企业创新、转型和成长,从而获得最大的价值体现。WebSphere 帮助企业全面组建并推进生命周期里每一个阶段的流程管理,无论是第三季度财报的数据还是 WebSphere 的业务量,都雄踞业务敏捷性解决方案的全球领导者的地位。"

复习思考题

1. 什么是物联网中间件?它有哪些特点?

2. 物联网中间件由哪几部分构成?

3. 物联网中间件使用哪些关键技术?各自有何不同?

7

物联网对象名解析服务(ONS)

学习目标

- 了解物联网对象名解析服务
- 了解物联网对象名解析服务系统架构
- 掌握物联网对象名解析服务系统工作过程

7.1 概述

在通过识读器获取了一个商品的电子产品代码(EPC)后,计算机需要知道该EPC代码代表的商品的信息,即需将 EPC 码与相应物品信息进行匹配来查找有关实物的参考信息。这个查找功能就由对象名解析服务(ONS:Object Name Service)来实现,它是一个自动的网络服务系统,类似于域名解析服务(DNS)。DNS 是将一台计算机定位到互联网上的某一具体地点的服务。

我们知道在上网时都要在地址栏中输入域名地址才能与目标计算机进行通信。通常计算机能直接识别的是 IP 地址,但 IP 地址对于我们来说很难记忆,而我们比较容易记忆的字符形式的域名地址对于计算机来说却不能直接被识别。为了化解这一矛盾,就需要对字符形式的域名地址进行解析工作,它也成为我们能否顺利访问到目标计算机的关键。将便于记忆的域名地址解析成 IP 的工作由 DNS 服务器完成,就是把域名地址解析到一个 IP 地址,然后把拥有此 IP 地址的主机上的一个子目录与域名进行绑定。域名解析就是域名地址到 IP 地址的转换过程,是让人们通过注册的域名可以方便地访问到网站的一种服务。域名注册好之后,只说明对这个域名拥有了使用权,如果不进行域名解析,那么这个域名就不能发挥它的作用,经过解析的域名可以用来作为网址进行访问,因此域名投入使用的必备环节是"域名解析"。

类似的,当一个识读器读取一个物品的 EPC 码时,就需要对该 EPC 码进行解析,确定找到该 EPC 码对应商品信息的存储地址,再通过网络信息服务找到该 EPC 码对应产品的信息。帮助 EPC 系统对 EPC 码动态地解析任务是由对象名解析服务(Object Name Service, ONS)实现的。它是一种全球查询服务,可以将 EPC 编码转换成一个或多个 Internet 地址,从而为 Savant(一种负责管理和传送产品电子码相关数据的分布式网络软件)系统指明如何找到此编码对应的货品的详细信息,通过 URL(Uniform Resource Locator)可以访问 EPC IS 服务和与该货品相关的其他 Web 站点或 Internet 资源。

7.1.1 ONS 简介

EPC 标签中只存储了产品电子编码,而 Savant 系统还需要根据这些产品电子编码匹配到相应的商品信息,这个寻址功能就是由对象名解析服务 ONS 提供的。ONS 的基本作用就是将一个 EPC 映射到一个或者多个 PML(实体标记语言)服务器。在这些 PML 服务器中可以查找到关于物品的更多详细信息。在 DNS 基础上架构 ONS,要求查询和应答都符合 DNS 的格式,而 ONS 仅执行了此"翻译"功能——将 EPC 码转换成 EPC 域名。ONS 定位的网络服务可以将 EPC 关联到与物品相关的 Web 站点或者其他 Internet 资源。PML 服务器是一种简单的 Web 服务器,用 PML 语言来描述与物理对象相关的信息。ONS 服务是联系前台 Savant 软件和后台 PML 服务器的网络枢纽,并且 ONS 设计与架构都以因特网域名解析服务 DNS 为基础,因此,可以使整个 EPC 网络以因特网为依托,迅速架构并顺利延伸到世界各地。

通常,识读器将读取的 EPC 码传递给 Savant 系统,Savant 系统然后再在局域网或因特网上利用 ONS 对象名解析服务找到这个产品信息所存储的位置。ONS 给 Savant 系统指明了存储这个产品有关信息的服务器,因此就能够在 Savant 系统中找到这个文件,并且将这个文件中的关于这个产品的信息传递过来,从而将这些信息应用于各种管理过程。图 7-1 展示了对象名解析服务的过程。

ONS 用来定位某一 EPC 对应的 PML 服务器。ONS 服务是联系前台 Savant 软件和后台 PML 服务器的网络枢纽,并且 ONS 设计与架构都以互联网域名解析服务

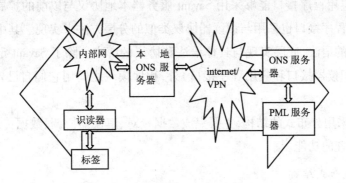

图 7 – 1 　 EPC 对象名解析服务过程

DNS 为基础,因此,可以使整个 EPC 网络以互联网为依托,迅速架构并顺利延伸到世界各地。

7.1.2 　神经网络系统 Savant

每件产品都加上 RFID 标签之后,在产品的生产、运输和销售过程中,解读器将不断收到一连串的 EPC 码。在 EPCglobal 组织制定的 EPC 网络标准中,读写器读取的数据需要经过过滤处理,这层软件处理系统就是 EPC 中间件(EPC Middle-ware)。美国麻省理工学院的 Auto – ID 实验室最先提出 RFID 中间件的概念,称之为 Savant。Savant 是一种负责管理和传送产品电子码相关数据的分布式网络软件,处在解读器和 Internet 之间,用来处理从一个或多个 RFID 读写器设备传来的 RFID 标签或者 RFID 事件的数据流。Savant 收到读写器读取的 EPC 码后,进行数据平滑、数据校验、过滤和整合,依据数据的内容,向各处的 ONS 发送查询请求,由 ONS 找寻对应 EPC 编码的产品资料地址,再回复给 Savant,由 Savant 整理后返回最终结果给读写器。整个过程中最为重要、同时也是最困难的环节就是传送和管理这些数据。而 Savant 的主要目的是对标签的数据执行过滤、聚合以及统计等功能,从而降低传向企业应用系统的数据量,防止企业和公用网络超载。

Savant 是程序模块的集成器,程序模块通过两个接口与外界交互——识读器接口和应用程序接口。其中识读器接口提供与标签识读器,尤其是 RFID 识读器的连接方法。Savant 也允许采用其他的协议与识读器通信,在《Auto – ID 识读器通信协议 1.0》中,对接口的细节作了详细说明。应用程序接口使 Savant 与外部应用程序连接,这些应用程序通常是现有的企业采用的应用程序,也可能有新的具体 EPC 应用程序甚至其他 Savant。应用程序接口是程序模块与外部应用的通用接口。如果有必要,应用程序接口能够采用 Savant 服务器本地协议与以前的扩展服务进行通信。应用程序接口也采用与识读器协议类似的分层方法来实现。其中高层定义命令和抽象的语法,底层实现与具体语法和协议的绑定。除了 Savant 定义的两个外部接口(识读器接口和应用程序接口)外,程序模块之间用它们自己定义的 API 函数交互。

Savant 采用分布式的结构,主要完成数据校对、解读器协调、数据传送、数据存储和任务管理的功能。

7.1.2.1　分布式结构

Savant 采用分布式的结构,以层次化进行组织、管理数据流。每一个层次上的 Savant 系统将收集、存储和处理信息,并与其他的 Savant 系统进行交流。例如,一个运行在商店里的 Savant 系统可能要通知分销中心还需要更多的产品,在分销中心运行的 Savant 系统可能会通知商店的 Savant 系统一批货物已于一个具体的时间出货了。

7.1.2.2　数据校对

处在网络边缘的 Savant 系统,直接与解读器进行信息交流,它们会进行数据校对。并非每个标签每次都会被读到,而且有时一个标签的信息可能被误读,Savant 系统能够利用算法校正这些错误。

7.1.2.3　识读器协调

如果从两个有重叠区域的解读器读取信号,它们可能读取了同一个标签的信息,产生了相同且多余的产品电子码。Savant 的一个任务就是分析已读取的信息并且删掉这些冗余的产品编码。

7.1.2.4　数据传送

在每一层次上,Savant 系统必须要决定什么样的信息需要在供应链上向上传递或向下传递。例如,在冷藏工厂的 Savant 系统可能只需要传送它所储存的商品的温度信息就可以了。

7.1.2.5　数据存储

现有的数据库不具备在一秒钟内处理超过几百条事务的能力,因此 Savant 系统的另一个任务就是维护实时存储事件数据库(RIED),本质上来讲,也就是系统取得实时产生的产品电子码并且智能地将数据存储,以便其他企业管理的应用程序有权访问这些信息,并保证数据库不会超负荷运转。

7.1.2.6　任务管理

无论 Savant 系统在层次结构中所处的等级是什么,所有的 Savant 系统都有一套独具特色的任务管理系统(TMS),这个系统使得他们可以实现用户自定义的任务来进行数据管理和数据监控。例如,一个商店中的 Savant 系统可以通过编写程序实现一些功能,当货架上的产品降低到一定水平时,会给储藏室管理员发出警报。

实际应用时,在产品的生产、运输和销售过程中,解读器将不断收到一连串的EPC 码。Savant 系统的主要任务是数据校对、解读器协调、数据传送、数据存储和任务管理。Savant 系统利用一个分布式的结构,以层次化进行组织、管理数据流。每一个层次上的 Savant 系统将收集、存储和处理信息,并与其他的 Savant 系统进行交流。

7.1.3　物理标识语言(PML)

7.1.3.1　PML 的概述

1998 年 2 月,W3C(万维网协会)推出了 XML(可扩展标记语言),将它作为一种互联网进行数据表示和交换的标准。XML 是一种既简单灵活又功能强大的标记语言。随着 XML 的不断发展,出现很多相关的语言,例如 XBRL,FPML 等。当射频识别技术不断发展并且真正进入人们的眼帘时,人们发现需要一种通用、灵活、简单的语言来描述现实世界中存在的物理事物,然后应用这种语言编写的文档实例进行数据的交换与传输。在射频识别技术中,每个产品都有自己唯一的产品电子码,但是所有有用的相关信息,例如名称、组成成分、形状等,仍然需要用一种新型的标准化的计算机语言来描述。在这种情况下,Auto – ID 中心根据麻省理工大学等的研究成果推出了 PML(实体标记语言)。PML 继承了 XML 的诸多的优势,具有通用、灵活、简单的特点,因此它将会成为描述所有自然物体过程和环境的统一标准。同时由于 PML 是基于 XML 发展而来的,当前已经出现了很多针对XML 的工具与技术,这为 PML 的发展奠定了坚实的基础。

EPC 编码用于识别物品,但因为承载 EPC 编码数据的 RFID 标签的存储空间有限,因此不能存储所有关于物品的信息。另一方面,为了降低电子标签的成本,促进物联网的发展,也要求尽量减少电子标签的内存容量。因此,采用电子标签存储产品编码,将产品详细信息放在后台服务器,利用产品编码来查询产品详细信息是一种较好的选择。而产品详细信息的描述可采用电子物理标识语言(PML)。

PML 作为一种新型的标准计算机语言,它是一个广泛的层次结构,提供一种通用的方法来描述自然物体。例如,一罐可口可乐可以被描述为碳酸饮料,它属于软饮料的一个子类,而软饮料又在食品大类下面。PML 服务器的设计为:在电子标签内只存储电子产品码,余下的产品数据以 PML 方式存贮在 PML 服务器上,并可以通过产品的电子产品码来访问其对应的 PML 服务器。

7.1.3.2　PML 的组成

PML 是由 PMLCore 与 PMLExtension 两部分组成的。PML Core 是 PML 的核心,它主要的作用是在自动识别基础设施中为传感器得到的数据的交换提供一种标准的格式。具体来说,PMLCore 提供了一个 Schema 的集合,用这些 Schema 去定义这些数据的交换格式。这些数据可以是直接从传感器获取的,也可以是存储在 EPC 网络中的服务器的数据。这些数据是事物可见的物理属性,它们能够用传感器直接获取与测量,而不是对这些事物的介绍与解释。PMLExtension 用于整合非自动识别基础设施所产生的信息以及其他来源的信息。如,PML 商业扩展。PML 商业扩展包括多样的编排和流程标准,可使交易在组织内部和组织之间发生,自动识别技术将判断出最满足顾客需求的部分并整合它们。PMLExtension 能够更好地发挥 PML 的作用,促进 EPC 技术的快速发展。

7.1.3.3　PML 服务器

EPC 码识别单品,余下的产品数据以 PML 文件形式存贮在 PML 服务器上,并可以通过某个产品的电子产品码来进行访问。PML 服务器通常为授权方的数据读写访问提供一个标准的接口,以便于电子产品码相关数据的访问和持久存储,它使用物理标识语言作为各个厂商产品数据表示的中间模型,并能够识别电子产品码。PML 服务器由制造商维护,并且储存这个制造商生产的所有商品的信息文件,如生产数据、批量订单等信息。Savant 通过 ONS 获取与当前所探测到的 EPC 相关的远程 PML 服务器的地址,此后 Savant 向远程的 PML 服务器发送读取 PML 数据的请求,PML Server 对此作出回应,返回给 Savant 它所请求的 PML 数据。PML 服务器使得与可用数据相关的 EPC 网络可以以 PML 格式来请求服务。图 7-2 即采用 PML 的 EPC 信息获取流程。

除了那些不会改变的产品信息(如物质成分)之外,PML 包括经常性变动的数据(动态数据)和随时间变动的数据(时序数据)。在 PML 文件中的动态数据可包括船运中水果的温度,或者一个机器震动的级别。时序数据在整个物品的生命周期中,离散且间歇地变化,一个典型的例子就是物品所处的地点。所有这些信息通

图 7－2　EPC 信息获取流程

过 PML 文件都可得到,公司将能够以新的方法利用这些数据。

　　当然,PML 语言作为一种交流语言并不规定具体的产品数据一定要以 PML 文件存储在本地,也不要求指出哪个数据库会被使用,同样也不用指明数据最终所存储的表或域的名字。PML 文件只是在信息发送时对信息进行区分的一种方法,其实际的内容可以任意格式存放在服务器中,如一个 SQL 数据库、电子表格或一个平面文件。也就是说,一个企业完全可以现有的格式和程序来处理数据,而不必以 PML 格式来存储信息。因此很多公司把产品数据存贮在他们的关系型数据库中,因为这种数据库稳定性比较好,且能用 SQL 实现相当复杂的查询(包括多条件查询和过滤查询)。然而同外界交换数据时,它们会用一个翻译层以标准的 PML 格式来标记从己方输出的数据。

7.2　ONS 工作过程

7.2.1　EPC 编码

　　EPC 系统是一个非常先进的、综合性的和复杂的系统。其核心思想是为每一个产品提供唯一的电子标识符——EPC 码,通过射频识别技术完成数据的自动采集。电子标签上只存储 EPC 码,而对应于 EPC 码的解析则通过与互联网相连的服务器来完成。

EPC 编码包括四个部分:标头、通用管理者代码、对象分类代码和序列号。用二进制来表示,EPC 的通用格式如下:

版本号　　　生产商　　　产品　　　序列号

每部分包含内容如下:

标头(版本号):表示 EPC 码的版本和结构,是一个常量,其指定了 EPC 编码的不同版式,明确该 EPC 代码的总位数和其他三部分中每部分的位数。每个版本定义了管理者编码、对象分类编码、序列号的比特位长度。如果 EPC 编码不以比特数 00 开头,则版本号是 2 比特长度,否则,版本号是 8 比特长度。

管理者编码(生产商):描述此 EPC 码相关的生产厂商的信息,可以是一个组织实体,负责维持后继字段的编号分类和序列号,对每一个管理者来说"通用管理者代码"是唯一的。

对象分类代码(产品):是用来识别制造商(管理者)提供的产品类别(对象分类)的一组比特字符串,用以描述 EPC 码管理者使用的产品种类或类型。对象分类编码在每一个管理者码之下是唯一的。

序列号:是一组比特字符串,由制造商或其产品加工公司进一步对同一类产品的不同个体分配的唯一的序列号,用来识别制造商生产的同类产品的不同个体。

与现行的条码等其他编码体制相比,EPC 码的最大特点是可以实现单品的识别,编码空间更大。因此,ONS 架构包含的映射信息应当是在包含 EPC 空间命名者、制造商/管理者和制造商产品加工厂在内的一种多层体系下进行维护。

7.2.2　ONS 系统架构

ONS 体系结构是一个分布式的系统架构,主要由以下几部分组成。

7.2.2.1　映射信息

映射信息分布式地存储在不同层次的 ONS 服务器里,这类信息便于管理。

7.2.2.2　ONS 服务器

如果某个查询请求要求查询一个 EPC 对应的 PML 服务器的 IP 地址,则 ONS 服务器可以对此作出响应并解决这一问题。每一台 ONS 服务器拥有一些 EPC 的权威映射信息和另一些 EPC 的缓冲存储映射信息。ONS 服务器是 ONS 系统的核心,用于回应本地软件的 ONS 查询,若查询成功则返回此物品 ID 对应的 URI。一般每台 ONS 服务器都存储有一些物品 ID 的权威映射信息和另一些物品 ID 的缓存映射信息。

根 ONS 服务器处于 ONS 层次结构中的最高层,拥有命名空间中的最高层域名。基本上所有的 ONS 查询都从根 ONS 服务器开始,所以根 ONS 服务器性能要求很高,同时各层 ONS 服务器的本地缓存也显得更加重要,因为这些缓存可以明显减少对根 ONS 服务器的查询请求数量。

ONS 本地缓存可以将经常查询和最近查询的"查询—应答"结果保存下来,作为 ONS 查询的第一个应答点,这样可以减少对外查询的数量,提高本地响应效率,同时减小 ONS 服务器的查询压力。

7.2.2.3　ONS 解算器

ONS 解算器向 ONS 服务器提交查询请求以获得所需 PML 服务器的网络位置。ONS 解算器使用 GNU adns 库来执行 DNS 查询。给定一个 EPC 编码和 EPC 根域,ONS 解算器可以计算出对应的 EPC 域名。ONS 服务器由 DNS 服务器与配置工具组成,ONS 服务器使用配置工具来配置 DNS 服务器,以使 DNS 服务器储存映射信息。映射信息是 ONS 所提供服务的实际内容,用于指定物品 ID 和相关的URI 的映射关系。它分布式存储在各个不同层次的 ONS 服务器中,以便于分层管理大量的映射信息。

7.2.2.4　内容服务器

内容服务器存储了数据库中的映射信息,对一个或多个 ONS 服务器提供 XML文件。内容服务器被当做一个 Web 服务器来进行运作,并且提供基于 HTTP 协议的 ONS 规范 XML 文件。

7.2.3　ONS 的工作过程

ONS 整个过程主要分为如下几步:

(1)从 RFID 标签上识读一个二进制字符串 EPC 编码。如:

(01 00000000000000000000011 00000000001000011 00000000000000011100)

(2)识读器将此二进制字符串 EPC 编码发送到本地服务器。

(3)本地服务器对 EPC 编码数据进行适当排队、过滤,将 EPC 编码发送到本地ONS 解算器。

(4)本地 ONS 解算器利用格式化转换字符串将 EPC 比特位编码转换成 EPC域前缀名,再将 EPC 域前缀名与 EPC 域后缀名结合成一个完整的 EPC URI 格式,再将此 URI 发送到本地 ONS 解算器:

01 ⋯⋯⋯⋯⋯⋯⋯⋯⋯⋯⋯⋯⋯⋯⋯⋯⋯⋯⋯⋯⋯⋯ 1

000000000000000000000010 ·················· 2

0000000000001000011 ·················· 67

0000000000000000011100 ·················· 28

urn:epc:1.3.67.28

（5）本地 ONS 解算器将此 URI 转化成域名形式：

67.2.1. ONSroot. cn

（6）执行 DNS 查询,获得这个地址的 NAPTR(名称权威指针)查询,并返回与所查货品有关的 URI,如:

http://www. gual. cn/gual. xml

（7）本地服务器再根据 IP 地址联系正确的 PML 服务器,获取所需的 EPC信息。

7.2.4 格式化转换字符串

格式化转换字符串是用来将 EPC 编码在解析之前转换成 EPC 域名。EPC 域名由两部分组成:第一部分是 EPC 域前缀名,由 EPC 编码经过计算转换而得;另一部分是 EPC 根域名,是一个不变的后缀名。EPC 根域名是用于 ONS 访问的通用域后缀名。现在 EPC 根域名是:epc. objid. net。

一个格式化字符串由数字 0～4 和字符“.”组成。给定一个 EPC 编码和一个格式化字符串,然后就可以通过以下几步将此 EPC 编码转换成对应的 EPC 域前缀名。

利用格式化转换字符串将 EPC 编码转换为 EPC 域名的转换规则如下:

（1）在格式化字符串里的每一个属性值都将被给定的 EPC 对应值取代,用以获取 EPC 域前缀名。

（2）格式化字符串里的“.”和“0”将分别转换成对应域名的“.”和“0”。字符“0”主要用在 EPC 域前缀名中给标号位左补“0”。字符“.”主要用做标号间的分隔符。

（3）格式化字符串里的数字“n”(n 在这里表示数字 1,2,3 和 4)被转换成 EPC域名的一个基本数字(2^n),具体如下:

①数字“1”被转换成一个二进制数 0 或 1。这个数字在 EPC 里占 1 个比特位。

②数字“2”被转换成四进制数 0～3。这个数字在 EPC 里占 2 个比特位。

③数字“3”被转换成八进制数 0～7。这个数字在 EPC 里占 3 个比特位。

④数字“4”被转换成一个十六进制数 0～9 或 A～F。此数字在 EPC 里占 4 个

比特位。

(4)格式化字符串数字所占总比特位数是格式化字符串中的各位数字的和。例如,格式化字符串01.44.33.1.1.2 所占总比特位数是19(0 + 1 + 4 + 4 + 3 + 3 + 1 + 1 + 2)。

(5)如果转换后的 EPC 的比特位数比格式化字符串所占总比特位数小,则这种转化被认为是错误的。

(6)格式化字符串中数字"1"~"4"每个对应分配的 EPC 比特位数规则为:格式化字符串以标记为单位分解并从右到左逐个排列。格式化字符串中的数字"n"要对应分配 n 个未分配的 EPC 比特数,并且这些比特数是按照它们原来在 EPC 里的顺序排列的。

另外,进行如下观测可以验证转换方案的正确性:

①转换后的 EPC 域名的标号数量与格式化字符串里的标号数量是相同的。

②转换后的域名标号如果再转换成 EPC 编码,应当与原来的 EPC 编码在顺序上是一致的。

没有发生错误的转换格式化字符串可以分成完全格式字符串和部分格式化字符串两种:完全格式化字符串是为 EPC 编码的所有比特位指定的转换方案;部分格式化字符串是仅仅为 EPC 前缀码指定的转换方案。

转换格式化字符串提供了一种将 EPC 编码转换为 EPC 域前缀名的基本方法。根据 EPC 编码的版本,可以使用适当的转换格式化字符串来执行解析前的转换。

7.2.5 解析前运算法则

每一个 ONS 查询事件都将进行解析前运算,然后进行标准 DNS 域名解析而获得 PML 服务器 IP 地址。转换格式化字符串存储为 TXT 记录格式。这种方法可以使 DNS 服务器为 EPC 域名后缀维护格式化转换字符串。当前,通常由 EPC 空间命名者来为每个版本的 EPC 维护对应的格式化转换字符串。

管理 EPC 编码位置的空间命名者可为所有属于一个版本的 EPC 编码指定一个完全的转换格式化字符串。这种格式化字符串叫做固定格式化字符串。ONS 解算器可使用 DNS 查询命令来获取格式化转换字符串,也可以使用这种固定格式化转换字符串将 EPC 编码转换为 EPC 域名。即:格式化转换字符串可以用 DNS 查询命令获得,命令以 info 开头。给定一个 EPC 编码,格式化字符串"44"可以用来获得 EPC 版本号,输入 < version − number > . TXT 记录中的查询命令 info. < version − number > . < root − domain > 将给出 EPC 编码的格式化字符串。例如,TXT 格式记录可以是：

info. 80. < root − domain > TXT 4444. 4444. 44. 4444. 2. 2. 2. 2. 444444. 44

即是为版本号为 80(十六进制)的 96 比特 EPC 指定完全格式化转换字符串。用来获得 EPC 版本号的格式化字符串"44"是按照 EPC 里的比特位进行的固定编码。

7.2.6 静态 ONS 与动态 ONS

ONS 提供静态 ONS 与动态 ONS 两种服务。静态 ONS 指向存放货品制造商信息的存储单元,动态 ONS 指向一件货品在供应链中流动时所经过的不同的管理实体。

7.2.6.1 静态 ONS

静态 ONS 假定每个对象有一个数据库,提供指向相关制造商的指针,并且给定的 EPC 编码总是指向同一个 URL。由于同一个制造商又可以拥有多个数据库,因此 ONS 可以分层使用,一层指向制造商的根 ONS 服务,另一层指向制造商自己的 ONS 服务,即制造商的某个特定的数据库。

由于静态 ONS 假定一个对象只拥有一个数据库,给定的 EPC 编码总是解析到同一个 URL,而事实上 EPC 信息是分布式存储的,每个货品的信息存储在不止一个数据库中,不同的实体(制造商、分销商、零售商)对同一个货品也建立了不同的信息,因此需要定位所有相关的信息时,只能从一个 EPCIS 链接到下一个 EPCIS,如果任何一个链接点无法响应或互连,则整条链路都不通。同时,静态 ONS 需要维持解析过程的安全性和一致性,需要提高自身的稳健性、访问控制和独立性。

7.2.6.2 动态 ONS

动态 ONS 指向多个数据库,指向货品在供应链流动所经过的所有管理者实体。通过动态 ONS 连接多个管理者的 EPCIS 服务,采用动态 ONS 的注册机制就要健壮得多,即使一些链接无法响应,其他解析任务仍然能够完成。每个供应链管理商在移交时都会更新注册列表,以支持连续查询。

更新的动态 ONS 注册内容包括：

(1)管理商信息变动(到达或离开)。

(2)产品跟踪时的 EPC 变动:货物装进集装箱、重新标识或重新包装。

(3)是否标记特别的用于召回的 EPC。

7.2.7　ONS 应遵循的基本原则

7.2.7.1　ONS 系统的分层结构

ONS 系统中的 ONS 服务器是分层结构,分成三层:一层是国家级 ONS 服务器;二层是行业级别 ONS(包括区域 ONS 也设置在这一级)服务器;三层为企业级 ONS(包括区域 ONS 下隶属的一些小范围 ONS)服务器,企业级 ONS 服务器之下各企业内部也可视情况增加具有 ONS 本地缓存的内部服务器,从而为根服务器分担压力。

7.2.7.2　各级 ONS 服务器的功能

国家级 ONS 服务器作为我国的根 ONS 服务器,记录我国所有物品 ID 的最高级域名,处理接到的查询请求,给出明确的行业级信息指向。

行业级 ONS 服务器作为我国二级 ONS 服务器,由各个行业主管部门进行管理,负责记录各自行业内的域名信息,处理接到的查询请求,给出明确的行业级信息指向。专用物品编码系统的解析服务器也属于行业级,由特定的主管部门具体负责信息处理。

企业级 ONS 服务器作为我国三级 ONS 服务器,负责各个企业或企业同级组织机构域名的记录,处理接到的查询请求,给出明确的信息指向。

各级 ONS 服务器记录隶属于各自的下级 ONS 服务器及域名。

7.2.7.3　ONS 服务器还应具备的其他能力

ONS 服务器应具备扩展性。随着记录数据及处理查询的不断增多,服务器记录的数据会不断增加,因此 ONS 服务器应具有可扩展性。

ONS 本地缓存应具有学习性。随着处理查询的不断增多,其记录的数据相应增加,可以直接处理更多的查询,从而对根服务器形成更好的支持。

ONS 系统应具有物理设备和逻辑数据冗余,当系统服务器发生故障时应启动备用设备或由其他同级别 ONS 服务器暂时接替其工作,以避免数据丢失、系统瘫痪等严重问题。

7.2.7.4　ONS 服务器的注册

各级 ONS 服务器应向其上一级 ONS 服务器进行注册申请,得到批准后才能接入整个 ONS 系统。企业级、行业级 ONS 服务器在登记新的 ONS 服务器后应同时将相应信息添加到服务器中。

7.3　ONS 的应用：酒类商品防伪

7.3.1　概述

酒类商品假冒伪劣现象日渐猖獗,白酒、葡萄酒、啤酒、黄酒各个品牌厂家均受到假冒伪劣厂家的围攻,每年投入防伪的费用达几千万,各种防伪标签技术大量采用,但无法根本解决问题。个别经销商违反销售政策,私自将货物转移到非属销售区销售牟利,扰乱正常流通秩序,影响其他经销商的利益,扰乱企业对整个市场的价格部署。传统防窜货措施操作复杂,准确率低。酒类在运输仓储的过程中需要应对掉包、不适宜的温湿度条件的威胁,严重影响终端产品的品质。目前意大利的托斯卡纳酒庄和中国的茅台,都不约而同地在酒瓶盖上安装 RFID 标签防伪。使用 RFID 标签之后,每瓶酒都有一个独一无二的"身份证",消费者通过读写器对这个唯一身份的读取来识别所购买商品的真伪。一般情况下,是采用带有瓶盖的容器商品的防伪方式,也就是通过瓶体结构设计和后台认证系统实现产品的防伪。该防伪系统是在瓶盖内嵌入射频芯片,通过射频识别读写器、网络以及防伪数据库服务器来输入和获取商品信息。防伪数据库服务器把电子芯片编码对应的生成日期、生产厂家、产品类别,以及与编码相关的注册者的信息等全部返回给射频识别读写器,以达到防伪认证的目的。另外,当酒瓶被打开时,位于酒瓶瓶口的切割装置会将天线和芯片之间的连接切断,这个标签就自动失效了,这样就可以使射频识别读写器无法读取酒瓶瓶盖的芯片编码从而避免再次被复制,达到防伪的目的。

酒类防伪、防窜货管理等问题涉及消费者、生产企业、商场或销售企业、政府部门,各自对系统的需求均不同。

7.3.1.1　消费者对酒类 RFID 信息的需求

由于酒类商品蕴含着深厚的中国酒文化底蕴,除产品真伪外,消费者需要了解更多信息。为此,对厂商所提供的酒类商品信息应有以下两个层次的需求。

(1)基本商品信息。如,是否是真正的好酒? 是否假冒? 产地、生产厂家、生产日期、品种、等级等是否与实物相符。在决定购买时,通过简单的方式查询所购买商品的真实信息。

(2)更多附加的信息。如,白酒、葡萄酒的原料情况(出自哪里的高粱、葡萄)、生长环境(当年气候、温度、湿度)、生产时间、制作工艺以及文化内涵、专业权威机构或人士提供的主客观评价等。

7.3.1.2 生产企业对酒类 RFID 信息的需求

(1)高度可靠、难以伪造。

(2)固定投入的设施能有较大的弹性,以适应不同规模的企业。

(3)标签使用的成本不高,且有较高的回报。

(4)不需要改变现有生产工艺和设备,设置简单、易操作。

(5)标签安装方便。

(6)防伪查询使用方便、简单,以利用户使用。

(7)避免(被造假者)回收再利用(二次复用)。

(8)嵌入到酒瓶内的防伪标签应符合国家食品卫生标准。

(9)能适用于不同包装形式的酒类,同时兼顾新酒和陈年酒的防伪需求。

(10)原材料管理。

(11)保证物流过程产品安全。

7.3.1.3 流通企业对酒类 RFID 信息的需求

(1)使用方便、操作简单。

(2)防伪及产品质量安全信息的查询快捷、简便、及时。

(3)能利用现有的基础设施,为不同需求的消费者查询提供足够多的信息。

(4)投入的设施和费用企业能够承担。

7.3.1.4 政府主管部门对酒类 RFID 信息的需求

(1)酒类流通追溯管理,结合随附单制度,建立产品履历管理体系。

(2)标签的管理:注册、发放。

(3)防伪及质量追溯终端的管理:注册、发放。

(4)标签的唯一性保证。

(5)防伪报警(被仿冒企业的产品在何处销售并通知执法部门及被仿冒企业)。

(6)产品检验与鉴定信息。

(7)商家、厂家的信誉评价。

7.3.2 基于 RFID 的酒类商品防伪追溯

酒类供应链参与方众多,信息复杂,待控制节点多,要想使检验者和消费者准确判断产品的优劣真伪需从供应链全程各环节加以控制。主要从以下几个环节加以实现：

一是标签在出厂前，由标签厂家批量的将标签 UID 保存到"平台"。

二是酒厂在出厂前为每一瓶酒加标签并写入相关信息，标签采用无源超高频瓶标，基于唯一编码，用易碎纸材料，与酒瓶、瓶盖一体化设计，开瓶即毁，在液体和金属干扰下保证 50cm 的读取距离。适合于多数酒类应用环境。

三是产品分销过程中对每一个酒瓶进行跟踪管理并记录到厂家的产品平台中。

四是终端客户采用防伪查验终端或手机（集成超高频读写功能的 3G 手机，充分利用现有移动网络资源），读取酒瓶标签信息，发送到防伪认证平台（注册了所有产品和验证信息，为企业、消费者、政府主管部门提供信息服务），防伪认证平台根据这些信息请求不同厂家的产品平台，得到该产品的具体信息并返回给防伪认证平台，最终由防伪认证平台将这些信息发送到相关的客户端。

酒类商品追溯、防伪、物流及售后服务流程如图 7-3 所示。

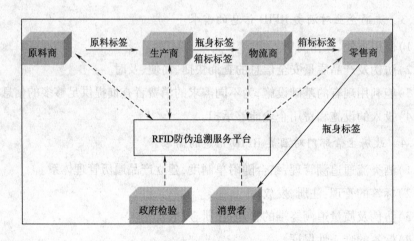

图 7-3　酒类商品追溯、防伪、物流及售后服务流程

● 公共防伪平台系统：主要负责接收用户通过 RFID 设备发过来的防伪信息，通过解析后发给信息管理系统，数据中心再返回相应的产品信息，按指定的发送方式（短信、Web），展示给用户完整的信息。

● 数据采集系统：主要负责响应所有 RFID 设备发过来的请求，并且根据业务需求将数据转发到相应的业务子系统，进行业务处理。

● 信息管理系统：主要负责存储、管理、查询、统计、分析由 RFID 设备传送来的信息，为公司领导、监管部门、销售部门作出合理的业务决策。

7.3.2 采用 RFID 的酒类商品防伪的特点

采用 RFID 的酒类商品有如下一些防伪特点:

第一,RFID 用于酒类防伪可彻底杜绝假冒伪劣问题。具体实现方法为:开瓶即毁标签,由于标签的不可复制性,从而达到彻底杜绝酒产品的假冒伪劣问题。

第二,电子标签存储酒信息,一方面可实现对酒流向的实时追踪查询,有效地阻止窜货现象发生;另一方面可通过标签信息,向消费者提供酒产品的真实性。

第三,利用 RFID 无线识别的特性,一方面可加快酒的流通速度,提高酒产品防伪识别时间;另一方面也加快了酒的配送速度,提高了员工的工作效率,同时实现对酒产品的更好管理。

第四,企业应用 RFID 防伪,一方面保证了企业酒数据的准确性、实时性;另一方面也有利于实现企业对酒流向的可视化实时监控。

 案例 物联网对象名解析应用

成都市 RFID 肉类蔬菜流通追溯体系

目前我国食品安全形势较为严峻,各类食品安全事件屡有发生,对人民群众的生命和健康安全造成极大危害。针对这一现象,政府统一安排,从 2009 年 1 月 1 日起,对肉及肉制品、豆制品、奶制品、蔬菜、水果等 6 类食品实施严格的市场准入。但由于管理手段落后,无法对食品生产、流通的各个环节进行有效的监管,市场准入制度的落实受到严重制约和影响。

为加强食品市场准入制度的落实,成都九州电子信息系统有限责任公司从猪肉质量安全入手,以生猪屠宰、流通、消费各个环节质量安全追溯为突破口,率先在四川省成都市试点,并逐步在全国推广应用,同时扩展到其他食品领域,为我省甚至全国的食品质量安全监管提供有效的手段。

一、项目实施现状

自成都市肉类流通追溯体系启动以来,公司已在成都中心六城区及郊区共 20 个地区建立肉类流通追溯体系,包括:79 家定点屠宰场;3 家大型农产品批发市场;222 个农贸市场;4 000 多个猪肉摊位;17 家大型大卖场(含分店);19 000 家餐饮企业和定点单位。累计发放溯源电子秤共计 5 640 台,发放手持机 831 台。现公司已经申请发明专利 2 项,实用新型 4 项,计算机软件著作权一项。实现了政府对成都市生猪屠宰行业的信息化监管。规范了成都市肉品流通秩序,强化了生猪屠宰加工、肉品批发(配送)、零售、团体采购企业的肉品质量安全可回溯机制。对溯源过程中发现的违法违规行为能做到及时处理,切实保障肉品生产安全。

二、设计目标

公司从2009年8月开始在成都市构建"放心肉"服务体系(见图7-4),以政府管理模式创新引导技术创新、以高新技术改造传统行业、以高效低成本运转牵引供应链业务流程优化是一个符合中国国情的完整解决方案。对"放心肉"服务体系中三大系统——屠宰监管支撑系统、肉品质量安全可追溯系统、肉品冷链管理系统都提出了完整的软硬件系统解决方案,具有建设周期短、技术可靠性高、运行成本低三大特点。具体设计目标是:

1. 构建高效、统一的省级政府肉品信息监管体系。

2. 实现对省生猪屠宰行业的信息化监管,及时发现并处理违法违规行为,切实保障肉品生产安全。

3. 规范省内肉品流通秩序,强化生猪屠宰加工、肉品批发(配送)、零售、团体采购企业的肉品质量安全可回溯机制。

4. 将生猪屠宰企业生产过程的视频监管和肉品在各流通环节质量安全信息管理有效结合,完善肉品质量安全体系建设,扫除监管的盲区,深入落实"放心肉"服务体系建设。

将成都市肉类流通追溯体系业务流程归纳为养殖、屠宰、流通、消费四大环节,每一环节下根据生猪饲养、宰杀、猪肉销售的具体情况,结合RFID猪肉全过程质量监管追溯的要求,又分别细分为若干关键节点、步骤。实现从生猪养殖到肉品零售终端相关信息的正向跟踪;肉品零售终端到生猪养殖相关信息的逆向溯源;对生猪产品经营者的有效约束;生猪及肉品流通的监管与综合分析。

三、技术优势

1. 基于internet网络的B/S系统平台。该系统分多种权限的用户,根据授权不同用户的权限,不同的用户登录后处理不同的子模块管理功能内容。

2. 将多种信息技术融为一体。对众多的异构信息进行转换、融合和挖掘,实现以RFID、视频监控、网络技术为关键索引的猪肉安全追溯信息管理。

3. 政府食品安全高效监管新模式。实现猪肉供应链的生猪养殖、屠宰、流通、消费等诸多环节的信息采集、记录与交换。

四、关键技术

1. 零售环节。成都九洲经过多次现场调研和反复试验论证,成功地完成了射

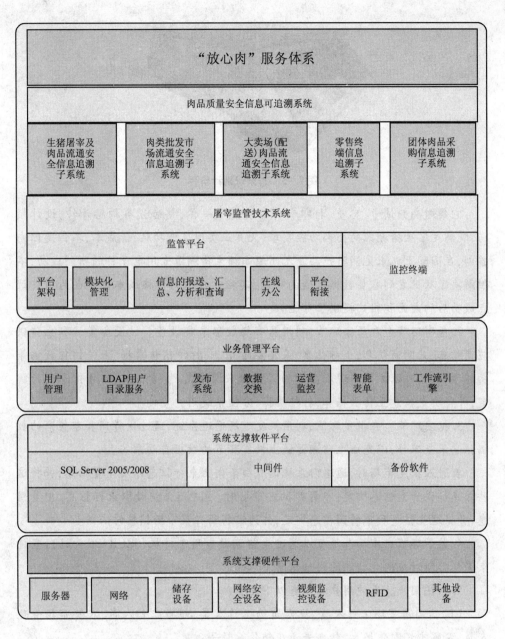

图7-4 "放心肉"服务体系

频识别计价秤(见图7-5)的研发、制标、型式试验、申请行政许可工作,不仅起草了国内唯一的射频识别计价秤企业标准,取得了国内第一张射频识别计价秤的计量器具制造许可证,同时还申请了发明专利和适用新型专利。

图7-5　射频识别计价秤

它集超高频读卡、称重、打印和传输功能于一体,整套设备构思奇特,设计精巧,既满足了生猪溯源的全部功能要求,又真正实现了低功耗、低成本,不但是国内首创,在国际上也未见同类产品。九州超高频生猪溯源专用电子秤的研制成功,不但解决了从批发到零售数据传输的难题,其相对较低的价格成本优势也为项目试点成功后的大面积推广提供了可能。

2. 屠宰环节。在屠宰环节,利用屠宰场数据采集设备。该设备集读取生猪供应商信息、采购商信息、束标信息、采集称重信息、打印销售票据、上传销售数据等功能于一体,可以方便实现在屠宰场将生猪来源信息、重量信息、销售信息进行绑定,并将绑定信息上传数据库,打印票据,方便系统用户查询。

3. 批发环节。在批发环节,利用批发市场通道系统,通过供货商和零售商的数据信息采集工作,以完成生猪溯源链上批发环节的数据自动录入。

在进入批发市场时,通道门系统读取白条肉上束标信息以及重量信息,并将这些信息和供货商信息绑定;在离开批发市场时,通道门系统读取束标信息、重量信息,并将这些信息和零售商信息绑定,作为零售商在菜市场销售的依据。

4. 监管环节。市场人员可以通过生猪溯源专用手持机(JZURA30-S1),查询束带标签所对应的生猪溯源详细信息。

5. 系统用户。系统用户具体有以下几类:

(1)猪肉屠宰场工作人员、批发市场工作人员、超市工作人员、农贸市场管理人员、农贸市场零售摊主、猪肉专卖店销售人员等。

(2)家庭消费的一般市民和团体采购的餐饮、学校、医院、企业单位食堂等定点单位。

(3)政府监管部门,包括商务部门、农业部门、公安、环保、农业、卫生、工商、质检等部门。

6. 实施效益。具体包括：①提高政府监管能力,保障肉食品安全。②降低企业经营风险。③促进品牌肉销售。④高屠宰加工效率。⑤提高屠宰加工透明度,有利于减少私屠乱宰现象。⑥提高检验检疫的准确性。

7. 项目推广。公司立足于成都市的同时,积极向全国其他有意建立食品安全流通追溯体系的城市推荐成都的工作成果,并取得了一定进展。目前已在湖北仙桃完成生猪溯源项目的实施工作,另外包括天津、大连、苏州、兰州、长沙、云南、重庆、西安等地都在紧锣密鼓地推进中。

另根据《商务部办公厅、财政部办公厅关于肉类蔬菜流通追溯体系建设试点指导意见的通知》,确定上海、重庆、大连、昆明、成都等 10 个城市为肉类蔬菜流通追溯体系建设首批试点,推动各地肉类蔬菜信息互联互通和追溯查询。公司从 2010 年 10 月启动蔬菜溯源项目,对成都市蔬菜批发市场和农贸市场的蔬菜经营户进行了多次调研并收集了经营户的意见,针对蔬菜追溯体系的特点,借鉴成都市生猪溯源专用电子秤的优秀经验,立项研发批发市场和农贸市场的两种蔬菜溯源电子秤,预计本年完成开发。借助于 RFID 技术及其他组件技术,构建能够覆盖菜类产品批发、消费各个流通环节的完整信息管理体系,极大程度地提高菜品可追溯信息的准确度。信息在相关部门间实时共享并对外公布,既满足了消费者对质量信息透明的要求,又为企业构筑了一个经营管理平台,提高了政府对蔬菜类产品安全消费全过程的监管效率。

复习思考题

1. 简述神经网络系统 Savant 的主要功能。
2. 简述物联网对象名解析服务的工作流程。

8

物联网中的信息安全技术

学习目标

- 了解互联网安全技术问题及对策
- 了解无线传感器网络安全技术问题及对策
- 掌握 RFID 安全技术问题及相应对策

目前,物联网逐渐被人们认识和应用,它可以将人们和身边无数物品联系起来,使物品成为网络中用户的一分子,并给人们带来诸多便利。但是,在享受物联网带给人类便利的同时,物联网在信息安全方面也存在一定的局限性。由于物联网在很多场合都需要无线传输,这种暴露在公开场所之中的信号很容易被窃取,也更容易被干扰,这将直接影响到物联网体系的安全。物联网规模很大,与人类社会的联系十分紧密,一旦受到攻击,很可能出现世界范围内的工厂停产、商店停业、交通瘫痪,让人类社会陷入一片混乱。另外物联网还可能带来许多个人隐私泄露,在未来的物联网中,每个人包括其拥有的每件物品都将随时随地连接在这个网络上,随时随地被感知,在这种环境中如何确保信息的安全性和隐私性,将是物联网推广的关键问题。

8.1 互联网安全技术

8.1.1 互联网安全问题

物联网建立在互联网的基础上,对互联网的依赖性很高,在互联网中存在的危害信息安全的因素在一定程度上同样也会造成对物联网的危害。在互联网的信息安全及网络空间安全不能够得到保障的情况下,无处不在的物联网和电子标签带来无处不在的危险。

8.1.1.1 安全漏洞越来越快,覆盖面越来越广

新发现的安全漏洞每年都要增加一倍之多,管理人员要不断用最新的补丁修补这些漏洞,而且每年都会发现安全漏洞的许多新类型。入侵者经常能够在厂商修补这些漏洞前发现攻击目标。

8.1.1.2 攻击工具越来越复杂

攻击工具开发者正在利用更先进的技术武装攻击工具。与以前相比,攻击工具的特征更难发现,而且更难利用特征进行检测。

8.1.1.3 破坏手段多元化

"网络恐怖分子"除了制造与传播病毒软件、设置"邮箱炸弹"外,更多的是借助工具软件对网络发动袭击,令其瘫痪或盗用一些大型研究机构的服务器进行攻击。

8.1.2 互联网安全对策

8.1.2.1 杀毒软件技术

随着杀毒软件技术的不断发展,现在的主流杀毒软件都能预防木马及其他的一些黑客程序的入侵,具备文件监控、邮件监控、内存监控、网页监控、引导区和注册表监控等功能。还有的杀毒软件提供了软件防火墙,具有了一定的防火墙功能,可对多种协议数据包进行阻挡,同时具备 IDS 功能,可对网络中异常浏览进行监控,在一定程度上能起到硬件防火墙的功效。

8.1.2.2 防火墙技术

"防火墙"是一种计算机硬件和软件的组合,使互联网与内部网之间建立起一个安全网关,从而保护内部网免受非法用户的侵入,其实就是一个把互联网与内部网隔开的屏障。防火墙可以是非常简单的过滤器,也可以是精心配置的网关,其功能都是监测并过滤所有内部网和外部网之间的信息交换,保护内部网络的敏感数据不被泄露和破坏,并记录内外通信的有关信息。防火墙从形式上可分为硬件防火墙和软件防火墙两类,硬件防火墙是通过硬件和软件的结合来达到隔离内、外部网络的目的,价格较贵,但效果较好;软件防火墙是通过纯软件的方式来达到,价格

很便宜,但这类防火墙只能通过一定的规则来达到限制一些非法用户访问内部网的目的。

另外防火墙也可从技术上分为"包过滤型"、"应用代理型"和"状态监控型"等。"包过滤型"就是对各种进出的基于 TCP/IP 协议的数据报文按事先定好的过滤规则进行核对,允许的就放行,需要阻止的就丢弃。"包过滤型"基于规则进行过滤,容易实现,但不能满足建立精细规则的要求(规则数量和防火墙性能成反比)。"应用代理型"工作在 OSI 的最高层,即应用层,是比包过滤技术更完善的防火墙技术。其特点是完全"阻隔"了网络通信流,通过对每种应用服务编制专门的代理程序,实现监视和控制应用层通信流的作用。"状态监控型"是继"包过滤"技术、"应用代理"技术后发展起来的防火墙技术,其原理是在不影响网络安全正常工作的前提下采用抽取相关数据的方法对网络通信的各个层次实行监测,并根据各种过滤规则作出安全决策。

8.1.2.3 出口过滤

出口过滤指路由器扫描将要被发送出本网络区域数据包的 IP 头,以便检查其是否满足安全要求。因为拒绝服务攻击有一个特性,即攻击者需要伪造大量的虚假 IP 地址欺骗目标主机,因此网络管理者可以在途中路由器中安装防火墙或网络嗅探器,当发现非法 IP 地址时则不再转发此数据包,并向管理员报告异常情况,通过出口过滤机制,拒绝服务攻击所造成的危害将被极大地缓解。

8.1.2.4 文件加密技术

与防火墙配合使用的安全技术还有文件加密技术,它是为提高信息系统及数据的安全性和保密性,防止秘密数据被外部窃取、侦听或破坏所采用的主要技术手段之一。数据加密的基本过程就是对原来作为明文的文件或数据按某种算法进行处理,使其成为不可读的一段代码,通常称为"密文",使其只能在输入相应的密钥之后才能显示出本来内容,通过这样的途径达到保护数据不被人非法窃取、阅读的目的。文件加密技术通常分为两大类:"对称式"和"非对称式"。"对称式"加密就是加密和解密采用同一个密钥;"非对称式"加密就是加密和解密采用不同的密钥,通常有两个密钥,称为"公钥"和"私钥",它们两个需配对使用,否则不能打开加密文件。随着信息技术的发展,网络安全与信息保密日益引起人们的关注。目前在加强数据的安全保护方面,主要从软件和硬件两方面采取措施。

8.1.2.5 网络中的加密机制

网络中的加密机制主要有逐跳加密和端到端的加密。逐跳加密即信息在传输过程中是加密的,但是在每个经过的节点上都要进行解密和加密,即在每个节点上都是明文的。端到端的加密,即信息只在发送端和接收端才是明文,而在传输的过程和转发节点上都是密文。

对于逐跳加密来说,可以只对有必要受保护的链接进行加密,并且由于逐跳加密在网络层进行,所以可以适用于所有业务,这就保证了逐跳加密的低时延、高效率、低成本、可扩展性好的特点。但是,因为逐跳加密需要在各传送节点上对数据进行解密,因此逐跳加密对传输路径中的各传送节点的可信任度要求很高。

而对于端到端的加密方式来说,它可以根据业务类型选择不同的安全策略,从而为高安全要求的业务提供高安全等级的保护。但端到端的加密不能对消息的目的地址进行保护,因为每一个消息所经过的节点都要以此目的地址来确定如何传输消息。这就导致端到端加密方式不能掩盖被传输消息的源点与终点,并容易受到对通信业务进行分析而发起的恶意攻击。

因此,对一些安全要求不是很高的业务,在网络能够提供逐跳加密保护的前提下,可不必采用业务层端到端的加密。但是对于高安全需求的业务,端到端的加密仍然是其首选。

8.2　无线自组网安全技术

无线自组织网络是一种不需要固定通信网络基础设施的、自组织的、能够迅速展开使用的网络体系。通过传输范围有限的移动节点间的互相协作和自我组织来保持网络连接和传递数据。主要用于没有固定基础设施或者建立基础设施不经济的场合。这种网络形式突破了传统无线蜂窝网络的地理局限性,能够更加快速、便捷、高效地部署,适合于一些紧急场合的通信需要,如战场的单兵通信系统。但无线自组织网络也存在网络带宽受限、对实时性业务支持较差、安全性不高的弊端。

8.2.1　无线自组网安全弱点

无线自组网的安全弱点主要表现在以下几方面。

8.2.1.1　无线信道方面

首先无线自组织网采用无线信号作为传输媒介,容易受到其他无线电波的干扰,可靠性较差。其次,当一个节点通过无线传输媒介发送消息时,该节点无线传输范围内任何一个节点都可以接收到传递的消息,通过解码并获取敏感信息,且发送节点、接收节点无法探测到传输是否被窃听,容易造成失、泄密。如一个恶意节点可以重放或者伪造一个路由声明,宣称自己有一条高带宽、低时耗的到达基站的路由,于是吸引周围的节点将数据包发往该恶意节点,并且上当的节点会把这条高效的路由扩散给它们的邻居,这样就扩大了攻击者的攻击范围,吸引了这个广阔区域内几乎所有的节点将数据发往该恶意节点。这对无线自组织网络中信息传输的安全性和机密性造成很大的威胁。

8.2.1.2 路由协议方面

路由协议的实现也是一个安全的弱点,路由算法基于网络中的所有节点都相互合作、相互信任,以共同完成网络信息的传递。如果投降节点和参与到网络中的恶意节点专门广播假路由信息,或大量散发无用数据包,将造成网络堵塞,从而导致整个网络的崩溃。

8.2.1.3 移动节点方面

因为节点是自主移动的,不像固定网络节点可以放在安全的地方。如果节点落入攻击者手中,则节点内的密钥、报文格式等信息都会被破获,为攻击方所用。当网络中的合法节点被攻击者俘获以后将成为恶意节点。在数据报文传输过程中,恶意节点可以故意随机丢弃部分经过的数据报文来对网络通信实施破坏,这就是内部节点丢弃报文攻击,它导致网络吞吐率下降、报文重传率增高,严重时造成网络报文传输无法进行的后果,因此在无线自组织网络中,即使节点都正常地执行路由、数据转发功能,也难以确认该节点就是安全可信的。

8.2.1.4 安全机制方面

在传统的公钥密码体制中,都有一个信任的认证中心来提供密钥管理服务,但在无线自组织网络中不允许存在单一的认证中心,否则如果单个认证中心崩溃的话将导致整个网络安全无法获得认证,会造成整个网络瘫痪。如果认证中心的密钥被泄露给攻击者,则网络就完全失去了安全性。

8.2.2 无线自组织网安全策略

8.2.2.1 采用 SSID(Service Set Identifier,服务集标识)技术

SSID 技术可以将一个无线局域网分为几个需要不同身份验证的子网络,每一个子网络都需要独立的身份验证,只有通过身份验证的用户才可以进入相应的子网络,防止未被授权的用户进入本网络。

8.2.2.2 采用 MAC(Media Access Control)技术

MAC 地址称为硬件地址,是用来定义网络设备的位置。应用这项技术,可在无线自组网的每一个接入下设置一个许可接入的用户的 MAC 地址清单,MAC 地址不在清单中的用户,接入点将拒绝其接入请求,这样可防止非法用户的接入。

8.2.2.3 密钥管理

当利用加密方案来保护控制信息和数据信息时通常需要密钥管理。建立两个节点间的安全通信,必须使两个节点共享密钥,节点间共享一个密钥的称为对称密钥系统,节点间使用不同密钥的称为非对称密钥系统。密钥管理是指如何将密钥分发到网络中各节点,以及必要情况下的密钥如何更新、删除等。目前常用的安全策略是使用时变密钥加密的方法对无线传感网络的信息进行加密。时变加密就是连续的广播信息单元在传输之前,使用一个从密钥串中按一定的算法选取不同的密钥对需要传输的信息单元进行加密。网络中的传感节点在不同的信息单元和不同的时间拥有的密钥不同,通过使用单向的哈希算法生成一系列的密码,一个根密码值通过反复的哈希计算产生一系列的密钥,密钥系列以反向的顺序用来对连续的数据包进行加密,这种方法可以产生加密机制。接收器可以通过对接收的密码进行哈希计算,将计算的结果同老的密码进行比较,如果与旧密码相同,则密钥有效,否则密钥失效。这种机制保证密码确实来自同一个源,单向的哈希算法保证接收器可以使用下一个密钥,但不能伪造密钥。

8.2.2.4 安全路由

无线自组织网络中,路由功能是协作式的,网络中的所有节点相互信任,彼此协作。这导致恶意节点很容易对网络中使用的路由协议发送攻击。大多数路由攻击都是通过篡改路由数据引起的。为了组织路由攻击,接收节点必须验证信息的来源以及路由数据的完整性。目前安全路由的研究主要在提供这种验证机制方面。目前比较有代表性的安全路由协议有 SAODV、ARAN、SRP、SLSP、ARIADNE 等几种。

8.2.2.5 入侵检测

作为网络安全的第二道保护措施,入侵检测在无线自组织网络的安全保护中是必需的。目前针对无线自组织网入侵检测系统主要有非协作式入侵检测体系结构和协作式入侵检测体系结构两种类型,用来检测针对无线自组织网中进行攻击的恶意节点和恶意行为,实现无线自组织网络中在资源受限时的网络入侵检测。

8.2.2.6 预防窃听

由于无线网络是一个开放性网络,当一个节点通过无线传输媒介发送消息时,该节点无线传输范围内任何一个拥有适当无线电收发器的节点都可以对消息解码并获取敏感信息,且发送节点、接收节点无法探测传输是否被窃听。要对这类安全问题进行预防,一个方法是可采用定向天线并对发射功率进行控制,使窃听者监听不到;另一方法也可采用加密方案来保护传输的数据,这就要求网络具备有效的密钥分发策略以便进行加密的密钥能够分发到网络中的所有节点。

8.3 无线传感网安全技术

对于许多传感网系统,安全是非常重要的。传感网系统不仅要面对苛刻的环境,而且还要面对主动、智能的对手,因此战场上的传感网需要具有抵抗定位、破坏、颠覆的能力。在其他场合,安全需求虽然不明显,但仍然很重要。

8.3.1 无线传感器网络的特点

无线传感器网络是由部署在观测环境附近的大量微型、廉价、低功耗的传感器节点,通过无线通信方式形成的一个多跳、自组织的网络系统,其目的是在网络区域协同地感知、采集和处理感知对象的信息,并发布给观察者。其工作过程是:大量传感器节点散布在感知区域,这些节点实时感知、监测和采集分布区域内的监测对象或周围环境的信息,并利用多跳路由的自组织方式构成无线网络,将信息传送到汇聚节点,最后通过互联网传到管理节点,管理节点的信息也可通过汇聚节点发送到传感器节点,对传感器节点进行管理和控制。无线传感器网络具有以下特点。

8.3.1.1 大规模网络、低功耗、微型化

相对传统传感器而言,无线传感器网络节点更强调低功耗、微型化,如 ZigBee 节点在低功耗模式下,两节普通电池可工作 $1\sim2$ 年。在监测区域通常布置大量的各种类型的传感器节点,通过节点密集布设来提高监测的精度和冗余度,降低对单个节点的要求。当然,无线传感器网络节点由于能源受限、内存较小、CPU 处理能力较低和成本较高等,从而给应用的设计开发和推广带来一定的难度,同时受硬件限制,不利于开展功能较复杂的业务。这些限制也导致现有的安全技术很难应用到传感网之中。

(1)存储器容量限制。传感器节点是微型装置,只有少量存储器用于存储代

码。为了建立有效的安全机制,有必要限制安全算法的实现代码长度。例如,一个 Mica 传感器节点只有 128 KB 的代码存储容量,4 KB 的数据存储容量。TinyOS 代码约占 4 KB。因此,所有安全实现代码必须很小。

(2)能量限制。能量是无线传感器能力的最大约束因素。通常依靠电池供电的传感器节点一旦布置在一个传感网中后就很难被替换(工作成本很高),也不易重新充电(传感器成本高),因此必须节省电池能量,延长各个传感器节点的寿命,从而延长整个传感网的寿命。在传感器节点上实现一个加密函数或者协议时,必须考虑所增加的安全代码对能量的影响。给传感器节点增加安全能力时,必须考虑这种安全能力对节点寿命(电池工作寿命)的影响。节点安全能力引起的能耗包括所要求的安全功能(如加密、解密、数据签名、签名验证)的处理能耗、有关安全数据的开销(如加密、解密所需要的初始化矢量)的发送能耗、采用安全方式存储安全参数的能耗(如加密密钥的存储)。

8.3.1.2　自组织网络

无线传感器网络是一个自组织网络,节点可因工作需要随时添加进网络,也可因出现故障而从网络中去除,网络拓扑处于动态变化之中,以适应不断变化的自身条件和外部环境,保持自身工作的连续性和高效性。由于整个网络拓扑、传感节点在网络中的角色也是经常变化的,因此对传感节点进行预配置的范围是有限的,很多网络参数、密钥等都是传感节点在部署后进行协商后形成的。因此,无线传感器网络易于遭受传感节点的物理操纵、传感信息的窃听、拒绝服务攻击、私有信息的泄露等多种威胁和攻击。另外,传感器网络一般有成百上千个传感节点,很难对每个节点进行监控和保护,因而每个节点都是一个潜在的攻击点,都能被攻击者进行物理和逻辑攻击。

8.3.1.3　多跳路由

无线网络传感器节点间采用无线方式进行组网,节点只能与它的邻节点进行直接通信,如需将信息传送到管理节点,则需通过中间节点进行路由,因此每个节点既可能是信息的采集者,也可能是信息的传送者,每次传送的路径都可能不同。当前无线传感器网络路由协议的设计目标主要是降低节点能量消耗,提高网络生命周期,而很少将安全性作为其设计目标,这使得当前路由协议面临很多新的安全威胁,安全问题的解决面临一系列的挑战。

8.3.1.4　传感网操作无人照看

依据具体传感网的特定功能,传感器节点可能长时间处于无人照看的状态。

传感器节点无人照看时间越长,受到攻击者的安全攻击的可能性就越大。对于无人照看传感器节点存在以下三个主要威胁:

(1)暴露在物理攻击之下。传感器节点可能布置在对攻击者开放、恶劣气候等环境中。这种环境中的传感器节点遭受物理攻击的可能性比典型计算机(安置在一个安全地点,主要面临来自网络的攻击)要高得多。

(2)远程管理。传感网的远程管理实质上不可能检测出物理篡改,无法进行物理维护(如替换电池)。最典型的例子如,用于远程侦查的传感器节点(布置在敌方边界之后)可能失去与友方部队的联系。

(3)缺乏中心管理点。一个传感网应该是一个分布式网络,没有中心管理点,这会提高传感网的生命力;但是,假如设计不合理,也会导致网络组织困难、低效、脆弱。

8.3.2 传感网的安全性目标

在传感网中,通常假定攻击者可能知道传感网中使用的安全机制,能够危及某个传感器节点的安全,甚至能够捕获某个传感器节点。由于布置具有抗篡改能力的传感器节点成本高,所以大多数传感网节点没有抗篡改能力。一旦一个节点存在安全威胁,那么攻击者就可以窃取这个节点内的密钥。

8.3.2.1 传感网可能遭受的攻击

传感网易受各种类型的攻击,归纳起来,主要有以下几种:

(1)对秘密和认证的攻击。标准加密技术能够保护通信信道的秘密和认证,使其免受外部攻击(比如,偷听、分组重放攻击、分组篡改、分组哄骗)。

(2)对网络有效性的攻击。对网络有效性的攻击常常称为拒绝服务(Denial of Service,DoS)攻击,可以针对传感网任意协议层进行 DoS 攻击。DoS 攻击通常是攻击者针对网络进行的破坏、扰乱、毁灭。一种 DoS 攻击可以是削弱或者消除网络执行其预定功能的能力的任何事件。由于能够针对传感网任意协议层进行 DoS 攻击,所以层次化体系结构使得传感网在面对 DoS 攻击时很脆弱。

(3)对服务完整性的秘密攻击。在秘密攻击中,攻击者的目的是使传感网接收虚假数据。例如,攻击者威胁一个传感器节点的安全,并通过这个节点向网络注入虚假数据,在这些攻击中,使传感网继续发挥其预定作用是必要的。

8.3.2.2 传感网的安全要求与目标

传感网安全服务的目标就是防止信息和网络资源受到攻击和发生异常。传感网要具备数据机密性、完整性、认证性、数据新鲜度、自组织和可用性等特征。

(1)数据机密性。数据机密性是网络安全中最重要的内容,每个网络的安全重点通常首先就是解决数据机密性问题。在传感网中,一个传感网不应该将其传感器感知的数据泄漏到邻近网络,特别是在军事应用中,传感器节点存储的数据可能高度敏感。在很多传感网应用中(如密钥分发),节点需要发送高度敏感数据,因此建立安全信道尤其重要。公用传感器信息(如传感器节点身份识别码 ID、公共密钥等)也应该被加密,能在一定程度上防止流量分析攻击。

保持敏感数据机密的标准方法是采用秘密密钥加密敏感数据,只有预定接收节点才有秘密密钥,因此可以实现机密性。对于给定通信模式,必须建立节点与中心节点之间的安全信道以及其他必需的安全信道。

(2)数据完整性。实现数据机密性后,攻击者不能窃取信息,但是并不意味着数据就是安全的。攻击者能够修改数据,使传感网进入混乱状态。例如,恶意节点可以在分组中添加一些数据分片或者篡改分组中的数据,然后将改变后的分组发送给原始接收节点。即使不存在恶意节点,由于通信环境条件恶劣,仍然会发生数据丢失或者数据受损的情况。因此在通信中,数据完整性可以确保接收节点所接收的数据在传输途中不会被攻击者篡改。SPYN 采用数据认证来实现数据完整性。

(3)认证。消息认证对很多传感网应用(例如,网络重新编程、控制传感器节点占空因数之类的管理任务)都非常重要。攻击者并不局限于修改数据分组,还能够通过注入额外分组而改变整个分组流,所以接收节点必须确保决策过程中使用的数据来自正确的可信任源节点。接收节点通过数据认证来验证数据是否确实是所要求的发送节点发送的。

对于点对点通信,可以采用完全对称机制实现数据认证。发送节点和接收节点共享一个秘钥,秘钥用于计算所有通信数据的消息认证码(Message Authentication Code,MAC)。接收节点接收到一条具有正确消息认证码的消息时,就知道这条消息必定是与其通信的那个合法发送节点发送的。

在广播环境中不能对网络节点作出较高的信任假设,因此这种认证技术不适用于广播环境。假如一个发送节点需要给不信任的接收节点发送消息,那么使用一个对称消息认证码是不安全的:其中任何一个不信任接收节点只要知道这个对称消息认证码,就可以扮演成这个发送节点,伪造发送给其他接收节点发送消息。因此,需要用非对称机制来实现广播认证。

(4)数据新鲜度。除能够保证数据的机密性和完整性外,还必须确保每条消息的新鲜度。数据新鲜度意味着数据是最近的,确保不是攻击者重放的旧消息。

当采用共享密钥策略时,这个要求尤其重要,通常共享密钥必须随时改变。但是,将新的共享密钥传播给整个网络需要一定时间,此时,攻击者很容易进行重放攻击,假如传感器节点意识不到随时改变的新密钥,那么很容易破坏其正常工作。为了解决这个问题,可以在分组中添加一个随机数或者跟时间有关的计数器,以确保数据新鲜度。

SPIN 识别两种类型的新鲜度:弱新鲜度——提供局部消息排序,但是不承载时延信息;强新鲜度——提供全部请求/响应对的排序,允许时延估计。弱新鲜度用于传感器感知数据,强新鲜度用于网内时间同步。

(5)自组织。传感网一般是 Ad Hoc 网络,要求每个传感器节点具有足够的独立性和灵活性,能够按照不同情况进行自组织、自愈。网络中不存在固定基础设施用于网络管理,这个固定特征给传感网安全带来极大的挑战。例如,整个网络的动态性导致无法预先配置中心节点与所有传感器节点共享的密钥,于是人们提出了若干种随机密钥预分配方案。若在传感网中采用公共密钥加密技术,则必须具有公共密钥高效分发机制。分布式传感网必须能够自组织,支持多跳路由和密钥管理,建立传感器节点之间的信任。假如,传感网自组织能力不足或者缺乏自组织能力,那么攻击者或危险环境造成的网络受损都可能是毁灭性的。

(6)可用性。调整、修改传统加密算法而使其适用于传感网很不方便,而且会引入额外开销。或者修改代码使其尽可能重复使用,或者采用额外通信实现相同目标,或者强行限制数据访问,这些方法都会弱化传感器和传感网的可用性。

假如使用中心控制方案,那么会发生单点失效问题,极大地威胁网络可用性。可用性安全要求不仅影响网络操作,而且对于维护整个网络的可用性非常重要。

8.3.3　无线传感器网络安全策略

8.3.3.1　传感节点的合法性认证

由于传感节点容易被物理操纵是传感器网络不可回避的安全问题,必须通过其他的技术方案来提高传感器网络的安全性能,如在通信前进行节点与节点的身份认证;设计新的密钥协商方案,使得即使有一小部分节点被操纵后,攻击者也不能或很难从获取的节点信息推导出其他节点的密钥信息等。当部分节点能量即将耗尽或已经耗尽,这些节点的"死亡"状况以主动通告或被动查询的方式反映到邻居节点并最终反馈到控制中心,这些节点的身份 ID 将从合法节点列表中剔除。此外,当某些节点被敌方俘获,这些节点同样必须被及时从合法列表中剔除并通告全网络。另外,随着老节点能量耗尽以及不可靠节点被剔除,需要新的节点加入网络,新节点到位后要和周围的旧节点实现身份的双向安全认证,以防止攻击方可能发起的节点冒充、伪造新节点、拒绝服务(DOS)等攻击。另外,还可以通过对传感节点软件的合法性进行认证等措施来提高节点本身的安全性能。

8.3.3.2 信息加密

由于传感节点的内存资源有限,使得在传感器网络中实现大多数节点间端到端安全不切实际。为消除单密钥存在的安全隐患,可以使用多密钥系统,就是不同的节点使用不同的密钥,而同一节点在不同时刻也可使用不同的密钥。这样的系统相比单密钥系统要严密得多,即使是有个别节点的密钥泄漏出去也不会造成太大危害。如,采用随机密钥预分配,就是在节点部署前,所有的节点随机地从一个很大的密钥池中选取一部分密钥子集作为该节点的密钥环,并预先存储到节点中。在节点部署后,通过某种方式与直接邻居互相发现彼此间共同拥有的密钥。每两个节点间以一定的概率共享同一个密钥,并将共享的密钥作为直接邻居间的会话密钥。若直接邻居间没有共享密钥,则通过已建立的安全链路建立会话密钥。这样,就达到了不同节点间的密钥各不相同的目的,保证了传感器网络的安全性。由于随机分配机制不必传输密钥,能适应网络拓扑的动态变化,因此安全性较好。

8.3.3.3 提前构建网络拓扑结构进行防御

由于无线传感器网络自身具有的自组织性与无中心特性。对大规模无线传感器网络进行安全防护是非常困难的。但如果事前精心构建了网络的拓扑结构,则可将网络的拓扑结构知识作为构建网络安全机制的重要依据和手段。

如果在网络使用前,能够保证网络的拓扑结构的正确性,则网络开始使用后,网络控制中心能够接收到每个网络节点发回的信息,这些信息既可以是自身节点情况,也可以是邻节点情况。利用这些信息,网络控制中心能够掌握整个传感器网络每个传感器节点情况,描绘出整个网络的拓扑结构。使用过程中,网络节点也将周期性地向控制中心发送自身及相关节点变更信息,以利于控制中心随时掌握网络变更情况,如果网络拓扑发生了可疑的变化,则很可能说明某个节点被攻破了或者有不明节点入侵,这时网络控制中心便能及时得到报警信息,采取适当的应对措施。

8.3.3.4 恶意节点检测

为防止恶意节点以节点冒充、伪造新节点等方式进行攻击和欺骗,可采用地理约束和时间约束两种包约束的方法来发现恶意节点攻击。即通过实际地理位置估算的距离与恶意节点声称的距离之间的差异以及时间差异来发现恶意节点。包约束是指添加在数据包内用于限制数据包被允许传输的最大距离。地理约束保证在发送者的某个距离范围内能被接收到。时间约束保证数据包有一个生存时间上限,其实这仍是限制了最大传输距离,因为数据包至多以光速传输。当目标节点发现收到的数据包的传输距离或者传输时间超过其传输的限制值时,表明网络中存在恶意节点。

8.3.3.5 数据密码同时传送

传感器网络中,由于受环境噪声、地面和建筑物的反射、多普勒效应和多径等多种衰变效应的影响,传感器信号通过无线信道传输的过程中很容易发生错误,使接收端接收到错误的信息。由于密钥的连续性,要求每一次接收器都能够收到正确密钥,才能够完成数据解密和更新密钥。如果一个合法的接收器由于传输中的干扰而收到了错误的密钥数据或者暂时无法连接而失去了密钥的更新操作。那么它就无法继续解密数据和更新密钥,节点将与整个网络失去联系。虽然通过增大发送端输出功率可以提高数据传输的可靠性,但同时也提高了无线传感网络节点的能源功耗,减少了节点的使用寿命。通过编码方式也可提高数据传输的可靠性,但随着纠错位数的增加,编码的长度会大大增加,数据包的编码处理和解码处理同样需要增加节点的能耗。

通过研究,知道节点间传输数据包的数据分为两部分:一部分为业务数据;另一部分为密钥数据。业务数据传输中出现一次错误,可以放弃这一数据,不会影响传输节点的工作,但是如果密钥数据出现错误,节点就会失去下一次解密的密钥,结点就会与整个网络失去联系。因此可以在传输数据包中,通过增加再下一次解密的密钥 K_i+1 字节,使接收节点在开始数据传输后始终保证拥有本次解密的 K 值和下一次解密的 K_i+1 值,这样数据包成功收到后就可直接使用密钥 K_i+1 进行解密,降低节点对单一密钥的依赖。

8.3.3.6 限制信息粒度

为了尽量增加信息安全,也可以限制网络所发送信息的粒度,因为信息越详细,越有可能泄密。如果限制信息粒度,即使被恶意接收到,也很难从获取的信息中导出有效信息。比如,一个簇节点可以通过对从相邻节点接收到的大量信息进行汇集处理,并只传送处理结果,从而达到数据匿名化。

8.4 RFID 系统安全技术

随着 RFID 技术应用的不断普及,目前在供应链中 RFID 已经得到了广泛应用。但随之而来的安全性问题也显得越来越突出,如果不能很好地解决 RFID 系统的安全问题,随着物联网应用的扩展,未来遍布全球各地的 RFID 系统安全可能会像现在的网络安全难题一样考验人们的智慧。由于 RFID 系统涉及标签、读写器、互联网、数据库系统等多个对象,其安全性问题也显得较为复杂,包括标签安全、网络安全、数据安全和保护隐私等方面。目前,RFID 系统的安全问题已成为制约 RFID 技术推广应用的主要因素之一。

8.4.1 RFID 系统安全与隐私威胁

电子标签比传统条形码来说安全性有了很大提高。但是 RFID 电子标签也面临着一些安全威胁。RFID 系统中的安全问题在很多方面与计算机体系和网络中的安全问题类似。从根本上说,这两类系统的目的都是为了保护存储的数据及在系统的不同组件之间互相传送的数据。在物联网中是以 RFID 技术为核心,将物品和物联网绑定,以先进的通信技术组成庞大的系统来保护数据传输安全。其安全原理是:首先,因为技术门槛太高,目前只有少数几家供应商可以提供 RFID 的核心芯片。这虽然造成了技术垄断,但也杜绝了假冒伪劣产品。另外,每块 RFID 芯片都有唯一的固化 ID 号,通过 ID 号就可判别该芯片的"身份"。因此,至少现今未出现假冒的 RFID 标签。芯片不能造假,那如何保证其中的信息安全呢? 在芯片内部,有一个客户数据区,可以写入访问密码。其次,储存在 RFID 里的只是二进制代码,而用户资料储存在上位机及其外部的数据库里。如果不知道代码的含义或者不能连接到数据库,那就无法获得信息。然而,由于 RFID 系统中的传输是基于无线通信方式,使得传送的数据容易被"偷听",存在着隐私威胁。在 RFID 系统中,特别是在电子标签上,计算能力和可编程能力都被标签本身的成本要求所约束,相对较弱;另外,由于 RFID 系统涉及标签、读写器、互联网、数据库系统等多个对象,其安全性问题也显得较为复杂,主要表现为标签信息的非法读取和标签数据的恶意篡改。

8.4.1.1 电子标签数据的获取攻击

每个电子标签通常都包含一个集成电路,其本质是一个带内存的微芯片。任何对应的阅读设备都可能读取标签信息,并且可以远距离发生。在这种情况下,未经授权使用者可以像一个合法的读写器一样去读取电子标签上的数据。在可写标签上,数据甚至可能被非法使用者修改甚至删除。当前广泛使用的无源 RFID 系统还没有非常可靠的安全机制,无法对数据进行很好的保密。射频标签的数据还容易受到攻击,主要是因为射频标签芯片本身和芯片在读写数据的过程中都容易受到黑客的攻击。如果射频标签中的信息被窃取、复制并被非法使用的话,可能会带来无法估量的损失。在这方面,有源的 RFID 系统的安全状况相对要好一些。

8.4.1.2　电子标签和读写器之间的通信侵入

当电子标签向读写器传送数据,或者读写器从电子标签上查询数据时,数据是通过无线电波在空中传播的。在这个通信过程中,数据容易受攻击。如:非法用户可以用很多假的标签响应,让读写器不能区分出正确的标签,阻止 RFID 系统正常工作,从而使读写器过载,制造电磁干扰。

8.4.1.3　应答攻击

攻击者使用应答设备拦截、转发 RFID 查询,有效地欺骗 RFID 系统接收、处理并且执行错误的电子标签数据。RFID 数据通过网络在各层次间传输时,容易造成安全隐患,如非法入侵者对 RFID 标签信息进行截获、破解和篡改,以及业务拒绝式攻击,即非法用户通过发射干扰信号来堵塞通信链路,使得阅读器过载,导致中间件无法正常接收标签数据。

8.4.1.4　RFID 系统的数据安全威胁

RFID 系统的数据安全威胁主要指 RFID 标签数据在传递过程中受到攻击,被非法读取、克隆、篡改和破坏。RFID 与网络的结合是 RFID 技术发展的必然趋势,是将现有的 RFID 技术与互联网融合,推动 RFID 技术在物流等领域的更广阔的应用。但随着 RFID 与网络的融合,网络中常见的信息截取和攻击手段都会给 RFID 系统带来潜在的安全威胁。

8.4.1.5　隐私威胁

在射频识别系统中,标签可被任意扫描和回应,这一特性可用来追踪和定位某个特定用户或物品,从而获得相关的信息。这是 RFID 的特点,也是它的优势所在。但电子标签所携带的标签信息也会涉及物品所有者的隐私信息,这就带来了如何确保物品的持有者个人隐私不受侵犯的问题。当 RFID 电子标签上写有消费者个人信息时,就可能发生在没有得到本人认可的情况下泄露某人于某时在某地等信息,从而发生侵害消费者个人隐私的问题。即使在 RFID 电子标签中没有姓名等个人信息,在写有 EPC 等特殊编码的情况下,也汇集了匿名者某时在某地的信息。个人在使用信用卡等可确定本人信息的情况下,其特有编码有可能在瞬间被读取并与已有的匿名信息链接,同样会发生与读取个人 RFID 电子标签信息相同的侵害个人隐私的问题。其次,在射频识别系统中,标签有可能预先被嵌入任何物品中,比如,人们的日常生活物品中,但由于该物品(比如,衣物)的拥有者,不一定能够觉察该物品预先已嵌入电子标签,而任意一个标签的标识(ID)或识别码都能在远程被任意的扫描,且标签自动地、不加区别地回应阅读器的指令并将其所存储的信息传输给阅读器。因此,物品(比如,衣物)的拥有者自身可能会不受控制地被扫描、定位和追踪,这势必会使个人的隐私问题受到侵犯。因此,如何确保标签物的拥有者个人隐私不受侵犯成为射频识别技术以至物联网推广的关键问题。

8.4.1.6 病毒侵入

射频标签识别技术 RFID 很容易受到软件病毒感染或恶意代码侵入,病毒会感染 RFID 芯片上微小内存,且只能存储 128 个字符信息,正因为内存微小,目前大多数计算机专家对 RFID 感染和传播病毒的危害重视不足。事实上,这一缺陷很可能被恐怖分子和走私分子所利用,进而躲过基于 RFID 技术的电子扫描系统。

8.4.1.7 环境污染

作为一种电子产品,RFID 标签的大量使用必然会有副作用。RFID 依靠电磁波进行工作,电磁波产生的电磁辐射对人体健康会造成一定影响。电磁辐射对人体的影响取决于 RFID 标签可以使用的频谱和信号功率,甚至取决于其工作模式以及阅读器的工作方式和发射功率等参数。当 RFID 标签被大量使用的时候,例如大型购物场所,人们可能陷在一个充满电磁辐射的危险环境中,给人们健康带来损害,对于长期与 RFID 接触的人员,可能因此患上罕见的疾病。因此,应该制定关于标签对人体与环境不良影响的国家标准,尽量减少 RFID 产生的电磁波对人们身体健康的影响。

8.4.2 RFID 系统安全与隐私保护策略

RFID 系统的安全问题由三个不同层次的安全保障环节组成:一是电子标签制造的安全技术;二是芯片的物理安全技术,如防非法读写、防软件跟踪等;三是卡的通信安全技术,如加密算法等。这三个方面共同形成电子标签的安全体系,保证电子标签从生产到使用的安全。

8.4.2.1 Kill 命令机制

Kill 命令机制的原理是抹去标签唯一的序列号,只是保留产品代码信息完整,或者在校验时完全破坏标签,使标签丧失功能,从而阻止对标签及其携带物的跟踪,这可有效保护用户隐私。但是 Kill 命令使标签失去了它本身应有的优点,因为被破坏的标签将不能再被激活,这将会妨碍合法的应用。如,商品在卖出后,标签上的信息将不可再用,不便于日后的售后服务以及用户对产品信息的进一步了解。

8.4.2.2 认证和加密

对于竞争对手或入侵者把非法阅读器安装在网络上,然后把扫描来的数据发给别人,或者有人劫持了阅读器来读取数据的问题,解决的办法是,确保在网络上的所有阅读器在传送数据给中间件之前都必须通过验证,并且使用加密手段来确保标签和读写器之间的数据安全。读写器操作标签时必须同时发送密码,标签验证密码成功才响应读写器,之前标签的数据一直处于锁定状态。

8.4.2.3 实现专有的通信协议

在高度安全敏感和互操作性不高的情况下,实现专有通信协议是有效的。它涉及实现一套非公有的通信协议和加解密方案。基于完善的通信协议和编码方案,可实现较高等级的安全。但是,这样便丧失了与采用工业标准的系统之间的 RFID 数据共享能力。

8.4.2.4 其他安全技术

也可以考虑采用特定的安全设备缓解 RFID 标签中的安全隐患。比如,生成针对特定产品的唯一的电子产品代码,这样就算有人突破安全机制,获得的也只是某个产品的代码,而不能获得代码包含的特定含义。另外,新的 EPCglobal UHF 第二代协议标准将为无源 RFID 标签改进安全特性,该标准提供口令保护及对从 RFID 标签传送到识读器的数据进行加密。

针对 RFID 标签引起的隐私安全问题,一些商店采用在出口处为顾客安装了"消码器"的方法来解决。"消码器"可以将 RFID 的产品数字代码全部消为零。这样,嵌在货物上的 RFID 标签一旦离开商场就失去功效。还可以采用 RSA 安全公司的 RSA"软阻塞器"来实现,这种内置在购物袋中的 RFID 标签,在物品确实被购买后,禁止 RFID 识读器读取袋中货物上的 RFID 标签,实现隐私安全保护。

麻省理工学院研究人员成立的硅谷新公司 Verayo 开始提供其商业版的防克隆技术产品,以解决 RFID 安全问题。这套系统采用在 IC 制造过程中硅片的独特物理特性和变异性(同一个芯片中,不同位置的单元,因为制造过程的非均一性,而带来的延迟上的差别)来识别单个硅芯片,从而判断真伪,系统无需采用现有密钥或加密存储功能。

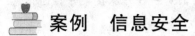

案例　信息安全

案例1:专家揭秘美国最大黑客入侵盗窃案

一个月前,美司法部起诉了11名涉嫌非法闯入美国9大零售商电脑系统、并偷盗贩卖4 100万个信用卡和提款卡号的网络黑客,其中一人为美国密情局特工。这是美国司法部处理过的最大一起黑客入侵、身份盗窃案件。

通过与著名安全研究专家曼基(Derek Manky)先生就一次黑客入侵事件进行交流探讨,可通过几个小问题深入洞悉此次事件背后的一些秘密。

1.攻击者是如何具体入侵无线网络的?

要入侵无线网络,黑客需要打破无线网络的WEP加密。这种加密协议存在缺陷,很容易被攻破,进而进入受保护的网络。

美国波士顿的联邦检察官迈克尔沙利文表示,一旦进入网络内部,那三个安装好的"嗅探器"程序就会在零售商的卡处理网络中到处嗅探,捕获信用卡号码、密码和账户信息。还有一些其他私人号码可以帮助他们访问已经签发并且激活了的信用卡和借记卡。

2.整个事件中入侵者都利用了哪些漏洞,采用了哪些入侵手段?

黑客使用的是一种广为流行并且普遍适用的技术,即通过前端资料隐码入侵获取访问数据库。这直接通过一个公众所面临的界面(HTTP)执行,并且依赖于利用贯穿网络层到后端系统的数据查询。

服务器系统可能遇到各式各样的攻击,一旦被入侵,客户的数据资料确实可能处于危险之中。典型的案例包括通过"被迫式"下载来自动安装恶意软件。

"被迫式"下载往往发生在用户访问一个有漏洞的网页的时候,它将从网页浏览器中找到没有打补丁的漏洞进而安装恶意代码。当然这并不一定发生在服务器上,它可能发生在与关键系统处于同网络的客户系统上。恶意软件(木马)往往从那里散播到整个网络。

然而,在这种情况下,确保无线网络的安全看起来是一个简单的问题。没有采用"零日"攻击,而是利用一种众所周知的具有无线加密协议的安全问题。通过使用加密技术如 WEP 或者更强有力的机制如 WPA,WPA2 保护大部分无线网络的安全。据说 WEP 拥有各种安全性缺陷,其加密协议很容易被破解从而进入该无线网络。无线网络不应该允许访问敏感数据。基于这些原因,一个安全漏洞相对容易会出现。所提及的嗅探器程序是一种后门木马,它们是一种可以搜集并传递信息的恶意代码,也是当今网络犯罪的常用黑客工具。

3.为什么这么长时间才破获这个案件?

据 CNN 报道,调查开始于 2006 年年底,除了司法部门,密情局通过美国圣地亚哥联邦调查局进行了三年多的秘密调查。

司法部在一个声明中表示,黑客当时隐藏了他们控制的位于美国和东欧的在加密计算机服务器上的数据。一些信用卡和借记卡的号码通过互联网出售给其他人,然后将信用卡号加密存储于空白卡来取现金。然后通过在空白卡的磁条上加密"兑现"。当局声称,被告然后用这些卡每次在 ATM 取款机上提取数万美元。花了这么长时间是因为调查这些事件十分复杂,在各个地区牵扯到许多因素。不同国家针对加密储存数据的法律不同,导致了调查加密数据存储只会拖延调查的进程。

4.是攻击者技术手段很高,没有让任何一方察觉,还是其他原因?

这存在两个主要问题。

第一个是关于最初的安全漏洞:在防护无线网络和数据的时候,用简单的手段保护无线网络的防护协议非常脆弱。很容易通过无线网络获得敏感信息,这是设计和拓扑布局的问题。

第二个问题是关于恶意后门木马程序在网络上的蓬勃发展,并且搜集了大量的信息用于恶意目的。这些木马程序常常被疏忽。通过部署适当的安全系统,最初的漏洞不会再发生。当一个漏洞出现,一个恶意的内部人员进入网络,综合安全系统各个功能应该会阻止这些木马:反病毒就是一个很好的例子。

网络安全的一系列发展正导致一个综合解决方案的出现,从而使网络能够伸缩自如以抵御绝大部分攻击。这个解决方案的关键组件正在由产品厂商推出,被称之为 UTM,或统一威胁管理系统。

促使内部网络安全成为危机点的两个主要因素如下:

一是网络犯罪。随着犯罪分子在身份盗窃与勒索方面越来越成熟,他们所涉及的网络范围也越来越大。现在,他们把目标锁定在提供丰富机会的特定公司和网站,因为它们可以带来有价值的交易或者储备了大量个人信息如信用卡和银行账户的数据库。

二是怀有恶意的内部人员。对于一般终端用户可使用的入侵、扫描和开发网络资源的工具和技术的数量不断剧增。随着时间的推移,那些导致信息或者业务资源真正丢失的内部人员事件将会增加。为了保护组织免受来自这些方面的攻击,局域网接入点必须看做是一个安全周界。

5.国内企业应该采取哪些防范措施?

●无线网络不能访问关键数据,并且采用更为强大的加密算法(非 WEP 协议)。

●通过封包分析(入侵防御系统)防御资料隐码入侵。

●通过入侵防御系统防御漏洞利用(恶意下载,服务攻击)。

●通过反垃圾邮件、反病毒和网页过滤(有恶意漏洞利用的网址或其他恶意软件)防御网络钓鱼类攻击。

●通过防火墙政策保护来自不可信任来源未被授权的端口访问。

●通过为软件提供最新更新和补丁防范漏洞攻击。

●通过反病毒软件防御在网络上泛滥并危及敏感信息的恶意代码。

6.特殊时期(如奥运期间)哪些安全措施尤为重要?

公司 IT 管理人员应该为企业员工进行以下培训:

●决不要打开第三方建议的、未经请求的链接——取而代之的是,打开你的浏览器输入你想要访问的网址 URL。

●升级安全解决方案——适当拥有一个有效的反垃圾邮件、网页过滤和防病毒的解决方案,并且确保持续更新。

●"点击之前,请选择"——用几秒钟的时间看一下你打算点击的链接,始终要有意识,注意那些企图通过使用错误拼写或者古怪的子域名使之看似合法的链接。

●保护隐私——永远不要应第三方的请求泄露个人信息,如银行账号、信用卡或者密码。

●了解你的供应商——当使用个人信息来进行在线交易的时候,确保供应商是一个可信任的来源而且交易是通过一个安全的连接进行的。

●关键问题培训——员工应该清楚了解安全风险,尤其在加强警戒阶段,推荐通过简单的培训来防御社会工程攻击。

●补丁、补丁、补丁——所有的软件,尤其是浏览器和操作系统,应该获取最新的更新(补丁)。这将确保网页漏洞被关闭,使远程攻击者不能利用已知的漏洞。

案例2：RFID安全关乎生命安危 医疗植入设备成重灾区

10月22日获悉，美国的研究人员日前就设计了一种基于RFID技术的心脏起搏器样品，可以防止黑客向植体设备发送潜在的致命信号。这种植体设备安全保护系统，可以检测未知信号，并提醒病人可能受到安全侵犯。为了支持该项研究，美国国家科学基金会给予马萨诸塞州立大学的研究员们一个为期3年的资助项目，以完善他们的植体设备安全保护系统的技术设计。

"我们目前还没有黑客攻击植体设备的确切案例。"马萨诸塞州立大学电气和计算机工程系教授凯文·傅（Kevin Fu）表示，"但这些植体设备已经可以远程连接因特网，那就给黑客可乘之机，他们会为了证明自己的能力而向植体设备发送恶意信息。我们认为植体设备成为黑客攻击的目标只是时间问题。"今年早时，凯文·傅（Kevin Fu）即论证了黑客利用软件无线电技术，不仅可以访问植体设备中的私人治疗记录，还可以通过重置程序给予患者一个足以致命的震扰。傅还证实，黑客可以借由破坏植体设备的睡眠模式，来耗干起搏器的电池电量。

自从RFID技术诞生以来，在各行各业都得到了广泛关注，便捷的读取、方便的无线定位、快速的响应等多种技术参数都极具竞争力。医疗行业也对RFID技术倾注了极大热情，无线医疗、医疗橱柜、器械管理、无线定位等应用都已经相当成熟，

RFID在医疗信息化方面起到了重大作用。在美国，目前有超过250万的植体医疗设备，包括60万个起搏器（植体心律转变器）正在使用中。其中大部分是可编程的，采用402MHz～405MHz的医疗植入通信服务用频段，或者是以前的短程175KHz频段。大多数植体设备只能在医生的办公室里进行程序设定，但越来越多的植体设备可以通过连接因特网进行远程设定，这无疑使其暴露在黑客的"暗箭"之下。

据介绍，这个新的保护电路样品使用一个基于无线集成传感器平台的RFID标签，可以在不占用起搏器电池的情况下检测黑客的侵袭。然后它使用一个压电制动器给心脏病患者一个声响警报，提示其注意起搏器的安全正在遭受破坏。

总之，RFID便捷的读取性意味着其本身就存在挥之不去的安全隐患。基于RFID技术的各种设备，无论是智能卡、电子标签还是其他设备，都面临着安全问题。

今年9月30日，美国加利福尼亚州州长"终结者"阿诺德·施瓦辛格签署了一项新法案。新法案规定："未经所有者允许读取其RFID标签上存储的个人信息属违法行为。"该法案正式将RFID安全问题摆在了全世界技术人员面前。

其实在医疗行业中,RFID 也不是顺风顺水,之前就曾爆出过 RFID 芯片有电磁干扰的安全隐患,引发轩然大波。院方和芯片厂商各执一词,至今都没有一个明确的结论。由此看来,这个寄希望于 RFID 标签的起搏器安全保护系统,在解决安全问题的同时,还要面临新的安全问题。

复习思考题

1. 互联网安全问题主要存在于哪几方面?如何应对?
2. 简述无线传感器网络特点及安全策略。
3. 简述 RFID 系统安全保护策略。

物联网技术对行业发展的影响

9

学习目标

- 了解物联网技术对物流业的影响
- 了解物联网技术对军事战争及军事后勤发展的影响
- 了解物联网技术对服务业发展的影响
- 了解物联网技术对电子商务发展的影响

曾经有一段时间,很多人觉得信息技术的世界已经到了尽头,接下来无非是更好的局部升级、更多的重复应用、更多的人群接受而已。事实并非如此,信息技术不断地带给人类新的惊喜,它带来的不再是以往基础的完善,而是一场全新的革命,而距离我们最近的这次革命就是物联网。

之所以把物联网称为"革命",原因有:首先,它不再局限于人—机、人—人这些旧有范畴的通信,而是开创了物—物、人—物这些新兴领域的沟通;其次,物联网打通了生物技术、机械技术、自动化技术、通信技术、传统 IT 技术等以往关联不大的技术通道,使得这些技术从此可以融合成为整体,它将开辟更多我们以往想象不到的应用;另外,随着物联网的崛起,新型的工业产业、服务产业将会涌现,信息产业将面临新一轮的升级,带给我们超乎想象的应用空间。例如,海尔集团推出的全球首台"物联网冰箱",它知晓储存其中食物的产地、食品特征、保质期等信息,并及时将其反馈给消费者,让消费者对冰箱里的食物作出必要的反应。去超市买东西,手拿一部集成嵌入式芯片的手机,借助无线通信功能,手机可以和商品上的

RFID 芯片进行数据通信,由此借助无线射频技术,消费者可以清晰地通过手机屏幕读出商品的产地、生产日期、产品成分、商品价格、物流途径等所有需要了解的信息,并且通过银行转账系统进行商品的结算。同时商场通过会员识别传感器,和会员身上集成嵌入式芯片的电子设备进行通信,可以清晰、完整地收集到会员购物时间、产品喜好、商品价位、意见反馈等——这不是实验室的模拟概念,这就是物联网。

"物联网"的雏形就像早期的计算机与互联网一样——在它们出现之前,没有多少人会对其感兴趣。但现在,电脑和互联网已经成为现代生活的必备元素。这也从侧面昭示出"物联网"代表着未来的趋势。未来各种各样的物品将嵌入一种智能的传感器,人类在信息获取、信息分析、通信方式方面将获得一个全新的沟通维度,信息将以前所未有的方式渗透到企业经营、科研开发、政府办公、人类生活等领域。而对于已经率先采用此技术的行业,物联网将对其发展产生深远的影响。

9.1　物联网技术对物流业发展的影响

物联网发展推动着物流业的变革,随着物联网理念的引入、技术的提升,物流业将迎来大发展的时代。基于物联网的物流系统会真正实现物流的信息化,极大地提高物流运输效率,大大降低物资流通成本。

9.1.1　运输过程可视化

建立基于互联网的物流运输 GPS 追踪系统,可实时获取车辆行驶位置和状态,对物流车辆配送进行实时的、可视化的在线调度与管理。物流作业的透明化、可视化,实现对车辆在移动过程中的感知、定位、追踪与智能调度管理。借助这一技术,对在途车辆提供在线配货信息服务,实现回程空车可就近配货、在线监控与管理。货运物联网的应用,提高了企业的运输服务能力,有效降低了物流成本。通过与路况信息相结合,可以帮助应对堵车、修路等突发事件情况,对行车路线进行及时调整,保证商品的运输过程通畅。与车辆货柜上的无线数据采集器相结合,可以有效预防和及时有效地发现运输过程中的货物丢失和被盗事件,使运输管理更准确、高效。

9.1.2　智能物品监控

物联网这一在全球范围内对每个物品跟踪监控的全新理念,将从根本上提高对物品生产、配送、仓储、销售等环节的监控水平,变革商品零售、物流配送及物品跟踪管理模式,从根本上改变供应链流程和管理手段。通过基于 RFID 等技术识别每一个货品、货箱及托盘,为运营商提供清晰了解分销链的能力,从而识别任何一件货品,检查货品状态及来源史,并将货品发送到供销网络中的任何地点。还可建立产品的智能可追溯网络系统,这些智能的产品可追溯系统为保障食品安全、药品安全等提供了坚实的物流保障。如,联邦快递等物流公司已开始研制和提供与物联网功能相类似的服务,其于 2009 年 12 月推出了一种新型包裹跟踪装置和网络服务,它可以显示包裹的温度、地点和其他重要信息,比如是否被打开过或被不规范地处理过等,保障货物的安全送达。目前,在医药、农业、制造等领域,产品追溯体系都发挥着货物追踪、识别、查询信息等方面的巨大作用,有很多成功案例。

借助物联网,还可实现货物位置信息监控、货物数量监控、温湿度以及气体浓度信息监控等。利用物联网技术,实时采集并记录仓库中货物的位置信息、数量信息、温湿度信息、气体浓度信息以及货物的安全信息等,同时将这些数据信息通过有线或者无线网络,自动传递到电脑或手机终端,保证仓库管理者对这种环境全方位实时监控。利用物联网技术,仓库也能更好地感知整个仓库和货垛的温湿度变化、货物的盘点、出入库状况,以及缺货报警等要求。通过物联网,仓库的管理变得高效、准确,人力需求大大节约,实现节能降耗、降低物流成本。

9.1.3 物流全过程的实时监控和实时决策

传统的物流配送过程是由多个业务流程和多个环节组成的,且每个环节都需要人的介入和参与,过多受到人为因素的干扰。如果仍然延续人在物流,每个配送过程的介入,人为的错误是不可避免的。然而任何一个环节、任何一个人为的错误,都会使计算机精确数字的统计、分析无法进行下去。因此,实现现代物流的一个关键问题是从任何一种原材料的采购、生产、运输的末端到整个系统的运行过程都实现自动化、网络化,这就要求对物流的整个过程都实现实时监控和实时决策,当物流系统的任何一个端节点收到一个需求信息时,该系统必须迅速作出反应。

物联网使用 EPC 电子标签对物品的唯一标识,将物流过程中不同的货品、集装箱、托盘和仓库进行分层级编码,当读写器得到大量的不同层级的 EPC 标签信息时,系统就可以明确地辨认出它们的信息,并制定周密的配送计划,传达到各环节,使它们开始工作。物联网还可通过在运输车辆上安放防撕毁电子标签或挂锁式电子标签,利用 RFID 设备对标签中的车辆相关数据进行自动采集;通过车载终端、货物管理子系统和后台系统,实现对车辆的定位、调度,对货物的安全追溯,防范计调过程中人为的管理漏洞,从根本上解决物流运输管理中的各类管理和安全问题。物联网利用网络数据库可将物品的任何信息进行分享,以方便供应链的各环节利用,物流企业就可以对所提供的物流信息进行准确无误的跟踪,掌握物品市场的供求变化等情况,从而可以为企业的生产计划、库存计划、销售计划等过程提供决策支持,进而达到降低成本、优化库存结构、加快资金周转、缩短生产周期、保障现代化生产高效进行的目的。

9.1.4 提升物流效率,降低物流成本

物联网通过 RFID 技术进行识别和检验,自动完成商品的验货,无须卸货和一一清点,简化了商品的验收环节,减少了搬运次数;企业通过物联网对运输工具实现智能跟踪,可以及时获知运输工具的实时信息,减少所需运输工具的数量及运输人员数,避免车辆闲置,提高利用率;物联网有助于降低盘货成本,降低商品被盗、损坏、错运及运输过程中货物丢失等导致的损失;通过物联网技术整合物流系统的功能,可实现流通渠道和信息资源的整合,优化配置社会资源,从而使流通效率得到提高,市场流通环境得到改善,流通速度得到加快;通过物联网与相关企业在供应、生产、物流、需求等流程上的同步集成,就可以有效控制原材料、半成品、产成品在供应链各环节的库存数量,满足现代工业生产对"零库存"与"准时制"的追求。

9.2 物联网技术对零售业发展的影响

目前,我国的物联网技术在仓储管理、电子自动化、产品防伪、RFID 卡收费等领域应用较多,发展前景十分广阔,对零售业未来的影响也十分巨大。物联网主要是利用 RFID 技术让物品"开口说话",在 RFID 标签中存储着规范而具有互用性的信息,通过无线数据通信网络把它们自动采集到中央信息系统,实现物品的识别。进而通过开放性的计算机网络实现信息交换和共享,实现对物品的"透明"管理。物联网的技术革新无疑将带来商业的革新,尤其是零售业,就如同当年商品条形码的出现,给零售业带来了一场巨大的革命,大大提高了零售业的经营效率,同样,此轮物联网技术革命的到来,必定会给零售业带来巨大的变革及深远的影响。尤其是近些年来,以沃尔玛为代表的大型零售商都纷纷开始采用 RFID 识别技术,并且获得了巨大成功。由此可见,物联网在零售业发展潜力十分巨大。物联网将引发零售业新一轮变革,体现在以下几个方面。

9.2.1　库存管理和优化

RFID 技术是一种物流供应链的管理技术手段,零售商目前也主要将 RFID 应用于仓储物流供应链管理上,其对零售业物流供应链的影响,最主要的在于能降低供应链上的存货量。由于 RFID 技术能利用无线电波,非接触式、远距离、动态多目标、大批量同时传送识别信息,实现真正的"一物一码",迅速进行物品的追踪和数据的交换,这样可以减少跟踪过程中的人工操作,节省大量的人力,大大提高工作效率。当运输车辆通过生产企业的成品库大门时,由识读器读取整车信息,并由相应的 EPC 中间设备向网络发送产品出库信息;通过 GPS/GIS 等技术,可以跟踪运输车辆实时信息,并将有用信息动态传送到网络上;当产品抵达分销商仓库时,不必逐一清点货物,仓库门口的 RFID 识读器早已自动快速地扫描验收货物,为其分配好存贮空间并将相关信息反馈到网络上,这样节省了大量的时间,同时还可以让工作人员及时地了解某个批次的货物存在什么具体位置、目前的存货情况等,而无须进行物理盘点;当产品从分销商仓库到超市货架上的过程中,相关信息也同样会随着产品的移动进入网络和超市管理信息系统,让用户实时了解产品的物理移动轨迹。

采用 RFID 技术可以解决零售业两大难题,即商品断货和损耗。有数据显示,全球零售订货时间一般为 6～10 个月。这么长的时间,有时会使零售商因为没有合适的库存产品来满足消费者的需求,造成断货而错失交易,遭受巨额的损失,或者使供应商在供应链上的商品库存积压太多而造成损失。利用物联网,当库存的商品低于系统内设置的某个数量时,发出缺货警告,可以尽快尽早督促供应商进行补货,防止断货,提高商品的销售量。如,沃尔玛在 1987 年建立了自己的全球卫星通信网络,顾客在沃尔玛任意一个分店购物付款,顾客的购物信息马上就传到了配送中心、沃尔玛总部、供应商。因此,供应商可以查询到自己的每类产品每天在每个商店的销售情况,及时进行补货。RFID 货品补充速度要比传统条形码技术快 3 倍。据统计,使用 RFID 标签后,沃尔玛商场的货品脱销现象减少了 16%。

9.2.2　商品质量管理

在物联网普及的将来,消费者去超市买东西,只需手拿一部集成嵌入式芯片的手机,利用无线通信功能,手机便可与商品上的 RFID 芯片进行数据通信,由此我们可以知道该商品的产地、生产日期、产品成分、商品价格、物流途径等信息。比如,去超市买牛肉,只要用手机里的读卡器读一下牛肉上的 RFID 芯片,就可以知道所购买的牛肉的产地、吃什么饲料长大的等信息。

在物联网时代,当产品被制造出来的同时,就被贴上 EPC 标签,该标签所对应的单个产品标识信息也同步注册到对应的 EPC 发现服务系统中,并建立了一一对应的关联。因此只要用手机里的读卡器读一下商品上的 RFID 芯片,即可知道商品的 EPC 码,进而得到该商品的相关信息。对消费者而言,利用物联网可以随时查询自己所购买产品的相关信息,放心使用安全优质产品,也可更好地打击假冒伪劣产品和保护消费者权益。

利用物联网技术,可以随时通过智能传感器实时的监控出周围环境的湿度、温度、货物状态、食品污染等更为细节的信息,这些信息通过互联网传输给数据中心,实现完全的物流可视化。利用物联网还可以及早发现已经或者快要到期的货品,进行相应处理,明显提高商品质量特别是食品安全,还能快速准确地统计滞销产品,可以很方便地提供降价决策,加速产品销售。

9.2.3　商品销售管理

特联网在商品销售管理方面发挥重要作用,比如,将商品放置在可读 RFID 标签的货架上,可以对商品进行实时监控,并及时提醒工作人员补充货架上的货,此外,还可以发现放置错误的商品,使之及时归位。零售业商品的失窃现象十分严重,利用物联网可以有效防止盗窃的发生。当商品被携带出安全区域,系统就会发出警示,告知何种物品被窃,并且对商品进行定位,附近的工作人员可以很快制止商品被带出。

在超市的天花板上装上 RFID 识读器,可记录货架上的商品和价格,当顾客推车走进超市时,挂在推车上的"购物助手"可以让顾客轻松找到所需商品;当顾客从货架上拿取商品的一刹那,RFID 识读器就自动将信息传送到超市信息系统中,告诉采购部门及时补货并自动向上游供应商下订单。这样,整条供应链就可以动态地获悉某种产品的销售状况。

顾客选好所需的各种商品,需要结算的时候,可以推着购物车进入收银系统(诸如一个门禁),这时 RFID 读取器在瞬间已经识别出所有商品的数量和价格,并通过银行转账系统自动进行转账,完成商品的结算,这时的手机类似于商场结算的 POS 机。在这个过程中不再需要收银员,这样可以提高付款效率,减少顾客排队付款时间,提高顾客购物满意度。

9.2.4 商品销售分析

对于零售业来说,商品的一些固态指标,可以直接存储到标签中,而对于实时而动的动态指标,例如库存分析、客户行为分析等数据,就需要经过传感器的实时探测,通过网络传输到服务器、手提终端,大量的数据还需要传输到集中式的物联网云计算数据中心。来自于不同渠道的数据信息通过云计算中心得以汇集,再借助一些业务分析的软件,可提取出引爆利润点的信息策略。全球零售业巨头沃尔玛正是物联网技术的得益者,他们利用 RFID 技术从前端建立海量的信息库,借助他们完善的信息化策略,采用商业智能的方式捕获、处理、建模、估算、汇总、排序、预测和分析企业运营状况、客户价值、物流情况,获得与客户、服务、产品和市场策略相关的信息。

9.3 物联网技术对服务业发展的影响

9.3.1 金融领域

物联网能应用到金融业的各个领域,物联网发展也给金融业带来许多新的发展空间,在安防、联网收费、支付、内部管理等领域都是物联网大显身手的地方。在物联网的流程体系中,会伴随着一种新的资金流体系的建设,给金融业提供一个全新的发展机会。

9.3.1.1 动态追踪

物联网的核心技术所实现的对物品的"动态追踪"可极大地降低金融交易中的信息不对称程度。当在物品中嵌入传感器后,物品本身将构建一个信息系统,通过这个信息系统,金融机构可以随时随地跟踪物品的动向,利用这些行为数据,就可以对业务模式进行精确调整。例如,保险公司可通过在投保物品上安装传感器对物品进行追踪监测,根据监测所反映的投保物品的实际风险而非一些代用风险指标来确定其保单价格;另外,基于 3G 的视频技术还可以为保险行业在核保、勘察等领域提供便捷。在银行—物流企业—借款企业的物流金融三方合作关系中,银行可以通过动态追踪技术对商品物流运行情况进行检测,以物流本身的价值作为融资依据进行风险规避。这可在不显著增加企业成本的基础上有效降低自身面临的风险,从而扩大企业获得的融资额度,甚至能为许多不具备一般贷款条件的企业提供融资,满足其经营发展需求。

9.3.1.2 环境认知

特联网通过对基础设施(如道路和建筑物)部署传感器的方式获取大量数据,可以增强金融机构对实时事件或客户需求的认知,尤其是当这些传感器与先进的可视化技术一起使用时,应用范围更加广泛。例如,银行的安防系统可以使用与视频、音频和振动探测器相结合的传感器网络发现未经授权擅闯禁区的人员,从而对资金安全进行实时监控;对于保险行业来说,传感器和可视化技术可通过收集和处理成千上万的客户数据来构建强大的客户信息系统,用以感知客户的偏好与需求,进而对保险市场环境、潜在顾客状况、保险公司自身优势和劣势以及保险商品的特点进行全面的分析,制定出发展规划和策略。

9.3.2 医疗卫生领域

物联网技术在医疗领域的应用潜力巨大,能够帮助医院实现对人的智能化医疗和对物的智能化管理工作,支持医院内部医疗信息、设备信息、药品信息、人员信息、管理信息的数字化采集、处理、存储、传输、共享等,实现医疗器械与药品的生产、配送、防伪、追溯,避免公共医疗安全问题,满足医疗健康信息、医疗设备与用品、公共卫生安全的智能化管理与监控等方面的需求。

9.3.2.1 医疗器械与药品的监控管理

医疗器械与药品从科研、生产、流通到使用的整个过程中,RFID 标签都可进行全方位的监控。特别是出厂的时候,在产品自行自动包装时,安装在生产线的读取器可以自动识别每个医疗器械与药品的信息,传输到数据库。流通的过程中可以随时记录中间信息,实施全线监控。通过对医疗器械与药品运送及储存环境条件的监控,确保药品品质。当出现问题时,也可以根据医疗器械与药品的名称、品种、产地、批次及生产、加工、运输、存储、销售等信息,实施全程追溯,这将是对假冒伪劣产品的一个非常重要的查处措施。例如,把药品信息传送到公共数据库中,患者或医院可以将标签的内容和数据库中的记录进行核对,以方便地识别假冒药品。

9.3.2.2 医疗信息管理

物联网在医疗信息管理等方面具有广阔的应用前景。如,身份识别、样品识别、病案识别等,具体应用分为以下几个方面。

(1)病患信息管理。病人的家族病史、既往病史、各种检查、治疗记录、药物过敏等电子健康档案,可以为医生制订治疗方案提供帮助;医生和护士可以做到对病患生命体征、治疗化疗等信息进行实时监测,杜绝用错药、打错针等现象,自动提醒护士进行发药、巡查等工作。通过医疗信息和记录的共享互联,整合并形成一个发达的综合医疗网络。一方面经过授权的医生可以翻查病人的病历、患史、治疗措施和保险明细,患者也可以自主选择或更换医生、医院;另一方面在信息上与大医院实现无缝对接,能实时地获取专家建议、安排转诊和接受培训等。

(2)药品管理。将 RFID 技术应用在药品的存储、使用、检核流程中,简化人工与纸本记录处理,防止缺货并方便药品召回,避免类似的药品名称、剂量与剂型发生混淆,强化药品管理,确保药品供给及时、准确,防止贵重器件毁损或被盗,保护温度敏感药品和实验室样本。

(3)病房管理。每位住院的患者都将佩戴一个 RFID 腕带,存储患者的相关信息(包括药物过敏史、每天用药和打针情况),更详细的信息还可以通过 RFID 上的 EPC 编码对应到数据库中,可帮助医生或护士对交流困难的病人进行身份的确认。RFID 腕带能够防止被调换或除下,确保标识对象的唯一性及准确性。腕带允许医院管理员对部分数据进行加密,即使腕带丢失,也不会被其他人员破解。通过对医院医疗器械与病人的实时监控与跟踪,帮助病人发出紧急求救信号,也可防止病人私自出走。RFID 技术还可将大型综合医院的妇产科或妇儿医院的母婴识别管理、婴儿防盗管理、通道权限相结合,防止外来人员随意进出,为婴儿采用一种切实可靠防止抱错的保护。此外,还可以利用摄像探头监视病房,及时发现病人需要看护或救助的情况;利用各类传感器管理病房和药房温度、湿度、气压,监测病房的空气质量和污染情况。医院的工作人员佩戴 RFID 胸卡,防止未经许可的医护、工作人员和病人进出病房,监视、追踪未经许可进入高危区域的人员。

9.3.2.3 动态医护监测

在医护领域,物联网应用在人体的监护和生理参数的测量等方面,可以对于人体的各种状况进行监控,实时分析人体健康状况,并将生理指标数据反馈到社区、护理人或相关医疗单位,及时为客户提供饮食调整、医疗保健方面的建议,也可以为医院、研究院提供科研数据。通过各类传感器,可使病人的日常生活处于远程监控状态。如果病人走出房屋或摔倒,地面安全传感器会立即通知医护人员或病人亲属。冰箱里的牛奶翻倒洒出,或是热锅在炉灶上无人看管,安在冰箱和厨房里的传感器会发出警报,一定时间内无人响应,则自动进行清理并关闭煤气。还可通过射频仪器等相关终端设备在家庭中进行体征信息的实时跟踪与监控,实现医院对患者或者是亚健康病人的实时诊断与健康提醒,从而可以有效地减少、控制病患的发生与发展。

9.3.2.4　远程医疗

利用物联网技术,构建以患者为中心,基于危急重病患的远程会诊和持续监护服务体系。远程医疗监护技术可减少患者进医院和诊所的次数。远程医疗将农村、社区居民的有关健康信息通过无线和视频方式传送到后方,建立个人医疗档案,提高基层医疗服务质量,允许医生进行虚拟会诊,为基层医院提供大医院大专家的智力支持,将优质医疗资源向基层医疗机构延伸。还可构建临床案例的远程继续教育服务体系,提升基层医院医务人员继续教育质量。

9.3.3　社会公共服务

9.3.3.1　交通智能管理服务

物联网的出现为智能交通的发展带来了机遇。物联网将先进的信息技术、数据通信传输技术、电子传感技术、电子控制技术以及计算机处理技术等集成起来,运用于交通管理的智能系统,可实现交通状态感知与交换、交通诱导与智能化管控、车辆定位与调度、车辆远程监测与服务、车路协同控制,形成一个开放的综合智能交通平台。

(1)交通执法方面。采用物联网技术,可对车主的酒精度进行自动检测。一开车门,传感器就会感受到车主身上的酒精度,通过安装在车上的芯片传递到交警部门,交警部门马上就会给车主发来短信,提醒车主不应该再开车,如果车主置之不理,交警可以判断出该车的行驶速度是否为零,并立即出警处理。

(2)在交通管理方面。物联网可以提高道路使用效率,方便对车辆的管理和控制。可以利用 RFID 对运输工具进行快速定位统计,实现对高速公路车辆的收费、管理、稽查等功能,并实现实时交通流检测,车辆的管理、诱导和警示,如不停车收费、自动车辆识别、运输管理和停车场进出控制及管理,交通票证还可以实现自动检票和自动收费。通过 RFID 还可对车辆何时进入城市核心区域、进入多长时间进行记录。解决城市核心区域的道路拥堵问题。

(3)停车场管理方面。采用停车场智能管理系统,不仅可以通过超声波探测器获得车位是否为空车位等信息,还可以自动抓取车主的车牌信息,传输汇聚到中央管理器,实现"物与物"的沟通。车主则可以通过安放在电梯口等处的电子触摸屏,查询车辆相关信息,获取通向爱车的最近道路等,实现"人与物"的交流,免去车主"停车难,找车也难"的困扰。

9.3.3.2 资源和生态环境智能监控

采用物联网技术,可实现智能的土地、环境和生态监管体系,实现对土地利用、生态环境、重点污染源、地质资源和灾害、垃圾处理等领域的动态监测。

基于物联网技术,企业一方面可以密切监控工业生产过程,降低污染物和废弃物的排放量,另一方面可以对污染物等进行深入分析,实现废弃物无害化处理,对部分污染物、废弃物进行循环再利用,例如对污染物进行物质提取。另外,通过信息资源共享,促进循环经济建设,按照生态规律利用自然资源,可以促进区域经济与环境和谐发展。通过与其他领域的物联网进行信息共享和业务协同,环保部门一方面可以拓展监控对象范围,从废水、废气排放的监控,扩展到重金属、辐射源、环境风险监控,从城市监控、工业监控向城镇、农村污染监控扩展;另一方面可以既在污染源末端监控污染物的排放浓度、排放量,又在污染源监控企业污染排放和治理设施的运行情况,为污染治理、企业生产工艺改进提供决策建议。

9.3.3.3 灾害预警

自古以来,天灾人祸不可避免都在发生,地震海啸、山洪暴发等都危胁着人们的生命财产安全。随着物联网技术的发展,物联网技术已经开始逐步应用在灾害的预防上面,比如,一幢高层建筑一旦由于受台风、地震等影响而出现安全问题时,通过物联网技术建立的 RFID 系统将及时发出警报,给予楼层里面的居民或办公人员充分的反应时间,从而消除人们的恐慌,避免不必要的灾害发生。物联网技术也将逐步应用于重大城市基础设施中,将信息技术的触角延伸到城市基础设施的各个角落,对各种灾害进行预警,实现城市基础设施的感知、传输、计算、监测控制功能。

9.4 物联网技术对电子商务发展的影响

电子商务的快速普及,使其市场规模和营利能力得到快速发展的同时,也对电子商务产业的各个环节提出了新的要求。支付方式、物流配送、产品质量管理等方面的诸多问题成为影响电子商务发展的主要瓶颈,电子商务市场的运营压力逐渐开始显现。物联网技术在电子商务市场的应用,对电子商务企业经营管理、消费者购物等方面将具有十分重要的推动作用,可以有效地改善目前电子商务市场在运营和管理中出现的各种问题。

9.4.1　在商品质量管理方面

在网络购物逐渐被人们接受的今天,仍有许多消费者对这种"看不见、摸不着"的购物方式望而却步。究其原因,除了网络安全、购买习惯等因素外,对产品质量的不放心也是一个主要的原因。相比而言,消费者觉得在实体店那种"看得见、摸得着"的购物比较踏实。而在物联网时代,用夸张的说法,地球上的每一粒沙子都能够分配一个 ID 号码。在电子商务中应用物联网技术,一方面可以使企业随时监控商品状态,有效管理商品质量;另一方面消费者则可以利用手机、固话、网络等工具,方便地进行信息查询,对同类商品进行比较,可以使用户有效地辨别商品,更加清楚了解商品的具体来源、生产加工、运输过程,增加用户信任度,进一步提高用户消费的积极性。在此情况下,假冒伪劣、盗版商品将不再有生存空间;产地或传输途径中受到污染、破坏的产品将被筛除出流通领域;消费者对产品本身放心,从而根据自己的喜好、购买能力等因素选择适合的商品。

9.4.2　在商品库存管理方面

在电子商务企业仓库管理中,物联网技术可以通过运用传感器、RFID 等技术对库存商品信息进行实时感知与传输,形成自动化库存,并自动实现与销售平台商品数据的同步,实现整个网上零售营销体系信息共享的目的。这样可以大大降低管理成本,提高营销效率,减少用户订单的确认时间,改善消费体验。

9.4.3　在物流服务方面

虽然和前几年相比,现在的物流网络已经有很大的改善,但在物流服务质量上还有很多不尽如人意的地方,比如,送达目的地等物流状态在网络上查询不到,送货不及时等现象时有发生,使消费者和卖家均不能及时了解货物的准确物流信息,影响了买卖双方的体验。采用物联网技术,可从以下三方面实现对货物物流信息的准确把握。

(1)在线商店售出一件商品,系统将立刻定位相关商品的库存以及位置,通知离用户最近的仓库进行商品出库。RFID 技术可准确指出需要出库商品在仓库中的位置,通过无线局域网技术传递至后台并通知持无线扫描终端的仓库管理人员。仓库管理人员按所示位置找到商品,打包并送到待运车辆。不需要手工扫描,RFID 系统就能了解商品出库信息。

(2)在运输途中,通过物联网和 GPS 技术相结合的方式,可以将车辆的实时位置通过远距离无线技术传递至电子商务物流系统,让消费者、网上零售商户和物流公司三方实时获悉货物的路线。如果用户需要了解商品在途状态,系统可将商品的位置、状态信息提交给用户。利用无线视频系统,甚至还可以看到货物运输车辆的现场状态。

(3)在配送过程中,相关系统可以根据配送人员的配送情况,给出路线建议,并根据道路交通情况进行实时调整并作出统计。配送人员配置支持 3G 的手持数字终端,完成商品交付、POS 现场结算等全部交付流程。

9.4.4　电子商务的支付环节

电子商务的各个环节都会涉及交易、资金的转移。在交易发生前,如进行业务的订制、预订相关业务的付费、订金支付等;在交易进行中,如购买充值卡、游戏点卡、网络购买、直接支付、现场支付等;在交易完成或接受、享受服务后确认支付,如在使用完成后,按照消耗数量结算水费、电费等。采用物联网技术,可以实现多种形式的支付方式,包括各种现场、远程的电子支付方式,如手机(远程、现场 RFID支付)、电话(远程支付)、电脑(远程支付)、储值卡(远程 PC 或现场支付)、电子钱包(远程 PC 或现场支付)、POS 机(现场支付)等,以满足电子商务各支付环节结算的要求。

9.4.5　改善供应链管理

通过物联网,在电子商务的应用过程中,可以实现对每一件商品实时监控,对供应链中的各个环节进行反馈和疏导。例如,每天的进出库情况的统计和适时商品售卖情况的统计分析。这些问题都可通过每件商品的追踪,得出相应结论,相关数据可以细化到街头小店。通过物联网,企业不仅可对产品在供应链中的流通过程进行监督和信息共享,还可对产品在供应链各阶段的信息进行分析和预测。通过对产品当前所处阶段的信息进行预测,估计出未来的趋势或意外发生的概率,从而及时采取补救措施或预警,极大提高企业对市场的反应能力,加快企业的反应速度。

可以说,在物联网时代,真正实现了"以顾客为中心"的理念,它贯穿于整个商业过程,最大程度上方便了消费者。消费者不必再东拼西凑时间,跑到拥挤的商业街区,挨家挨户地挑选商品,而只需坐在家中,通过各种终端设备在网上搜索、查看、挑选,就可轻松完成购物过程。

9.5　物联网技术对军事的影响

物联网军事应用的核心意义,重在围绕战场态势感知、智能分析判断和行动过程控制等因素,使系统实现全方位、全时域、全频谱的有效运行,从而破除"战争迷雾",提高战场对己方的透明度,全面提升基于信息系统的体系作战能力。可以设想,从卫星、导弹、飞机、舰船、坦克、火炮等单个装备,到海、陆、空、天、电磁各个战场空间,通过物联网把各种作战要素和作战单元甚至整个国家军事力量都铰链起来,实现战场感知精确化、武器装备智能化、后勤保障灵敏化,将对现有的军事格局产生巨大冲击。物联网技术在军事领域的应用,必将成为未来一体化联合作战指挥决策的辅助支撑,成为未来信息化战场指挥员、战斗员呼风唤雨的无形利器,必将会引发一场划时代的军事技术革命和作战方式的变革。

9.5.1　快速战场感知

与传统的战场感知相比,物联网技术最大的优势就是能够建立战场的实时监控、目标定位、战场评估和火力攻击等全要素、全过程的综合信息链,更加精确、系统和智能地实现更高层次的战场感知。通过对物联网核心技术——射频识别技术的开发,让普通的、低成本的器材也能有效获取战场信息,并通过网络实时传送。如,美军开发的"智能微尘",体积只有沙粒大小,但具备从信息收集、处理到发送的全部功能,这将带来侦察情报领域的革新:一是避免侦察盲区,实现战场"无缝隙"感知;二是物联网技术的进一步发展,足以把全球所有物品纳入网格之中,能把过去在战场上需要几个小时甚至更长时间才能完成的处理、传送和利用的信息压缩到几分钟、几秒钟,从而更加快速地获取持续透明的战场态势,实施对整个战场和作战过程的全面、精确和有效的控制。

9.5.2　精准高效快速打击

在未来的信息化战争中,依托物联网建立的信息系统指挥体系,层次更加简明、权限更加明确、机构更加精干。物联网有利于实现多兵种的情报信息共享,能够将参与作战的每个单元,无论是作战武器还是指挥系统有效地黏合起来,形成整体作战能力。物联网能够实现战场的实时监控,向武器系统提供精确的目标定位信息,进一步压缩作战流程,做到"以快制慢"。从火力打击角度看,物联网能充分建立从"传感器到射手"之间的直达信息链路,满足"发现即摧毁"的需求,提高关键性武器装备的实时打击能力。从作战指挥角度看,由"观察—定位—决策—行动(OODA 循环)"组成的指挥周期时间将进一步缩短,从而使指挥更加快速、灵活。另外,大量互联的传感器也能有效延伸指挥员的"触角",使指挥活动由指挥员对部队的指挥,拓展为对部队及武器平台的直接远程指挥与控制。将侦察感知、指挥控制、火力打击、装备保障等作战要素综合集成在一起,实现从发现目标到打击目标的实时化和一体化,形成体系化作战能力。

9.5.3　后勤保障精确化

物联网技术的广泛应用有助于解决战场物资的保障问题。应用物联网技术,可以建立军用物资在储、在运和在用状态自动感知与智能控制信息系统,实现从生产线、仓库到散兵坑的全程动态监控。一是通过给所有物资嵌入射频标签,监控从物资请领、运输到接收、储存和发放的全过程,实现对后勤物资的全程跟踪管理,还可利用射频识别与卫星定位技术,完成重要物资的定位、寻找、管理和高效作业;二是借助传感器网络对一线的士兵逐一定位,及时获取每个士兵的保障需求,再将信息汇总并分析处理形成部队完整的保障需求,依据保障需求及时分配物资,从而使后勤保障"适时、适地、适量",有效地实现了"精确后勤"的目标,降低了后勤工作的盲目性,提高了后勤补给的安全性。

利用物联网技术,可以建立联合战场军事装备、武器平台和军用运载平台感知控制网络系统,动态感知和实时统计分析军事装备、运载平台、武器弹药等聚集位置、作业、损毁、维修和报废全寿命周期状态等。使"前方"和"后方"都清楚知道需要什么保障、多少装备、在哪里、已进行到什么程度等。采用物联网技术,可建立各类移动的军事感知监控网络,在各类军用车辆、车载武器平台及飞机、舰船等加装单项或综合传感器,构建起统一的"装备卡"识别体系,从而对军用车辆和武器平台等定位、分布与集结地、运动状态、使用寿命周期等实现实时感知;对武器装备完好率、保养情况、库存状况等实现状态感知;对一体化联合作战信息系统,实现宏观监控与管理,从而对整个保障路径做到全程"清晰透明",可有效避免保障工作的盲目性,并可根据战场变化,预见性地作出决策,自主地协调、控制和实施保障行动,实现自适应性的保障能力。

9.5.4　开启战争新模式

物联网将实体资源直接和虚拟网络相连,系统可以不经过"人"这一中间环节直接获取物品的信息,因而具有远程监测并控制物体的能力。在军事上,可以通过物联网入侵武器装备系统,达成对武器装备的直接操控。例如,通过物联网直接入侵导弹发射平台,植入发射参数及飞行路线数据,尔后启动导弹的发射;对机器士兵输入任务及操作指令,令其"反水",将枪口对准己方人员。再如,物联网技术的进一步发展,还可直接对敌方指挥系统、通信枢纽、天基系统、武器平台以及基础设施等关键节点上的装备设施进行控制,使其拒绝执行指令,丧失功能或作战能力。可以预见,物联网时代,军事对抗的重心与焦点将由有形的地理空间向无形的信息空间拓展,交战双方或许不再需要传统意义上枪与炮的较量,而直接由网络上的博弈来决定战争胜负。

 案例

物联网技术服务社区"健康吧"

即使子女在外地,也可以通过网站及时了解家中老人的身体状况。海淀区在全国率先采用物联网技术,开展社区卫生服务"健康吧"试点,老人在"健康吧"中测量血压、血糖、心电图,其数值将被远程传输到个人健康管理网站,并自动生成分析结果,家人可随时上网浏览。

一、"健康吧"里居民免费体检

走进花园路社区卫生服务中心,"健康吧"就位于服务中心大厅一隅。不大的房间里,摆放着10多种医疗自测设备,包括血压测量仪、血糖测量仪、身高体重测量仪、身体成分测量仪、腰围测量仪、肺功能测量仪、骨密度测量仪、心血管测量仪、动脉硬化测量仪等。不用去医院排队,居民在"健康吧"里,自己就可以做健康体检,并且完全免费,一分钱不用花。

不仅可以免费自助体检,利用物联网技术,居民在"健康吧"里检测出的数据,如血压、血糖等,还可以通过无线的方式,自动发送到社区健康管理网站,收录到居民的个人健康档案里。社区医生通过登录网页平台对获得的数据进行分析,可及时对居民进行生活方式和就诊指导,实现实时的健康监护。

二、健康监测结果自动上网

目前,"健康吧"已经在海淀区香山社区卫生服务中心、花园路社区卫生服务中心及卫生服务站试点,当前主要用于老年人的居家慢性病管理。

"'健康吧'就相当于一个家庭电子医生,可以如实地监测到老人生命体特征的细微变化。"海淀区公共委相关负责人介绍,以监测血压为例,老人每次在"健康吧"里测量完血压,其数据就会通过终端设备自动上传到老人的健康档案里。根据每次检测数值的不同,系统将自动分析形成血压检测曲线,正常颜色显示为白色,不正常为黄色,严重异常显示为红色。

健康监测数据及结果分析,居民登录个人健康管理的门户网站就可以查询。据了解,社区居民在与社区卫生服务中心签订了个人健康管理网上服务协议后,就可以在家中通过使用医联码或社保号等身份标识及相应的认证信息,登录网站对个人的健康档案进行查询。同时,在区属医院及社区卫生服务中心(站)的历次就诊记录,包括病情、开药情况,都一目了然。

三、老人健康子女随时可查

通过使用个人健康管理门户网站,社区居民可对自己的健康危险因素进行分析,掌握健康信息,随时监控自己的身体状况,有目的、主动地采取健康自我管理行动。

对于子女不在身边的空巢老人家庭来说,这套系统更成了子女关注老人健康的得力助手。如上所述,只要登录个人健康管理门户网站,输入老人的医联码或社保号等身份标识及相应的认证信息,就可以对老人近期的就医情况和慢病监测数据进行查询,随时关注老人的身体健康。

据了解,自今年上半年海淀开展"健康吧"试点以来,已对1 600余名老人开展了居家慢性病管理。海淀区相关负责人介绍,该技术在试点成功后将在海淀区其他社区卫生服务机构推广。

复习思考题

1. 物联网技术在军事上的应用主要体现在哪几方面?
2. 如何利用 RFID 技术实现医院病人的动态监护?

参考文献

［1］张鸿涛,徐连明,张一文等.物联网关键技术及系统应用［M］.北京:机械工业出版社,2012.

［2］刘化君,刘传清.物联网技术［M］.北京:电子工业出版社,2010.

［3］张新程,付航,李天璞,徐露.物联网关键技术［M］.北京:人民邮电出版社,2011.

［4］M R Carim,Mohsen Sarraf.3G 移动网——W－CDMA 和 cdma2000［M］.粟欣译.北京:人民邮电出版社,2003.

［5］Heikki Kaaranen 等.3G 技术和 UMTS 网络［M］.彭木根,等,编译.北京:中国铁道出版社,2004.

［6］马建仓,罗亚军,赵玉亭.蓝牙核心技术及应用［M］.北京:科学出版社,2003.

［7］禹帆.蓝牙技术［M］:北京:清华大学出版社,2002.

［8］朱刚,谈振辉,周贤伟.蓝牙技术原理与协议［M］.北京:北方交大出版社,2002.

［9］胡健栋.现代无线通信技术［M］.北京:机械工业出版社,2003.

［10］Roy Blake(加)著.无线通信技术［M］.周金萍,等,译.北京:科学出版社,2004.

［11］李蓄薇.移动通信技术［M］.北京:北京邮电大学出版社,2005.

［12］崔雁松.移动通信技术［M］.西安:西安电子科技大学出版社,2005.

［13］方旭明,何蓉.短距离无线与移动通信网络［M］.北京:人民邮电出版社,2004.

［14］IEEE 网站:http://www.ieee.org.

［15］WiMEDIA 联盟网站:http://www.wimedia.org.

［16］Wi－Fi 联盟网站:http://www.wi－fi.org.

［17］ZigBee 联盟网站:http://www.zigbee.org.

［18］周晓光,王晓华.射频识别(RFID)技术原理与应用实例［M］.北京:人民邮电出版社,2006.

［19］游战清,刘克胜等. 无线射频识别(RFID)与条形码技术［M］.北京:机械工业出版社,2007.

［20］屈平. 我国 RFID 技术应用案例分析［J］.金卡工程,2007(10):48－50.

［21］田景熙. 物联网概论［M］.南京:东南大学出版社,2010.

［22］周洪波.物联网:技术、应用、标准和商业模式［M］.北京:电子工业出版社,2011.

［23］宁焕生,张彦.RFID 与物联网:射频中间件解析与服务［M］.北京:电子工业出版社,2008.

［24］物联网图强.中间件是物联网软件和核心. http://www. edu. cn/.

［25］中间件. http://baike. baidu. com/.

［26］聚库物联网中间件介绍. http://wenku. baidu. com.

［27］潘林,赵会群,孙晶. 基于网格技术的物联网 Savant 中间件的实现技术［J］.计算机应用研究,2007,6:292～294.

［28］支撑物联网和云计算的是中间件. http://www. ccgp. gov. cn.

［29］阴躲芬,龚华明.中间件技术在物联网中的应用探讨［J］.科技广场,2010(11).

［30］IBM:WebSphere 是云计算创新动力引擎. http://www. chinabyte. com/.

［31］专家揭秘美国最大黑客入侵盗窃案. http://www. 50sky. com. cn/.

［32］基于无线通信技术的图书馆自助服. http://www. d1net. com/.

［33］刘化君,刘传清. 物联网技术［M］.北京:电子工业出版社,2010.

［34］张成海,张铎. 物联网与产品电子代码(EPC)［M］.武汉:武汉大学出版社,2010.

［35］陈林星. 无线传感器网络技术与应用［M］. 北京:电子工业出版社,2009.

［36］EPC 在麦德龙未来商店应用案例［J］.信息与电脑,2004(6).

［37］物联网带领我们进入"智慧生活". http://www. cabling － system. com/,(2010－07－28).

［38］2050 年,物联网将整个世界相联(2). http://www. iot － online. com/,(2010－07－12).

［39］穆泉伶.无线通讯技术在小区智能化建设中的应用［J］.长春大学学报,2010(4).

［40］陈银星.中国互联网信息安全现状及对策［J］.现代电信科技,2009(12).

[41] 邵华. 网络安全技术浅析[J]. 福建电脑,2009(12).

[42] 谢玮,闫宏强. 互联网网络安全管理现状和策略建议[J]. 通信技术政策研究,2009(4).

[43] 艾超,傅华明. 现代工厂中基于 RFID 技术的物联网设计[J]. 电子元器件应用,2007(12).

[44] 强强,窦延平. 基于 RFID 技术的 AUTO－ID 全球网络的构建[J]. 计算机工程,2004(B12).

[45] 宫雪,刘慧,陈峥. 对象名解析服务的技术构架[J]. 物流技术,2006(4).

[46] 郎为民. 电子产品代码网络研究[J]. 信息与电子工程,2006(6).

[47] 李再进,谢勇. 物联网中 PML 服务器的设计和实现[J]. 物流技术,2004(11).

[48] 李明君. 对无线传感器网络安全的思考[J]. 经济技术协作信息,2009(33).

[49] 宋菲. 无线传感器网络的安全性分析[J]. 舰船电子工程,2009(11).

[50] 谢妙. 熊春荣无线传感器网络安全技术探析[J]. 现代计算机,2009(8).

[51] 朱勤. 无线传感器网络安全问题[J]. 苏州市职业大学学报,2009(2).

[52] 曾迎之,金树. 无线传感器网络安全认证技术综述[J]. 计算机应用与软件,2009(3).

[53] 王鑫,李春茂. RFID 安全与隐私威胁[J]. 实验技术与管理,2007(8).

[54] 项东吉,赵楠. RFID 安全解决方案研究[J]. 网络与信息,2009(8).

[55] 李晓娜. RFID 系统的安全解决方案[J]. 中国电子商情. 通信市场,2008(1).

[56] 王鑫,李春茂. 射频识别技术隐私与安全保护研究[J]. 中国自动识别技术,2007(5).

[57] 秦军. 无线自组网的多元化安全机制[J]. 中国科技博览,2009(5).

[58] 檀蕊莲. 无线自组网网络安全现状研究[J]. 中小企业管理与科技,2010(28).

[59] OSGi－WebSphere 中间件技术论坛. http://www.webspherechina.net.

[60] 史殿习,吴元立等. StarOSGi:一种 OSGi 分布式扩展中间件[J]. 计算机科学,2011(01).

[61] 李蒙,李广宏等. 无线传感网络煤矿井下人员定位系统[J]. 煤矿安全,2010(11).

[62] 王一峰,杜成章.物联网技术对军事电子信息系统发展的影响和思考[J].中国电子科学研究院学报,2011(1).

[63] 徐新燕.物联网怎样影响着物流[J].商场现代化,2010(29).

[64] 李建超.EPC系统及其在我国零售业中的应用研究[J].物流科技,2005(10).

[65] 薛峰,孙雅姗.物联网时代下的金融服务业应用研究[J].内蒙古农业大学学报:社会科学版,2011(6).

[66] 陶冶,殷振华.物联网在服务业中的应用[J].科技经济市场,2010(11).

[67] 孙玮.物联网对电子商务发展的推动[J].品牌:理论月刊,2011(7).

[68] 刘方宁.浅谈新一代物联网在电子商务中的应用[J].数字技术与应用,2011(10).

[69] 肖霄,陈永当.浅谈电子商务在物联网中的应用[J].时代经贸,2011(18).

[70] 周建良.物联网在电子商务中的应用[J].电子商务,2009(12).

[71] 李振汕.物联网对物流业发展的影响[J].物流科技,2011(3).

[72] 杨洋.物联网技术与北京物流业的发展[J].北京市经济管理干部学院学报,2011(2).

[73] 王永康.物联网在物流业中的应用分析[J].技术与市场,2011(7).

[74] 刘立琦.物联网发展应用给经济社会带来的影响[J].物联网技术,2011(5).

[75] 周翠兰,刘克敏.物联网技术在体系化作战中的应用探讨[J].电脑开发与应用,2011(10).

[76] 张萍,徐红.物联网在零售业中的应用[J].福建电脑,2011(1).

[77] 物联网:让医疗卫生服务迈向智能化.http://www.hc3i.cn/.

[78] 物联网应用将引领环域变革.http://www.iot-t.com/.

[79] 冯端,康璐.物联网时代下的企业经营[J].四川理工学院学报:社会科学版,2011(2).

[80] 袁渊,何敏.物联网技术及其军事影响[J].科技信息,2011(16).